Mindshift

Svenja Hofert

# MINDSHIFT

Mach dich fit für die
Arbeitswelt von morgen

Campus Verlag
Frankfurt/New York

ISBN 978-3-593-50985-3  Print
ISBN 978-3-593-44119-1  E-Book (PDF)
ISBN 978-3-593-44130-6  E-Book (EPUB

Copyright © 2019 Campus Verlag GmbH, Frankfurt am Main
Umschlaggestaltung: © Zeichenpool, München
Umschlagmotiv: © Shutterstock/Pattern image
Satz: Fotosatz L. Huhn, Linsengericht
Gesetzt aus: Minion Pro und Futura
Druck und Bindung: Beltz Grafische Betriebe GmbH, Bad Langensaltza
Printed in Germany

www.campus.de

# Inhalt

# Vorwort

Kleine Kinder sind neugierig. Sie haben keine Angst vor Veränderung. Sie lernen spielend – intuitiv. Fast alle sind kreativ. Kreativitätswerte wie die ihren erzielen später nur noch 4 Prozent der Erwachsenen. Kleine Kinder sind außerdem empathisch. Sie spüren, wenn andere traurig sind, und helfen ihnen dann ganz ohne Vorbehalte.

So neugierig, kreativ und empathisch wie ein Kind zu sein, ist uns während der Industrialisierung abtrainiert worden. Das geschah in drei Phasen:

- In der ersten Phase waren wir selbst Werkzeuge, lebendige Tools. Wir schafften hart und körperlich. Wir brauchten kein Mindset, keine besondere Einstellung außer der, sich fleißig abzurackern.
- In der zweiten Phase wurden Maschinen die Tools. Wir begannen, sie zu steuern, und bildeten unsere technischen Fähigkeiten und Fertigkeiten aus.
- In der dritten Phase kam Software hinzu, die wir zur Auswertung und Optimierung von Prozessen und schließlich zur Automatisierung von Routinen nutzten.

Das alles erforderte vor allem analytisches Prozessdenken, Regeleinhaltung und Konformität. Wir haben dabei versucht, ein bisschen wie Computer zu werden.

Nun befinden wir uns mitten in der Digitalisierung, in Phase 4, und stellen fest, dass ein anderes Zeitalter angebrochen ist. Kreativität, Intuition und Empathie sind jetzt die Kompetenzen der Zukunft. Woran wir uns in drei Phasen gewöhnt haben, wird plötzlich zum Hindernis. Denn künstliche Intelligenz kann einen Großteil unserer Aufgaben übernehmen – bis auf jene, die Kreativität, Intuition und Empathie erfordern. Eine friedliche Koexistenz von Mensch und künstlicher Intelligenz erfordert Rückbesinnung und die Rückgewinnung verlorener Menschenkräfte. Kein Computer kann so empathisch, intuitiv und kreativ sein wie wir.

Was ermöglicht es Ihnen, als Mensch in einer digitalisierten Arbeitswelt zu existieren? Glauben Sie, es ist Ihr Fachwissen? Denken Sie, es ist Ihre Erfahrung? Ja, eine Weile wird das wohl noch so sein, aber Wissen – vor allem Fachwissen – verliert zunehmend an Bedeutung. Es geht in Zukunft darum, kreative Verbindungen herzustellen und Wissen durch Können fruchtbar zu machen.

Was ist mit handwerklichen Fähigkeiten? Sie sind kaum noch relevant. Schauen Sie sich mal an, was der Automechaniker heute tut, wenn Ihr Wagen kaputt ist. Er nutzt eine App. Bald wird er nicht mehr Ihr Auto reparieren, sondern die App weiterentwickeln, die autonom fahrende Wagen steuert, die Sie von zu Hause abholen werden, um Sie überall hin zu bringen. Vielleicht aber übernimmt selbst das Programmieren bald ein Roboter.

Aber Akademiker, denken Sie jetzt vielleicht, die sind doch sicher! Irrtum: Noch halten Chirurgen das Operationsmesser und führen die Schnitte durch, doch bis ein Computer präziser sein wird und seinen Operationsschnitt sicherer setzt als der berühmteste Chirurg der Welt, ist nur noch eine Frage der Zeit.

Im Übergang von der ersten zur zweiten Phase der Industrialisierung mussten die Menschen völlig umdenken. So machte beispielsweise die »Spinning Jenny« ab 1764 einen Großteil der Spinner arbeitslos. Statt handwerklichen Geschicks war fortan Maschinenbedienung gefragt. Immer mehr planerische Aufgaben kamen dazu. Ganz neue Kompetenzen standen hoch im Kurs, so wie jetzt auch. Das forderte einen adaptiven Wandel, also eine schrittweise Anpassung an die neuen Bedingungen. Gewinner waren die, die diese Anpassung leisten wollten und konnten.

Was danach bis zu Digitalisierung passierte, war vor allem eine Optimierung und Weiterentwicklung der bisherigen, an Maschinen oder Service und Dienstleistung orientierten Fähigkeiten und Fertigkeiten. Ein Update folgte dem nächsten. Geschäftsprozessoptimierung: In dieser Ära mussten Menschen immer effizienter werden, sich an Best Practice und Vorgaben orientieren. Und nun ist es wieder anders. Effizienz ist zwar weiter wichtig, aber einen immer größeren Teil davon kann der Computer leisten. Was er jedoch nicht kann, ist kreativ und empathisch wie Menschen sein.

Da stellt sich die Frage, ob wir jetzt auch nur ein Update brauchen.

Nein, das wird nicht reichen. Die Digitalisierung geht nämlich noch einen Schritt weiter. Sie verlangt nicht mehr nur ein Update, sondern einen »Shift«. Das ist eine Verlagerung, eine Verschiebung. Auf der Computertastatur stellt die Taste »Shift« die Schrift groß und erzeugt die alternative Belegung der Tasten. Während ein Update einfach etwas Neues auf das Alte aufsetzt und es weiterentwickelt, geht es beim Shift um etwas grundlegend Anderes – nicht mehr einfach um ein Mehr und ein Besser.

Die Folgen sind weitreichend: Betroffen sind nicht mehr nur Arbeitsplätze, sondern der Platz, die Position der Menschen auf dieser Welt und vielleicht sogar im Kosmos – den Computer wohl noch eher besiedeln werden als Menschen.

Wenn der Shift nicht auf ein Update, sondern auf etwas »Anderes« hinausläuft, dann gehört dazu, mit dem Wettstreit um noch mehr menschliche Expertise, Analysefähigkeit und technisch-mathematische Intelligenz aufzuhören. Wir sollten daran arbeiten, eine sinnvolle Koexistenz mit den Roboterfreunden zu gestalten. Das bedeutet, dass sich jeder auf seine Stärken besinnt: Mensch und Roboter, Hand in Hand. Wir sind keine Feinde. Die Digitalisierung ist keine Bedrohung, wenn wir uns dafür entscheiden. Sie ist eine Chance, uns von mühsamer und langweiliger Lohnarbeit zu befreien. Wenn wir den Raum der daraus entstehenden Möglichkeiten nutzen, kann sie die Welt retten, weil sie uns die Chance gibt, uns auf wesentliche Herausforderungen wie die Bildung, Überbevölkerung, das Arm-Reich-Gefälle und die Folgen des Klimawandels zu konzentrieren.

Worauf bezieht sich der Shift? Was muss umgestellt, auf eine andere Ebene gehoben werden? Schauen wir auf den zweiten Bestandteil des Begriffs »Mindshift«.

»Mind« umfasst viel mehr als nur den Verstand. Es ist auch der Geist, der Bewusstsein voraussetzt. Es ist die Psyche, das Gefühl; es ist die Seele. Mindset ist die Einstellung des »Geistes«, die gefühlsgesteuerte und nicht roboterhafte Logik des Denkens, ohne die kein freies und eigenständiges Handeln möglich ist. Roboter haben kein Mindset, sie haben Fähigkeiten. Sie nutzen Tools, und sie sind selbst welche – so wie wir Menschen früher, als wir noch Arbeitsmaschinen waren.

Wenn sich »Mind« und »Shift« verbinden, dann entsteht ein Hebel, um das Denken, Fühlen und Handeln für die Zukunft zu verändern. Denken, Fühlen und Handeln wurden lange Zeit getrennt. Die Folge war eine künstliche Entkopplung, die der bisherigen Arbeitswelt geschuldet war. Hier stand das Handeln im Zentrum, Maßstab war ein Jobprofil, an das sich der Mensch anpassen musste. Wenn der Maßstab jedoch immer öfter Selbstverantwortung, ein kreatives Ergebnis und fruchtbare Kollaboration ist, wird individuelles Denken und Fühlen zum Dreh- und Angelpunkt.

Meine Mindshifts bauen auf entwicklungspsychologischen und neurobiologischen Erkenntnissen auf und sind in meiner langjährigen Praxis immer wieder erprobt worden. Sie regen zur Reflexion an, welche die Basis jeder persönlichen und kollektiven Entwicklung ist. Sie fördern das Entstehen von neuen Verbindungen im Gehirn, was dem Lernen auf die Sprünge hilft. Letztendlich dehnen Sie Ihre Gedanken wie Yoga für den Kopf und erhöhen so Ihre geistige Flexibilität. Sie eröffnen sich einen neuen Zugang zu Veränderung sowie zu den Zukunftskompetenzen Kreativität, Empathie und Intuition.

Jedes Kapitel dieses Buches widmet sich einem Mindshift. Nach einem einführenden Text mit Coachingfragen und Tipps folgen stets drei verschiedene Übungsarten:

- Was Sie in weniger als fünf Minuten tun können.
- Was Sie innerhalb von sechs Wochen tun können.
- Was Sie im Team tun können.

Jeder der 22 Mindshifts zielt auf einen anderen Aspekt, der für die Zukunft des Lernens, Arbeitens und Lebens wichtig ist. Mal geht es um neue Blickwinkel, mal um Veränderung, mal um die Erweiterung der eigenen Möglichkeiten. Immer jedoch steht Reflexion allein und mit anderen im Vordergrund. Sie schulen bei all dem Ihre humane Intelligenz, ein Denken, Fühlen und Handeln fernab von künstlicher Intelligenz.

Viel Spaß dabei wünscht
*Svenja Hofert*

# Wozu Mindshifting?

Wir Menschen verändern uns nicht gern. Mit Zwang geht gar nichts, doch freiwillig und mit Lust dafür umso mehr! Wenn wir einmal frische Luft geschnuppert und das Schöne am Neuen entdeckt haben, werden wir uns fragen: Warum nicht schon früher?

Mindshifting führt Sie zu Neuem. Dafür wird es Sie so einige Male aus der Komfortzone locken. Der Gewinn dabei: Sie werden flexibler, freier und entdecken vielleicht etwas wieder, das Sie verloren hatten – Spiel- und Experimentierfreude.

Wer allerdings gern kluge Ratschläge und detaillierte Schritt-für-Schritt-Anleitungen konsumiert, wird enttäuscht sein. Darum geht es mir nicht, im Gegenteil. Ich will das tun, was sich auch im agilen Kontext bewährt hat: einen Rahmen schaffen, eine Struktur geben, damit sich das Eigene entwickeln und Neues entstehen kann.

Lernen verstehe ich dabei nicht als das »Downloaden« von Inhalten, sondern als eine Flexibilisierung, Erweiterung und Veränderung der Strukturen, mit denen Sie Neues an- und aufnehmen. Das muss man wollen, denn es erfordert Disziplin, Momente der Selbstüberwindung und des Grenzgangs. Aber es lohnt sich. Sie werden besser mithalten können und innerlich freier werden. Wenn Sie sich jetzt immer noch fragen: »Wozu der Aufwand, weshalb sollte ich Neues lernen?«, liefere ich Ihnen im Folgenden die wichtigsten Gründe.

## Erstens: Die Lebens- und Arbeitsbedingungen verändern sich

Möglicherweise spüren Sie das selbst noch gar nicht, aber es ist eine Tatsache. Trends gehen oft von Großstädten aus, von modernen Unternehmen und ein paar wenigen Menschen. Einige Trends sind keine

Trends mehr, sondern bereits zum normalen, alltäglichen Lebensumstand geworden, beispielsweise die Digitalisierung. Sie krempelt die Lebens- und Arbeitsbedingungen aller um – auch von denen, die das nicht wollen.

Eine Kollegin machte neulich diese Erfahrung im Kleinen. Sie hatte sich all die Jahre dem Internet verweigert, war nie in Social Media aktiv gewesen und hatte das Handy nur zum Telefonieren genutzt. Doch dann stellte sie fest, dass sie das keineswegs von all den Datenkraken befreite, sondern dass sie dadurch abgehängt und noch viel besser analysierbar wurde. Eine Internet-App identifizierte sie als konservative Traditionalistin, eben weil sie sich nirgendwo zeigte. Das war der erste Schock. Als dann ihr Handy gestohlen wurde, merkte sie, wie vorteilhaft jetzt eine Suchfunktion und die Cloud gewesen wären. So waren jetzt all ihre Daten für immer weg.

Wenn sich die Lebens- und Arbeitsbedingungen verändern, muss es auch der Mensch tun. Er muss seine Denk- und Handlungslogik verändern, seine Grundannahmen an das Neue anpassen. Tut er das nicht, ziehen andere an ihm vorbei. Die natürliche Selektion tritt ein.

Die Halbwertzeit technologischen Wissens hat sich auf 1,5 Jahre reduziert. Alle fünf Jahre werden die Rechner zehnmal schneller. Das heißt, in zehn Jahren haben wir einen Faktor hundert, in dreißig Jahren einen Faktor eine Million. Die Zunahme der Geschwindigkeit zeigt sich besonders deutlich im Spiel Computer gegen Menschen. 1956 besiegte ein Computer den Menschen im Damespielen, 1998 im Schach, 2016 im Go und 2017 ist es einem Computer beim Pokern gelungen, den humanen Gegner zu bezwingen. Für diesen Sieg musste er zuvor Bluffen lernen.

Machen wir uns also nichts vor: Einen Teil des Denkens können wir dem Computer überlassen. Computer analysieren und strukturieren ungleich schneller und sehr viel logischer als Menschen. In Sekundenschnelle können sie Daten abgleichen, Informationen durchsuchen, Ungereimtheiten aufdecken. Menschliche Fehler können so verhindert werden, etwa im medizinischen Bereich. Bei aller Unzulänglichkeit, die es derzeit noch gibt – wie bei der Krankheitsdiagnosestellung –, ist das ein Fortschritt.

## Zweitens: Die Anforderungen an Kompetenzen werden andere

Viele Menschen versuchen einen Wettstreit mit der künstlichen Intelligenz, um sich den Veränderungen anzupassen. Doch das ist Unsinn. Es geht um eine Koexistenz, und das bedeutet, dass wir unsere bislang unterdrückten menschlichen Fähigkeiten freisetzen müssen.

Laut einer Studie des Weltwirtschaftsforums werden 2020 in den Top-10 der beruflichen Fähigkeiten Kreativität auf Platz 3 und emotionale Intelligenz auf Platz 6 stehen. Kognitive Flexibilität wird dann den 10. Platz einnehmen (siehe Abbildung 1).

Urteil und Entscheidungsfindung setzt voraus, dass Menschen ihre Intuition nutzen können, die Computeranalysen einbezieht, aber gleichzeitig unabhängige Urteile erlaubt. Das ist aber nur einer Persönlichkeit möglich, die sich selbst, andere und den Kontext reflektieren kann. Und genau das wurde die vergangenen Jahre vernachlässigt.

Analytik, Fleiß und Anpassung waren vielmehr die Verhaltensweisen, die in der früheren Arbeitswelt gefragt waren, in der es vor allem um Optimierung, Verbesserung und Zielerreichung ging. Die eigene Welt war hier die kleine Welt des eigenen Umfelds. In ihr war das Leben manchmal kompliziert, aber doch immer noch überschaubar und beherrschbar.

| 2020 | 2015 |
|---|---|
| 1. Lösen komplexer Probleme | 1. Lösen komplexer Probleme |
| 2. Kritisches Denken | 2. Abstimmung mit anderen |
| 3. Kreativität | 3. Personalmanagement |
| 4. Personalmanagement | 4. Kritisches Denken |
| 5. Abstimmung mit anderen | 5. Verhandeln |
| 6. Emotionale Intelligenz | 6. Qualitätskontrolle |
| 7. Urteilsvermögen und Entscheidungsfindung | 7. Serviceorientierung |
| 8. Serviceorientierung | 8. Urteilsvermögen und Entscheidungsfindung |
| 9. Verhandeln | 9. Aktives Zuhören |
| 10. Kognitive Flexibilität | 10. Kreativität |

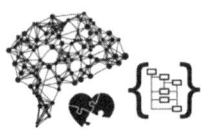 

Quelle: Weltwirtschaftsforum: *Future of Jobs Report*

Abbildung 1: Ranking der beruflichen Fähigkeiten 2015 und 2020

Kreativität, Empathie und Intuition sind Fähigkeiten, die in einer Arbeits- und Lebenswelt gefragt sein werden, in der es um Sinn, Innovation und Teilhabe aller Menschen geht. Die eigene kleine Welt ist hier immer auch Teil der großen Welt. In ihr ist Fortschritt der entscheidende Treiber, und Komplexität dringt in alle Lebensbereiche vor und verlangt uns Demut davor ab, was aus dem Unplanbaren entsteht. In dieser Arbeits- und Lebenswelt lässt sich nichts beherrschen, schon gar nicht allein. Wir brauchen immer mehr Kooperation, Teams und Netzwerke, in denen keine Egoismen herrschen, sondern gemeinsame Interessen verbinden.

## Drittens: Eine Anpassung erfordert eine Persönlichkeitsentwicklung

Für eine Persönlichkeitsentwicklung bedarf es auch einer emotionalen Entwicklung. Ich habe allerdings den Eindruck, dass wir zwar immer intelligenter werden, aber unsere Gefühlswelt nicht nachzieht. Von der Einführung des IQ-Tests 1909 bis 2012 stieg der Intelligenzquotient in jeder Dekade an, um insgesamt 30 Punkte. Ein Mensch mit einem durchschnittlichen IQ von 100 wäre demnach heute ein Genie: Ab 130 nimmt einen Mensa, das Netzwerk für Hochbegabte, auf. Würden Wissenschaftler die IQ-Tests nicht laufend anpassen, wären wir fast alle inzwischen Genies.

Der IQ misst aber etwas, was einen vielleicht befähigt, im Effizienz-Paradigma der alten Arbeitswelt logisch zu denken. Was er nicht misst, sind die Qualitäten, die einen dazu befähigen, das eigene Leben und das von anderen zukunftsgerecht zu gestalten. Die emotionale Intelligenz (EQ) lässt er gar völlig außen vor.

Würde Albert Einstein – dem man einen Höchstwert von 160 zuschreibt, obwohl er nie einen Test gemacht hat – heute mit einem Mensa-Mitglied gleichziehen, das es mit 130 gerade so geschafft hat? Einstein, der sich neben aller Theorie vor allem auch durch sehr kluge Lebenseinsichten auszeichnet, die »EQ« zeigen? Lebenseinsichten, die nur jemand haben kann, der eine reiche und lebendige Gefühlswelt hat. Der sich, andere und die Welt reflektiert – was die Basis für Erneuerung und Wertschöpfung ist?

Der IQ misst nicht das, was heute und in der morgigen Arbeitswelt gebraucht wird. Das erkennt schnell, wer das Denken von zeitgemäßen Inhalten befreit und auf seine Struktur blickt: Behandelt jemand andere Menschen als Subjekte? Ist ein Mensch in der Lage, auf sich selbst zu blicken und zu reflektieren? Oder ist er mit Inhalten so verschmolzen, dass er eins ist mit dem, was er sagt, denkt und fühlt? Sich selbst distanziert, von oben – also wie ein handelndes Objekt – betrachten zu können, ist eine entscheidende Fähigkeit emotional intelligenter Menschen.

Es ist also nicht die IQ-Klugheit, die uns befähigt, in der heutigen und künftigen Welt zu leben und diese mitzugestalten. Es sind die menschlichen Fähigkeiten, die sich aus der Besonderheit unseres Gehirns ergeben. Kein Computer beherrscht solche wundersamen Faustregeln, die intuitives Verstehen ermöglichen. Wenn wir beispielsweise die Laufbahn eines Balls verfolgen, so brauchen wir nicht nachzudenken, um zu wissen, wo er aufschlagen wird. Wir fühlen Störungen in einer Gruppe und wissen, was in der Situation richtig wäre – wenn wir darauf achten und feinsinnig wahrnehmen. Das ist mehr als emotionale Intelligenz, das ist humane Intelligenz.

# Wie Sie dieses Buch für sich nutzen

*Mindshift* ist ein Praxisbuch, das sich an Menschen jeglichen Geschlechts richtet, auch wenn manchmal – der einfacheren Lesbarkeit wegen – Personenbezeichnungen nur in einem Geschlecht auftauchen. Jedes Kapitel steht für sich. Es soll Sie über einen längeren Zeitraum begleiten. Ja, ich würde mir wünschen, dass Sie die Kapitel darin nicht nur einmal, sondern immer wieder lesen. Vor allem die, die Sie berühren. Sie müssen nicht alles durcharbeiten, das wäre ein zu umfangreiches Projekt. Sie werden dort hängenbleiben, wo Sie intuitiv andocken, weil es gerade Ihr Thema ist.

Dieses Buch bietet den Rahmen für die freie Entfaltung Ihrer Gedanken über die nächsten Jahre. Ich bin mir sicher, dass Sie ganz neue Aspekte entdecken, wenn Sie dasselbe Kapitel mit einem halben Jahr Abstand noch mal lesen. So können Sie persönlich wachsen, so wie in einen Coaching oder einer Ausbildung.

Mein persönliches Lebensthema ist schon immer Entwicklung gewesen. Ich glaube an Veränderung und fast unerschöpfliche Möglichkeiten zu werden, wer man sein will.

## Gehirngerecht lernen

Jeder Mindshift hat eine Rubrik »Was Sie innerhalb von sechs Wochen tun können«. Dem liegt der Gedanke zugrunde, dass sich in vier bis sechs Wochen neue Verbindungen aufbauen, Veränderung im Gehirn sichtbar wird. Diese Übungen sind etwas umfangreicher. Sie sollten Sie in diesen sechs Wochen immer wieder aufgreifen.

Wir trainieren mit diesem Buch das Gehirn, aber auf eine ganz andere Weise, als es die Ratgeber tun, die auf Logik setzen – und nachgewiesenermaßen kein bisschen schlauer machen. Der Grund dafür: Sie bauen damit keine neuen Verbindungen, sondern machen die bestehenden nur fester. Genau das will ich mit diesem Buch nicht. Es soll vielmehr lösen, durcheinanderwirbeln und dann neu entstehen lassen.

Ich orientiere mich im Aufbau an neurobiologischen und entwicklungspsychologischen Erkenntnissen über Lernen und Veränderung. Wir brauchen schnelle Erfolge, positive Emotionen, damit Neuronen elektrische Signale feuern, die sich in chemische verwandeln und damit den synaptischen Spalt überbrücken können. Neue Wege im Kopf sind erstmal Trampelpfade und brauchen neues »Feuer«, damit sie zu Straßen werden. Wenn Neues entsteht, braucht es Wiederholung, sonst erlöscht es wie ein Flämmchen. Aber dass Sie etwas wiederholen, ist eben wahrscheinlicher, wenn Ihr Gehirn sich darauf freut. Ein Erfolgserlebnis sorgt für solche (Vor-)Freude. Deshalb hat jedes Kapitel die Rubrik »Was Sie in weniger als fünf Minuten tun können«. Diese Tipps sollen Ihnen helfen, schnelle Erfolge zu erleben.

Menschen lernen besonders effektiv, wenn Sie in Gruppen sind. Überhaupt ist die Kombination aus Einzel- und Gruppenarbeit optimal. Deshalb gibt es immer auch eine Teamübung. Diese können Sie mit Kollegen oder Freunden machen oder einer speziell dazu ins Leben gerufenen Mindshift-Gruppe.

## Ein Rahmen für eigenes Denken

Ich führe Sie weg von der algorithmischen Richtig-falsch-Logik hin zu einem flexibleren Sowohl-als-auch. Inhalte spielen für mich eine sekundäre Rolle. Ich vermittle vielmehr Rahmen fürs Denken und Handeln, die Sie ganz unterschiedlich füllen können. Denn ich will Ihnen nichts vorgeben, ich möchte, dass Sie Ihr Bild selbst malen. Darum geht es letztendlich ja auch in der neuen Arbeitswelt.

Denken und Fühlen sind untrennbar miteinander verbunden. Herz und Verstand gehören zusammen. Deshalb empfehle ich Ihnen, die Übungen nicht einfach zu konsumieren wie eine Tüte Chips, sondern wirklich zu verinnerlichen. Gönnen Sie sich nach jedem Fünf-Minuten-Tipp fünf Minuten Meditation. Versinken Sie dazu in ein Bild, das Ihnen spontan in den Sinn kommt, und konzentrieren Sie sich darauf.

Sie können auch einen kurzen Body-Scan machen. Das ist eine einfache Meditationsübung, bei der Sie sich auf den Körper konzentrieren. Bei YouTube erfahren Sie, wie es geht. Steigern Sie die fünf Minuten auf zehn oder fünfzehn, wenn Sie geübt sind. Wenn Sie Schwierigkeiten haben, sich selbst in einen meditativen Zustand zu versetzen, nutzen Sie entsprechende Apps. Schon nach drei bis vier Tagen verändert sich durch Meditation Ihr Gehirn. Sie können neue Gedanken dann besser aufnehmen.

Das eine (neue Gedanken) geht Hand in Hand mit dem anderen (Veränderung durch Meditation). Ich muss Sie deshalb warnen: Wenn Sie nach schnellen Lösungen suchen – vergessen Sie es. Das ist vielleicht das, was Sie zunächst suchen, aber nicht das, was Sie brauchen.

Bei der Entspannung hilft neben Meditation auch Musik. Sie wirkt sich positiv auf das Lernen aus. Und zwar auf zweierlei Weise: Wenn Sie mit Musik entspannen, können Sie anschließend Neues leichter aufnehmen. Wenn Sie mit leiser Musik lernen, hilft das bei der Verankerung. Alphawellen sind dazu besonders gut geeignet. Sie finden dazu bei YouTube zahlreiche Tracks.

*Bei YouTube finden Sie auch den Song »Weightless« von Marconi Union. Diesen Track hat die Band mit der britischen Akademie für Soundtherapie entwickelt, um Ängste zu reduzieren. Hören Sie ihn mit einem Kopfhörer.*

Ich unterscheide Single und Double Loops im Denken. Beim Single Loop habe ich ein Problem, eine Aufgabe oder ein Bedürfnis und suche eine Lösung aus meinem bisherigen Denken heraus. Beim Double Loop stelle ich das Problem, die Aufgabe oder das Bedürfnis selbst infrage.

Dieses Buch zielt auf viele Double Loops.

Ich gebe Ihnen ein Beispiel: Sie möchten etwas Neues lernen. Bisher haben Sie verinnerlicht, dass Lernen bedeutet, konkrete Anleitungen zum Handeln zu bekommen. Nun gebe ich Ihnen aber keine konkreten Anleitungen, sondern Rahmen für Ihre Aktivitäten. Genau das fordert Sie, dehnt und bewegt Ihren Kopf. Es könnte die Annahme, dass Anleitungen nötig sind, infrage stellen und Sie mit der Grundangst konfrontieren, etwas loszulassen. Aber wenn Sie es dann doch tun, werden Sie autonomer werden.

## Übersicht für Ihre Orientierung

Bevor ich Sie in eine praktische Erfahrungswelt mitnehme, möchte ich Ihnen noch eine Übersicht zur besseren Orientierung anbieten. Die folgende Tabelle 1 stellt Grundannahmen des Industriezeitalters vor der Digitalisierung und danach einander gegenüber. Man könnte auch sagen: Annahmen der Industrie 1.0–3.0 versus Industrie 4.0.

Grundannahmen werden später im Buch noch mal eine wichtige Rolle spielen. Auf diesen un- oder vorbewussten Annahmen basiert unser Handeln. Es sind unsere Ansichten, wie etwas zu sein hat. Für das Mindshifting sind sie deshalb absolut zentral.

Schauen Sie sich die Gegenüberstellungen an, und beobachten Sie Ihre Reaktionen. Welche Gedanken gehen Ihnen durch den Kopf? Was fühlen Sie? Nehmen Sie das ganz bewusst wahr. Suchen Sie in der dritten Spalte das Schöne, Anziehende, Attraktive – die Chance für Sie persönlich.

Die fünfte Spalte zeigt, was Sie für einen Shift brauchen und welcher der vorgestellten Hebel bei welcher Art von »Höherstellung« hilft.

| Thema | Davon ging man im Industriezeitalter vor der Digitalisierung aus | So haben sich die Annahmen durch die Digitalisierung verändert | Für einen Shift brauchen wir | Dabei hilft Mindshift Nr. |
|---|---|---|---|---|
| Beruf | Verleiht Identität und gesellschaftlichen Status | Ist die Aufgabe, etwas Sinnvolles zu tun, oft verbunden mit der Suche nach Sinn und »Purpose«, also persönlicher Bedeutung | Emotionale Intelligenz | 7, 14, 16 |
| Bildung | Leistet Anpassung an Leistungsstandards, einmal »auftanken« reicht | Ist die Fähigkeit, Dinge zu hinterfragen | Freude am Forschen und Entdecken | 6, 22 |
| Bindung | Ist Sicherheit | Ist die Folge von freier Entscheidung und menschlich | Autonomie | 20, 21 |

| Thema | Industriezeitalter | Digitalisierung | Shift benötigt | Mindshift |
|---|---|---|---|---|
| Denken | Ist die Voraussetzung für Problemlösungen | Ist ohne Emotionen nicht denkbar, »man kann nur denken, was man erkennen kann« | Kognitive Flexibilität | 2, 3, 4, 5, 6, 7 |
| Erziehung und Sozialisierung | Zielt auf Anpassung in Richtung der Werte Fleiß, Effizienz und Leistung | Ermöglicht freie Entscheidungen und zielt auf Werte wie persönliches Wachstum und Entwicklung | Persönliche Reife | 4, 9, 16 |
| Ethik/Moral | Die Kirche definierte die Werte. Moralische Instanzen gaben die Richtung vor. | Sich einem Glauben oder Nicht-Glauben anschließen | Tugend- und Moralbewusstsein | 19 |
| Freiheit | Ist möglich | Ist eine Chance für alle Menschen, die Zusammenhalt erst ermöglicht | Selbstbewusstsein | 4, 15 |
| Veränderung | Braucht schwere Krisen | Ist auch in Babyschritten als adaptiver Wandel möglich | Veränderungsfähigkeit | 8, 9 |
| Fühlen | Ist Frauensache, braucht man für bestimmte Jobs im sozialen Bereich | Beeinflusst das Denken und Handeln, Bewusstheit ist notwendig für Kollaboration | emotionale Intelligenz | 7, 8, 15 |
| Führung | Ist der Job einer Person, die Macht hat und entscheidet | Ist Dienst am Menschen und deren Befreiung | Perspektivenwechsel | 5, 7, 9 |
| Gesellschaft | Entstehung der Arbeiterklasse | Entstehung einer digitalen Gesellschaft, die Kreativität und Menschlichkeit fördert | Gestaltungswillen | 1, 3, 14, 16 |

| Thema | Industriezeitalter | Digitalisierung | Shift benötigt | Mindshift |
|---|---|---|---|---|
| Karriere | Spezialisierung auf- und ausbauen | Verschiedene Erfahrungen, Kenntnisse und Fähigkeit verknüpfen und persönlichkeitsgerecht gestalten | Selbstorganisiertes Lernen, Veränderungsbereitschaft | 1, 9, 17 |
| Lernen | Dient der Anpassung an vorhandene Standards | Ist die Fähigkeit, aus Freude zu lernen und lebenslang neugierig zu sein | Neugier, Offenheit für Erfahrungen, abstraktes Denken | 2, 6, 9, 13, 17 |
| Mensch | Ist oberstes Säugetier, hat Verstand und kann rationale Entscheidungen treffen | Ist eines von vielen Säugetieren, hat Gefühl, Empathie, eine geniale Intuition und ein Bewusstsein | Emotionale Intelligenz | 7, 12, 18 |
| Technologie | Muss verbessert und ausgeschöpft werden | Dient der Befreiung von körperlicher- und Routinearbeit, ist die Chance für Weiterentwicklung | Kreativität, Querdenken | 3, 21 |
| Verhalten | Ist trainierbar | Ist durch Denken, Fühlen und Verhalten aufeinander abgestimmt | Verhaltensflexibilität, Authentizität | 4, 8, 18 |
| Wertschöpfung | Stabilität der Prozesse mit Blick auf Massenproduktion | Agilität der Prozesse mit Blick auf Kundenwünsche | Kooperation in Netzwerken, Empathie | Alle, siehe jeweils Abschnitt »Was Sie im Team tun können« |
| Wissen | Befähigt für die Übernahme von Aufgaben | Ist überall und jederzeit abrufbar, muss genutzt werden können | Kognitive Flexibilität, Lösung komplexer Fragestellungen | 4, 6, 7, 9, 22 |

Tabelle 1: Grundannahmen vor und nach der Digitalisierung

# 1. **Tellerrandspringer:** Verlassen Sie Ihren engsten Kreis

**Worum es geht:**
Viele Menschen bleiben ihr ganzes Leben in ihrem vertrauten Umfeld und suchen keine neuen Erfahrungen. So wird ihr Blick eng und ist auf das Bekannte fixiert. Sie lernen nicht mehr.

**Der Shift:**
Suchen Sie sich neue und unbekannte Gebiete – gerade auch solche, die Sie sonst nie besuchen würden. Fliegen Sie bewusst über das hinaus, was Ihnen (angeblich) in die Wiege gelegt wurde.

**Das ist für Sie drin:**
Wenn Sie sich mit Dingen beschäftigen, die Sie noch nicht kennen, entwickeln Sie sich weiter. Nur wenn Sie kein Ergebnis erwarten, können Sie sich einlassen und lernen wirklich.

> Nun, wo ein Anfang gemacht ist,
> kommt immer das Beste von selber nach.
> *Hermann Hesse*

Wo sind Sie geboren? Und wo leben Sie jetzt? Was haben Ihre Eltern gemacht? Und was tun Sie?

Wir werden zumeist dazu erzogen, den Tellerrandblick zu wahren, also in einem festen Kreis aus Verhaltens- und Denkweisen zu bleiben. Die Menschen in unserem Umfeld wollen nicht, dass wir uns zu weit hinauswagen. Denn das würden sie sich ja selbst auch nicht trauen.

*Wie oft haben Sie Ihre Verhaltens- und Denkweisen grundlegend geändert?*

*Wenn Sie jetzt sagen: »Nie«, dann fragen Sie sich, was passieren müsste, damit Sie diese Aussage innerhalb von einem Jahr revidieren.*

Sarah (40) ist ein typisches Mittelschichtkind. Ihr Vater hatte Verlagskaufmann gelernt und ein BWL-Studium aufgesattelt, ihre Mutter in Teilzeit als Sekretärin gearbeitet. Onkel, Tanten und andere Verwandte hatten überwiegend einen kaufmännischen Hintergrund. Man lebte in Reihenhäusern außerhalb der Stadt und schickte die Kinder aufs Gymnasium. Der Horizont damals in den 1990er Jahren schien weit, war aber begrenzt.

Auf dem Teller des Lebens lagen immer die gleichen Dinge. So waren alle froh, als Sarah sich für eine Ausbildung zur Bankkauffrau entschied und danach auch noch ihren Bankbetriebswirt absolvierte.

## Was bestimmt Ihr Leben?

Haben Sie sich mal überlegt, welche Themen Ihr Leben bestimmen? Welche Sterne an Ihrem Horizont leuchten – und ob das Ihre eigenen sind?

Leiten Sie diese Themen zu Verhaltens- und Denkweisen wie »Betriebswirtschaft ist eine sichere Bank, damit kannst du nichts falsch machen«? Oder »Du musst erst mal etwas Richtiges lernen«? Was scheint erstrebenswert? Geld, Haus, Familie, welche Art von Job und Arbeitsleben? Was liegt auf Ihrem Teller? Was soll Ihnen schmecken?

Bei Sarah waren es: gute Schulnoten, eine solide Ausbildung, ordentliche Leistung durch Fleiß erbringen, berufliche Sicherheit haben, eine Familie gründen, Abwechslung durch Reisen. Aber irgendwann schmeckte ihr das nicht mehr. Sarahs Unzufriedenheit wuchs. Sie arbeitete bei einer großen Bank in Frankfurt, die durch immer neue Krisen ging. Damit einhergingen Unsicherheit, Druck und ein schlechter werdendes Arbeitsklima. Ehemals rosige Perspektiven in der Karriere wurden mit den Jahren immer schwärzer. Es gab keine Sicherheit mehr, und Fleiß wurde auch nicht mehr belohnt.

## Neue Begegnungen, neue Chancen

Die digitale Welt wuchs langsam in Sarahs Leben. Sie nahm an Schulungen teil und erwarb IT-Kenntnisse. Ansonsten dachte sie nicht besonders viel über das Leben und die Veränderungen nach, die eine digitalisierte Welt bringen würde. Nur das Gefühl von »Das kann doch nicht alles gewesen sein« wurde stärker und stärker. Sie trennte sich von ihrem Ehemann, ging danach öfter aus und kam auf neue Gedanken.

Dabei traf sie Torben. Er war ein »Nerd«, ein Computerfreak und Hacker, der Viren im Auftrag von fremden Regierungen programmiert hatte und nun eine eigene Firma betrieb. Torben war zehn Jahre jünger als Sarah, was in der Familie nicht gut ankam, obwohl es keiner direkt sagte.

Torben zeigte Sarah eine neue Welt. Sie lernte, wie man sich mit dem Browser »Thor« im Darknet bewegt. Das ist der dunkle Teil des Internets, ein Ort und Hort vieler Verbrechen. Sie tauchte immer mehr in diese neue Welt ein. Das machte ihr viel Freude, gleichzeitig erlebte sie erstmals das Gefühl von Spannung als positiv und belebend. Torben eröffnete ihr neue Blickwinkel. Durch ihn kam sie auf ganz andere Gedanken.

Schließlich schickte Torben seine Freundin zu mir ins Coaching. Wir sollten besprechen, welche beruflichen Möglichkeiten sie hätte, und Ideen entwickeln, wie sie dem »Moloch Bank« entkommen könnte. Die Idee, digitale Forensik zu studieren, kam von Sarah. Das ist ein berufsbegleitendes Studium.

Das größte Thema war jedoch Sarahs eingeimpftes Sicherheitsbewusstsein. Obwohl Torben ihr anbot, ihr die Ausbildung zu finanzieren, haftete ihr die Angst an, sich dadurch abhängig zu machen. »Nehmen Sie doch einen Kredit bei ihm auf, dann zahlen Sie das Geld eben zurück«, schlug ich vor. Das war pragmatisch, aber bis Sarah das wirklich annehmen konnte, musste sie erst die nächste große Abbauwelle und damit die Aussichtslosigkeit in ihrer Branche erleben. Am Ende war es ihre Tochter, die ihr gut zuredete und Mut zusprach.

Heute, sieben Jahre später, arbeitet Sarah bei einem Landeskriminalamt und ist sehr glücklich mit ihrer Arbeit und ihrem Leben. Ihre Bankerfahrungen sind ihr heute nützlich. Sie ist spezialisiert auf Wirtschaftsdelikte. Sarah hat die Wende geschafft, und die Auswahl auf Ihrem Teller schmeckt ihr heute viel besser.

*Wann waren Sie zuletzt von etwas so fasziniert, dass Sie die bisherigen Vorhaben verändert haben? Was könnte Sie so reizen, dass Sie es tun?*

## Veränderung ist keine Altersfrage

Oft sind wir nicht Herr oder Frau unseres Lebens. Wir übernehmen, was die anderen für uns als sinnvoll erachten und auf unseren Teller legen. Das »essen« wir dann, ohne uns weiter zu fragen, ob es uns schmeckt. Wenn da nicht dieses Gefühl wäre, dass vielleicht doch noch etwas Anderes auf uns wartet …

Als 40-Jährige mit jungen Leuten zu studieren, das sei doch nun wirklich nichts, bekam Sarah oft zu hören. Doch unser Umfeld schätzt uns oft falsch ein. Die anderen, also Partner, Familie, Lehrer, Kollegen, sehen, was sie von uns kennen, aber nicht, was sie nicht kennen. »Ich kenne mein Kind/meinen Partner/meinen Kollegen« bedeutet in der Übersetzung oft nur: »Ich kenne das, was ich selbst sehen kann«. Ich erlebe häufig, wie unglaublich befreiend es sein kann, sich vom alten Tellerranddenken zu verabschieden. Der größtmögliche Mindshift entsteht nämlich durch Luft- und Umfeldveränderung.

Das neue Umfeld war für Sarah mit einem Umzug verbunden. Es gab Streit, verletzte Eitelkeiten, Freunde, die sich abwandten. Es war eine Übergangsphase, in der nicht immer alles leicht war. Das gehört dazu. Man kann nicht einfach so von einem Zustand zum anderen wechseln. Es braucht immer einen Übergang. Wer aus den engen Begrenzungen des Tellerrandes ausbricht, landet oft zeitweise in einem Niemandsland. Hier braucht es Verbündete und Freunde. Die hatte auch Sarah mit Tochter und neuem Freund.

*Wie viele immer neue Möglichkeiten, über den Tellerrand zu blicken, bietet Ihr Umfeld? Wie oft sind Sie bereits ausgebrochen? Was würde passieren, wenn Sie es tun? Spüren Sie das Gefühl, das der Gedanke auslöst? Diesen Kitzel?*

## Wie der Habitus sich festsetzt

Je homogener das Umfeld eines Menschen ist, desto ähnlicher ist der Geschmack. Man bevorzugt bestimmte Lern- und Leistungserfahrungen (»Mein Kind hat eine 1,1 im Abitur geschafft«), Berufe, Sportarten, Kleidung und Freizeitpräferenzen. Bildungsentscheidungen sind auch an diesen Geschmack gebunden. Das nennt man Habitus: Das Umfeld prägt Vorlieben und Verhalten aus.

Die statistische Wahrscheinlichkeit, dass ein Kind, das in einem Beamtenhaushalt aufwächst, ein Unternehmen gründet, ist verschwindend gering.

Der Habitus einer Schicht hat einen bestimmenden Einfluss auf die Richtung von Denken und Handeln. Sogar das Selbstbewusstsein und die Körperhaltung stehen im Zusammenhang mit dieser Prägung. Die natürliche, scheinbar angeborene Selbstsicherheit einer Bildungsbürgerschicht unterscheidet sich zum Beispiel nachweislich von der Tendenz zu Vorsicht, Schüchternheit und Gezwungenheit bei den Nachfahren von Arbeitern und Angestellten.

Das beschränkt aber auch den Blick. Arbeiterkinder wählen eher geisteswissenschaftliche oder soziale Studiengänge. Sie entscheiden sich kaum für Berufe wie Arzt oder Jurist, weil sie den damit verbundenen Status ablehnen – ein Erbe.

Angestelltenkinder wie Sarah wählen typischerweise auch etwas von der Menükarte, die durch das Umfeld bekannt ist. Man meint dann, seiner Berufung zu folgen – in Wahrheit ist das Menü auf wenige Gerichte beschränkt, die bekannt und positiv bewertet sind.

Wenn Sie sich dessen bewusst sind, werden Sie freier. Wie war es bei Ihnen? Welcher Geschmack prägte Sie? Was konnten Sie bei der Berufswahl sehen und was nicht?

Gehen Sie in Gedanken auch einmal durch Ihr Umfeld. Welcher Ihrer Bekannten findet Jobs über Beziehungen statt durch Bewerbungen? Wer hat ein Unternehmen gegründet? Wer gestaltet sein Arbeitsleben aktiv und selbstbestimmt? Wo zeigt sich Habitus? Und was müssen Sie tun, um einfach darauf zu pfeifen?

## Weg mit den Beschränkungen!

Je nach Habitus neigen wir mehr dazu, uns Gegebenheiten anzupassen, als diese zu gestalten. Genau das aber verbaut Lebenschancen. Es sind die ganz neuen Felder, in die Menschen zufällig geraten, die sie verändern und stärken. Es sind anfängliche Schwierigkeiten, aus denen dann am meisten entsteht. Überdurchschnittliche Leistungen beginnen oft mit einem Kraftakt, und zwischenzeitlich gibt es auch pure Verzweiflung – »Das schaffe ich nie«. »Nobody said it was easy«, singt Coldplay in »The Scientiest«.

Doch einer, der sich durchbeißt, wird viel mehr erreichen als einer, der den einfachen Weg geht.

Wenn Sie das einmal reflektiert haben, fragen Sie sich, wer davon erhobenen Hauptes geht und wer leicht gebeugt. Wo würden Sie sich selbst einsortieren? Falls »leicht gebeugt« Ihre Antwort ist, dann richten Sie sich auf für das, was kommt! Ich meine das im Wortsinne und übertragen: Die Haltung entscheidet. Mit gerader Haltung kommt man weiter.

## Überwinden Sie den Tellerrand!

Es gibt viele Gründe, den Tellerrand zu überwinden – und immer mehr Möglichkeiten dazu. Die sozialen Netzwerke können Verbindungen zwischen Menschen schaffen, die sonst nie miteinander bekannt geworden wären. In vielen Unternehmen gründen sich Communities of Practice zum Erfahrungslernen und »Circle« nach dem »Working out loud«-Konzept von John Stepper.

Ein Circle ist eine Unterstützergruppe aus vier bis fünf Personen, von denen jede ein anderes Ziel verfolgt, aber eben nach bestimmten Regeln. Dieser Circle kann sich virtuell treffen, es muss nicht vor Ort sein. Jedes Mitglied legt für sich Ziele fest, die sehr detailliert oder etwas offener formuliert sein können. Die Mitglieder eines Circle helfen einander, sich neue Themen, Gedanken und Kontakte zu erschließen. Es geht darum, frei und selbstorganisiert Neues zu lernen.

Unter www.workingoutloud.de erhalten Sie weitere Informationen zu diesem Konzept.

Wir haben gelernt, uns an etwas zu orientieren, das wir bereits kennen und mögen. Das ist eine tolle Sache, wenn Sie von Haus aus sehr offen sind. Wenn Sie aber nicht gewohnt sind, weit zu denken, Ihr Tellerrand also begrenzt ist, dann funktioniert das weniger gut. Dann brauchen Sie eine neue Liebe wie Sarah, einen Kraftakt oder irgendeinen Zufall, der Türen öffnet.

Aber auch Zufälle entstehen ja nicht zufällig. Wer öfter rausgeht, Neues sucht und kennenlernt, steigert die Chance auf Zufälle. Sie können auch ganz bewusst auf die Suche nach dem Fremden gehen – nach irgendetwas, das Sie nicht kennen und auf den ersten Blick gar nicht attraktiv finden. Stehenbleiben fällt uns schwer, oft hetzen wir vorbei und übersehen Chancen.

*Wann sind Sie zuletzt irgendwo stehengeblieben und haben sich auf das eingelassen, was da war?*

Das, was Sie nicht mögen, was in weiterer Ferne liegt, ja was Sie für sich vielleicht sogar ablehnen, bietet oft mehr Möglichkeiten und verspricht größere Entwicklungspotenziale.

Wenn Sie immer nur auf das hören, was Ihr Umfeld macht und Ihnen einflüstert, werden Sie bleiben, wo Sie sind. Im Zweifel sind um Sie herum Menschen, die noch ängstlicher sind als Sie. Ihre Eltern, die Freunde, die Clique. All diese Menschen, die wissen, was gut für Sie ist, die Ratschläge geben, jedoch aus ihrem eigenen Denken heraus, geprägt vom eigenen Habitus.

Einem meiner Kunden sagte sein Freundeskreis, er dürfe einen neuen Job nicht annehmen, weil er da weniger Mitarbeiter führen würde als vorher. Das sei ein Abstieg. Das ist vordigitales Denken und schlichter Blödsinn.

*Suchen Sie nach Menschen, die nicht bewerten und einsortieren, sondern viel fragen und gut zuhören. Das wird Sie wirklich weiterbringen, nicht all die guten Ratschläge und Tipps.*

Wenn Sie angestammte Gebiete verlassen auf der Suche nach Neuem – was es auch sei –, wird Ihr Herz schneller schlagen. Sie werden aufgeregt und angeregt sein; es passiert etwas in Ihrer Gefühlswelt und dadurch auch in Ihrem Gehirn.

## Was Sie in weniger als fünf Minuten am Tag tun können

Was würden Sie sonst nie machen? Suchen Sie nach etwas, das Ihnen von Haus aus fremd ist. Das können zwölf Sonnengrüße aus dem Yoga sein oder das Nachdenken über mein Zitat am Anfang dieses Mindshifts. Wenn Sie sonst eher zum Nachdenken neigen, handeln Sie spontan, wenn Sie eher spontan sind, halten Sie inne.

Suchen Sie nach dem Fremden. Interessieren Sie sich für das, was Sie etwas nervös macht oder sogar unsicher. Sie können sich beispielsweise eine interessante Person in einem sozialen Netzwerk aussuchen und diese einfach mit einer netten Nachricht kontaktieren. Oder irgendwo hingehen, wo Sie sich sonst nicht hineintrauen würden.

- Wenn Sie nie zur Ruhe kommen, setzen Sie sich auf eine Wiese und hören Sie den Vögeln oder dem Regen zu.
- Wenn Sie ein ruhiges Temperament haben, hauen Sie in einen Boxring oder auf den Tisch. Springen Sie auf einem Trampolin oder spielen Sie Clown.

Wichtig ist nur eines: Dass Sie sich etwas suchen, das Ihnen persönlich völlig fremd ist.

## Was Sie innerhalb der nächsten sechs Wochen tun können

Erstellen Sie eine Liste mit Themen und Aktivitäten (siehe auch Abbildung 2),

- die Ihnen sehr vertraut sind (engerer Ring des Tellerrands),
- die Ihnen nicht ganz fremd sind (äußerer Ring des Tellerrands),
- die für Sie völlig fremd sind und mit denen Sie noch nie zu tun hatten (außerhalb des Tellerrands, je nach Entfernung zu Ihrem Kontext näher oder weiter weg).

Abbildung 2: Tellerrandspringer

Um auf Ideen zu kommen, hören Sie sich um. Fragen Sie sich und andere, was das Verrückteste ist, was Sie sich vorstellen können. Und dann nehmen Sie die entstandene Liste und setzen das um, was Sie so richtig schön unpassend finden. Das kann eine Philosophievorlesung sein, Technotanzen oder ein Nachmittag als Erntehelfer. Wenn Ihnen nichts einfällt, gehen Sie mit dem Finger über einen Eventkalender und tippen Sie mit verbundenen Augen auf irgendetwas.

Suchen Sie dabei nicht nach Zielen oder »Quick Wins«. Es geht nicht darum, irgendetwas zu ernten, nicht um Ergebnisse. Dieses Zieldenken hat uns die Industrialisierung eingebrockt. Alles muss etwas bringen, alles auf ein Ergebnis hinauslaufen. Return on Investment! Wenn Sie sich auf den Tellerrandsprung einlassen, gibt es keinen direkten Return, nichts, was sich berechnen ließe. Es gehen nur jene Türen auf, die Sie sonst niemals gesehen hätten.

In vielen Situationen mag es nützlich und nötig sein, sich Ziele zu setzen und diesen zu folgen. Aber bei der Suche nach dem Neuen behindern Sie Pläne und Ziele nur.

Wenn Sie sich auf meinen Vorschlag eingelassen und etwas Neues gemacht haben, bewerten Sie es nicht gleich in Ihren üblichen Kategorien. Welche das sind, weiß ich natürlich nicht, aber eine solche Kategorie könnte »Langweilig« oder »Kann ich nicht, das habe ich mir ja gerade selbst bewiesen« sein. Unser Bewertungssystem ist äußerst fleißig und erfinderisch.

Wenn Sie aber etwas nach Ihren Kategorien bewerten, dann stecken Sie es in *Ihre* Schubladen. Das sind nicht notwendigerweise auch die der anderen.

Von den Bewertungen anderer sollten Sie sich auch freimachen. Es sind *deren* Schubladen.

Achten Sie mal ganz bewusst auf dieses Schubladendenken, und fragen Sie sich, wie und warum es entstanden ist. Und was es eigentlich mit Ihnen zu tun hat. Oft gar nichts.

Sie können sechs Wochen lang versuchen, jede Woche etwas anderes zu tun, das Sie über den Tellerrand blicken lässt. Schreiben Sie auf, was Sie erleben und was dabei mit Ihnen passiert. Achten Sie auf die Emotionen, die Sie haben. Den Begriff Emotionen nutze ich hier und in den nächsten Mindshifts übrigens synonym zu Gefühlen. Besonders wichtig sind Gefühle von Interesse und Freude. Spüren Sie denen nach, nehmen Sie sie mit allen Sinnen wahr.

Ich habe einmal an einem Live-Rollenspiel teilgenommen und fand es zunächst ziemlich schwierig, meine Rolle zu interpretieren. Ich war mir nicht sicher, welches Verhalten zu ihr passt. Ich suchte also nach dem »richtigen« Verhalten. Aber das gibt es ja gar nicht. Es geht einfach nur darum, das zu tun, was man gerade innerhalb des vorgegebenen Rollen-Rahmens tun möchte. Dann passiert schon etwas. Je mehr Sie loslassen und sich auf das Unbekannte jenseits des Tellerrands einlassen, desto mehr Spaß bringt es. Sie werden immer mehr davon wollen, wetten?

## Was Sie im Team tun können

Erkunden Sie neue Gebiete gemeinsam, so erscheinen diese weniger bedrohlich. Es gibt viele Möglichkeiten, mit anderen über den Teller-rand zu springen. Sie könnten eine Woche in einem Krankenhaus oder auf einer Kaffeeplantage hospitieren. Sie könnten an einer Vorlesung in englischer Geschichte teilnehmen oder Pilze sammeln.

Vorab ist es sinnvoll zu erkunden, was außerhalb des Tellerrands Ihres Teams oder Ihre Gruppe liegt. Damit meine ich Teams und Grup-pen aller Art: Kollegen, Netzwerke, Freunde, Bekannte. Sie können auch neue Gruppen gründen, etwa über Apps wie Meetup, über Face-book oder einfach, indem Sie Menschen ansprechen und fragen.

Ein konkretes Tool, das ich Ihnen mitgeben möchte, ist ein strukturiertes Tellerrandsprung-Interview. Die 7x5-Minuten-Timeboxen helfen Ihnen, auf Ideen zu kommen.

Und das geht so: In einem Zeitrahmen von fünf Minuten beantwortet der Interviewte Fragen, die ihm der Interviewer stellt. Einer schreibt alles auf, was der Interviewte sagt, und zwar möglichst im Wortlaut. Alternativ wird aufgezeichnet. Die Aufgabe ist, in fünf Minuten alle Antworten herauszufeuern, die dem Interviewten einfallen.

Es gibt in dieser Übung also Rollen für den Interviewer, den Interviewten und den Schreiber. Wechseln Sie die Rollen nach den ersten 7x5 Minuten, sodass jeder mit den drei Aufgaben drankommt.

Es gelten folgende Regeln:

- Es geht um freie Assoziation, die niemand kommentieren und bewerten darf.
- Schweigepausen sind ausdrücklich erwünscht, die fünf Minuten müssen ausgeschöpft werden.

Bei sieben Fragen mal fünf Minuten hat jeder im Team genau 35 Minuten Zeit. Die folgenden Fragen formuliere ich bewusst mit »du«, da es so vertrauter wird. Sonst bleibe ich in diesem Buch beim Sie, wir sind ja schließlich keine Digital Natives.

### 7x5 Minuten-Interview-Fragen:

1. **Was** hast du noch nie gemacht?
2. **Warum** hast du das noch nie gemacht?
3. **Was** würde passieren, wenn du es tust?
4. **Was** würde dir entgehen, wenn du es nicht tust?
5. **Wer oder was** hindert dich?
6. **Wer oder was** lockt dich?
7. **Was** könntest du morgen tun, um den ersten Schritt zu gehen?

These

Wer Grenzen überschreitet, gewinnt neue Gehirnzellen.

neue Umfelder

neue Menschen

neue Orte

Grenzen über- schreiten

FAMILIE

UMFELD

Frage

Wie überwinde ich meine Grenzen?

Un- gewohntes auf den Teller

MINDSHIFT

Tellerrandspringer

WAS ICH NICHT MAG
WAS MIR FREMD IST

Praxis

Was hilft mir beim Springen?

NETZWERKE

KOLLEGEN

WOL

APPS

kleine Schritte

andere Menschen

gegen die eigene Tendenz handeln

Tellerand- Interview

## 2. **Weiterdenker:** Erschließen Sie die andere Seite

**Worum es geht:**
In der Schule haben wir gelernt, dass das eine richtig und das andere falsch ist. In der Ausbildung ging es weiter mit diesem Entweder-oder-System. Später im Job versuchen die meisten Menschen, sich weiter an Themen auszurichten, die »richtig« sind. Je mehr jedoch die Digitalisierung voranschreitet, desto weniger gibt es diese Eindeutigkeit. Es ist immer mehr ein Sowohl-als-auch-Denken gefragt.

**Der Shift:**
Trainieren Sie das Denken in Gegensätzen und schaffen Sie dadurch nie gekannte Verbindungen. Halten Sie inne und betrachten Sie genau, welchen Annahmen Sie folgen. Dabei helfen Ihnen logische Strukturen, die ich Ihnen nahebringen möchte.

**Das ist für Sie drin:**
Sie erhalten mit diesem Mindshift Methoden, um flexibleres Denken zu entwickeln.

>»Nur die Gegensätze lehren einen die Welt kennen:
>Wer nicht ums Dunkel weiß, kann das Licht nicht erkennen.«
>
>*Japanische Weisheit*

Arbeiten Sie in einem Unternehmen, einer Behörde oder sind Sie selbstständig? Ich frage Sie: Wie wird dort, wo Sie tätig sind, Führung gelebt? Ist es Beherrschen und Macht, also Command and Control? Oder Dienstleisten und Hindernisse beseitigen, damit die Kollegen ungestört arbeiten können? Es kann auch etwas Drittes oder Viertes sein ... Aber vermutlich ist es eher das eine oder andere. Das liegt daran, dass wir Menschen uns immer für eine Seite der Medaille entscheiden, für eine »These«. An dieser kleben wir dann fest. Jede Entscheidung für etwas ist auch eine Entscheidung gegen etwas. Und manche Menschen treffen immer die gleichen Entscheidungen, oft weil man es von ihnen so erwartet oder weil sie denken, dass man es von ihnen erwartet.

Dabei ginge es auch anders.

Es gibt ein Muster, und das lautet: Wenn das eine vorherrscht, ist das andere unterdrückt, unbeliebt, weniger angesehen. Das gilt für alle möglichen Themen: wie man Menschen führt, Konflikte löst, Dinge anspricht, mit Kollegen umgeht. Wenn in einer Firma Konflikte unter den Teppich gekehrt werden, so ist es wenig wahrscheinlich, dass zugleich eine konstruktive Diskurskultur herrscht. Wenn in einem Unternehmen bevorzugt hinter vorgehaltener Hand über Dinge gesprochen wird, so wird nicht zugleich eine entwaffnende Offenheit herrschen. Das liegt an den informellen Bewertungen: So macht man es, und so nicht.

*Welches Verhalten ist für Sie positiv oder welches negativ besetzt?*
*Könnte das negative auch mal positiv sein?*

## So und nicht anders – dabei hätten wir die Wahl

Bleiben wir beim Thema Führung, da jeder ein Bild und eine Meinung dazu hat. In den meisten Firmen gilt eine These zu dem, was Führung sein soll.

Ich erinnere mich an eine Kundin, die in einem bekannten Konzern als Führungskraft »aussortiert« wurde, weil das Unternehmen folgende Führungsthese lebte: Man soll egoistisch agieren und sich durchsetzen. Das gegensätzliche Verhalten – teamorientiert agieren und Mitbestimmung – wurde als »schwach« bewertet. Keiner musste diese Wörter in den Mund nehmen, das Verhalten allein machte es deutlich. Manchmal sind Wörter auch irreführend. Ich habe es schon erlebt, dass beispielsweise Führung als kooperativ bezeichnet wurde, das Verhalten aber autoritär war.

In anderen Unternehmen könnte die Kultur ein Verhalten als »unpassend« oder »falsch« bewerten, das individualistisch motiviert und auf Durchsetzung ausgerichtet ist. Das heißt, es wird eine gegensätzliche These gelebt, welche Namen man dem Verhalten auch immer gibt.

*Denken Sie mal drüber nach: Welchen Thesen folgen Ihre Führungskräfte? Welchen Thesen folgen die Mitarbeiter? Und welchen Thesen folgen Sie selbst?*

Der einen, gewohnten These folgen wir mehr oder weniger blind, denn sie ist uns nicht bewusst. Es geht ihr keine reflektierte Entscheidung voraus. Wir merken nicht mal, dass wir eine Wahl haben. So kommt es, dass wir wie Lemminge immer der gleichen These hinterherjagen. Dadurch entstehen Monokulturen des Verhaltens.

*Was verändert sich für Sie, wenn Sie jetzt – vermutlich – das erste Mal darüber nachdenken?*

Sie interpretieren Themen wie selbstverständlich immer in einer bestimmten Art und Weise. Sie sehen dabei die andere Seite nicht, das, was den Gegensatz bilden würde, die Antithese also.

Wer immer den gleichen Thesen folgt, ist einerseits berechenbar und andererseits unflexibel. Er setzt beispielsweise Dinge durch, die er persönlich als wichtig erachtet oder für selbstverständlich hält – etwa Ergebnis- und Zielorientierung. Das ist auch eine Gewohnheit.

Wenn aber die Arbeitswelt mehr vom Anderen, von der Gegenseite braucht, wird diese Gewohnheit zum Hemmschuh für Veränderung. Das Gegenteil von Ergebnis- und Zielorientierung könnte Experimentieren und »einfach Machen« sein oder auch die Vereinigung der Gegensätze.

**Ambidextrie**
Seit einiger Zeit macht der Begriff Ambidextrie die Runde. Er bedeutet Beidhändigkeit. Im Unternehmenskontext ist es die Fähigkeit, beide Hände – Seiten – zu bedienen, also auch zwei entgegengesetzte Thesen zu leben. Vor allem verwendet wird der Begriff,

wenn es darum geht, gleichzeitig zu innovieren und das Bestands-
geschäft zu bewahren. Neues und Altes sollen also parallel zueinander laufen. Sowohl-als-auch ist also auch in der Wirtschaft ein
sehr starker Trend.

Wie leben Sie Ambidextrie? Wie verbinden Sie das Neue mit
dem Alten? Auf welche Art und Weise tun Sie es, und wie können
Sie Ihre »Beidhändigkeit« verbessern?

## Entweder-oder ist auch eine Entscheidung

Besonders in Deutschland ist die »kooperative« oder »partizipative«
Führung sehr beliebt. Bei diesem Führungsstil werden die Mitarbeiter
in die Entscheidungsfindung einbezogen. Auch das lässt sich als These
bezeichnen. Aber ist das immer die richtige, also situativ passende These? Nein, nicht immer.

Ein Steve Jobs hat seine Vorstellungen knallhart durchgesetzt. Wer
weiß, ob es das iPhone gäbe, wenn er sich öfter auf eine gemeinsame
Entscheidungsfindung eingelassen oder den Konsens gesucht hätte. Jedoch war Jobs auch in der Lage, sich auf anderes Verhalten einzulassen.
Er hat vielmehr situativ entschieden, welche These wann nützt – das
ist die hohe Kunst, die nur wenige beherrschen. Es bedeutet, das eine
und das andere als Option wahrzunehmen, sich so und so verhalten zu
können und sich damit auf einem Kontinuum zwischen Gegensätzen
fließend zu bewegen.

Im Moment diskutiert die Expertenszene viel über neue Führung.
Augenhöhe liegt im Trend. Es wird in manchen Kontexten als »das
richtige Konzept« gehandelt und öfter mit Hierarchiefreiheit übersetzt.
Wer das so interpretiert, folgt auch wieder einer These, bewertet diese
als richtig und etwas anderes als falsch. Ich erlebe Firmen, die dann
Führung abbauen und ziemlich schnell merken, dass bald nichts mehr
funktioniert und Mitarbeiter Klarheit vermissen.

Denn es ist so, dass man mal das eine und dann wieder das andere
braucht, also unterschiedliche Thesen, zur gleichen Zeit, nacheinander
oder situativ. Es gibt gute Gründe für Hierarchien. Sie ordnen und re-

geln. Es gibt auch gute Gründe für Unterschiede: Wenn jemand als höherstehend gekennzeichnet ist, ist er auch als Entscheidungsträger ausgewiesen. Es gilt immer wieder abzuwägen zwischen »Entweder-oder«, »Weder-noch«, »Sowohl-als-auch« und ganz neu denken.

Natürlich kommt »auf Augenhöhe sein« den Arbeitsbedingungen, die die Digitalisierung schafft, mehr entgegen als ein Top-down-Kommando. Wer schnell Ideen realisieren will, muss in Teams arbeiten, miteinander kooperieren. Kreativität lässt sich nicht per Befehl von oben verordnen. Aber manchmal – in bestimmten Umfeldern und Situationen – braucht es auch einen, der etwas durchsetzt. Wenn Chaos herrscht, sind schnelle Entscheidungen gefragt, die sich nicht ausdiskutieren lassen.

Sowohl-als-auch bedeutet eben auch nicht Gleichverteilung zwischen These und Antithese, sondern Anpassung an die Verhältnisse, wie sie sich in den jeweiligen Situationen zeigen.

## Lernen Sie, in Gegensätzen zu denken

Wer nicht gewohnt ist, in Gegensätzen zu denken, tut sich manchmal schwer, entsprechende Paarungen zu finden. Es existieren verschiedene Arten von Gegensatzpaaren. Gegensatzpaare können abstrakt oder konkret sein. Konkret sind sie »binär«. Es gibt also den Zustand »1« und den Zustand »0«:

- Licht/kein Licht (Dunkelheit),
- etwas sagen/nichts sagen (Schweigen).

Wenn Gegensatzpaare abstrakt sind, dann liegen keine solchen Binärcodes dahinter, sondern subjektive Werte. Diese Werte wiederum sind emotional gekoppelt. Das bedeutet, sie sind subjektiv und immer mit einem begleitenden Gefühl markiert:

- selbst Einfluss nehmen/andere steuern lassen (fühlt sich für Sie eines davon gut an oder beides?),
- Ordnung halten/flexibel sein (fühlt sich für Sie eines davon gut an oder beides?),
- planen/ausprobieren (fühlt sich für Sie eines davon gut an oder beides?).

## Nehmen Sie die kleine und die große Schwester an

Wer über die parallele Existenz unterschiedlicher und gegensätzlicher Handlungsweisen nachdenkt, kommt an Werten nicht vorbei. Denn jede Entscheidung für oder gegen etwas hat mit Be-Wertung zu tun. Wenn ich etwas als wertvoll erachte, richte ich mich daran aus. Aber oft ist nicht nur das eine wertvoll, sondern das andere auch. Macht braucht Unterwerfung, Ordnung benötigt Flexibilität …

Das ist für manche Menschen schwer anzunehmen. Sie sehen nur »ihre These«. Die kleine Schwester, die Antithese, entzieht sich ihrem Blick. Wenn sie ihr begegnen, werten sie sie ab: Das ist falsch, nicht richtig, nicht gut.

Es gibt aber noch eine weitere Möglichkeit: Ein (mehr oder weniger) zeitgleiches Sowohl-als-auch führt zur Synthese. Das ist die große, reife Schwester von These und Antithese: das Neue, Verbindende.

Die Synthese liefert eine Kombination aus beiden Seiten, das zu einem neuen Begriff oder aber zu einem »zeitweise so und zeitweise so« wird. So entstehen Facetten, Grautöne und ein größerer Handlungsspielraum. Manchmal ist zeitgleich Ordnung und Flexibilität wichtig – etwa, wenn ich einen Vortrag plane und mich aber auch auf eine unerwartete Situation einstelle. Die Synthese schafft Spielraum – und Entspannung, denn sie löst allzu festes Pol-Denken auf.

*Wann verbinden Sie zwei Seiten? Wie geht es Ihnen mit diesem neuen Spielraum?*

Horchen Sie in sich hinein. Wenn Ihnen mulmig wird, so ist das ganz normal. Wir durch die »alte« Welt geprägten Menschen mögen diesen Handlungsspielraum nicht so sehr. Diese Spielräume erfordern schließlich, dass wir sie nutzen – und immer wieder neu entscheiden und Situationen nicht vorverurteilen, sondern im Moment bewerten. Immer oder meistens der gleichen These zu folgen, ist auf den ersten Blick leichter. Auf den zweiten verstellt es uns viele Möglichkeiten, Spielräume zu nutzen.

Etwas ist gut oder böse, eine Lösung ist richtig oder falsch, man macht das so oder so: Wir suchen nach einer klaren These, die Handlungsgrundlage sein kann. Um bei unserem Beispiel »Führung« zu bleiben: Wenn ich diese nicht immer in Kooperation, sondern manchmal auch in klare Ansage übersetze, ist das anspruchsvoller in der Kommunikation. Wir müssen anderen dann unser Verhalten erklären, Beweggründe transparent machen. Eine Sowohl-als-auch-Arbeitswelt erfordert sehr viel mehr Kommunikation.

## Flexibles Verhalten ohne Beliebigkeit

Persönliche Stärke erkennen Sie normalerweise da, wo eine Person ihr unterschiedliches Verhalten kommuniziert und transparent macht. Weiterhin ist ein von Stärke ausgehendes flexibles Verhalten im Grundtenor immer wohlwollend den anderen gegenüber. Sprunghaftes Verhalten ist dagegen unberechenbar. Es irritiert und verunsichert. Der Unterschied liegt also darin, dass wahrhaft und gesund flexibles Verhalten sich an den anderen ausrichtet und sich ihnen verständlich machen kann und möchte. Während unberechenbar flexibles Verhalten den anderen verunsichert und destabilisiert. Es kann sogar manipulativen Charakter haben. Narzisstisch veranlagte Menschen sind zu solchen Sprüngen im Verhalten gut in der Lage. Doch sie nutzen sie nicht, um Vertrauen herzustellen, sondern um sich der anderen zu bemächtigen und deren Grenzen zu erschüttern.

*Wie nehmen Sie Menschen wahr, die sich immer mal wieder anders verhalten? Wirkt das auf Sie wie ein Fähnchen im Wind, oder zeigt es persönliche Stärke? Ist es ein gesund flexibles Verhalten, oder könnte es narzisstisch motiviert sein?*

In der digitalen Arbeitswelt braucht es mehr als je zuvor ein Sowohl-als-auch-Denken, die Verbindung in der Synthese und damit die Fähigkeit, sich in These und Antithese situativ angemessen zu verhalten.

Ich will Ihnen das an einem praktischen Beispiel erläutern. Haben Sie Erfahrungen im Projektmanagement? Da gibt es die klassischen Methoden wie die Wasserfallplanung, die auf Langfristigkeit angelegt sind. Denen stehen die agilen Methoden gegenüber, deren Prinzip iterativ ist. Das bedeutet, es wird in zeitlich kurzen Zyklen gearbeitet, mit dem Ziel, weniger zu planen als vielmehr Dinge auszuprobieren und dann mit der Erfahrung anzupassen. Es sind zwei auf den ersten Blick völlig gegensätzliche Herangehensweisen – also These und Antithese.

Was glauben Sie, was besser ist? Es kommt natürlich darauf an! Manchmal das eine, manchmal das andere und oft beides zusammen.

In der Digitalisierung ist häufiger die agile Planung hilfreich, weil sie hilft, sich wendiger durch komplexe Situationen zu bewegen. Denken Sie nur an den Flughafen Berlin, der »klassisch« geplant wurde: Das war einfach viel zu komplex für ein solches Vorhaben.

Stellen Sie sich vor, dass beide Herangehensweisen eine Synthese bilden, dass man sie also kombiniert. Wie bitte? Solche Einsichten verwirren manchen vom Industriezeitalterdenken geprägten Experten. Ich habe erlebt, dass sich dann regelrechte Lager bildeten. Die einen befürworteten agil, die anderen klassisch. »Richtig« agierte gegen »falsch«, und jeder hatte seine Wahrheit gepachtet.

*Kennen Sie das? Halten Sie auch manchmal an richtig oder falsch fest? Wie würde sich Ihr Leben verändern, wenn Sie Ihr »richtig« oder »falsch« aufgeben würden?*

In einem Unternehmen, für das ich eine Organisationsberatung gemacht habe, gab es Befürworter und Gegner von Teamarbeit. Niemand kam auf die Idee, dass beides sinnvoll sein könnte – nur nicht zu gleichen Zeit und in den gleichen Konstellationen. Nein, es ging den Gruppierungen um ein generelles Richtig oder Falsch. Da wird manchmal das Leben mit dem Fußballplatz verwechselt: Einer muss gewinnen! So bewältigt man wirklich keine digitalen Herausforderungen – und auch den Alltag nicht.

## Was Sie in weniger als fünf Minuten am Tag tun können

Welches Gegensatzpaar fällt Ihnen spontan ein? Das kann etwas »Konkret-Binäres« wie »anrufen – nicht anrufen« (bei einem Freund, Experten oder sonst wo) oder etwas »Abstraktes« sein, also etwas, das so ist, wie Sie es bewerten. Schreiben Sie dieses Gegensatzpaar auf.

Bewerten Sie den Teil mit einem Herz, mit dem Sie weniger in Resonanz gehen. Verbinden Sie sich damit, und beobachten Sie, ob dadurch der Wunsch entsteht, dieses Verhalten einmal auszuprobieren – also ganz ohne, dass Sie es sich bewusst vornehmen.

Falls ja – hat es funktioniert. Falls nein – probieren Sie ein anderes Paar. Es kann sein, dass der emotionale Abstand zwischen Ihnen und der mit einem Herz markierten Seite zu groß ist.

## Was Sie innerhalb von sechs Wochen können

Schreiben Sie alle Thesen auf, für die Sie sich – höchstwahrscheinlich unbewusst – entschieden haben. Zum Beispiel:

- Ich bin ein guter Planer. (Also plane ich lieber.)
- Ich bin eine Führungspersönlichkeit.
- Ich setze meine starke Meinung durch.
- Ich lebe Teamgeist.
- Ich setze mich durch.

Die Liste kann viel länger werden, und sie sollte auch nicht an einem Stück erstellt werden, sondern über ein paar Tage wachsen.

Nun denken Sie bezogen auf Ihre Beispiele in Gegensätzen, in »das eine« und »das andere«.

Gegensätze, also Antithesen, zu dem genannten Beispiel könnten sein:

- Ich bin ein Flexibler. Ich stelle mich auf den Moment ein.
- Ich lasse mich führen.
- Ich nehme die Meinungen anderer an.
- Ich lebe Individualismus.
- Ich lasse anderen den Vorrang, wenn es einem übergeordneten Ziel dient.

Was macht diese Übung mit Ihnen? Wenn Sie bestimmtes Verhalten geradezu ablehnen, macht sich das in starken Emotionen bemerkbar. Meist handelt es sich dann um eine These, die seit Kindertagen negativ belegt ist. Die zu fassen, ist ganz besonders wichtig, denn hier verbirgt sich ziemlich oft ein großer »Schatten«, ein Entwicklungshemmnis.

Wenn Sie systematisch mit dem Mindshift »Weiterdenker« arbeiten, werden Ihnen jeden Tag Lichter aufgehen. Sie können ihn im Kleinen und im Großen verwenden. Der obere Teil von Abbildung 3 hilft Ihnen, sich das Vorgehen auch grafisch vorzustellen: links die These, rechts die Antithese, oben die Synthese, also das verbindende Sowohl-als-auch.

### Wie Sie die Übung ausbauen können

Wenn Sie Spaß an diesem dialektischen Denken gefunden haben, können Sie es in zwei Richtungen erweitern:

- Als Wertequadrat (siehe Abbildung 3) hilft es zu erkennen, wann eine These in ihre Übertreibung geht. Das eignet sich für alle abstrakten Themen. Beispielsweise: Ordnung schlägt in Penibilität um oder Flexibilität in chaotische Strukturlosigkeit. Natürlich gilt hier kein Sowohl-als-auch, sondern ein Weder-noch, denn die Übertreibungen stören. Das Wertequadrat sollten Sie gemeinsam mit einem Sparringspartner erarbeiten, der blinde Flecken aufzeigen kann.
- Als weitere logische Figur bietet sich das Tetralemma an (siehe Abbildung 4). Diese Figur besteht aus einer These (das eine), einer Antithese (das andere), der Synthese (sowohl als auch) sowie einem Weder-noch und dem Neuen. Das Neue zielt dabei auf »etwas ganz anderes«. Das Tetralemma ist ideal für Entscheidungen, wenn also die Frage ansteht: »Was soll ich oder sollen wir tun?«

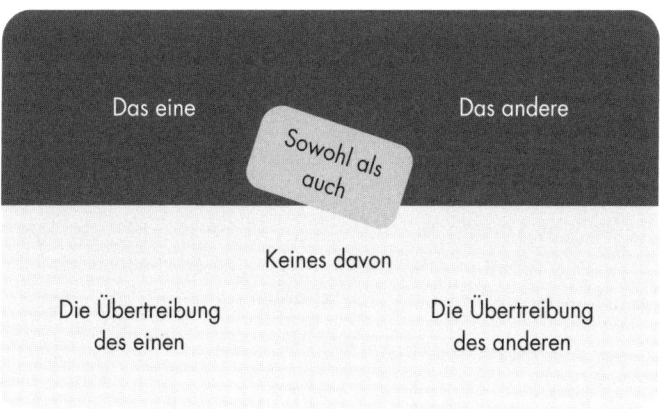

Abbildung 3: Wertequadrat

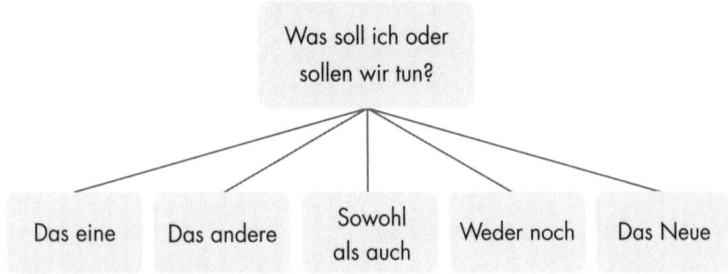

Abbildung 4: Tetralemma

## Was Sie im Team tun können

In jeder Gruppe gelten ebenso Thesen und Antithesen. Diese bestimmen deren Kultur. Je homogener diese Kultur ist, desto eher wird nur eine Seite einer These gelebt.

Sammeln Sie in einem vertrauten Team die Thesen, die Sie leben. Sie können das auch mit einer beliebigen Übung oder einem Spiel verknüpfen. Danach geht es darum herauszuarbeiten, für welches Verhalten man sich als Gruppe »automatisch« entschieden hat. Im Anschluss diskutieren Sie, welche Thesen sich darin zeigen. Das kann so etwas sein wie »Setz dich durch« oder »Wir sind harmonisch miteinander«.

Wenn Sie erfahren in der Arbeit mit Gruppen sind, gehen Sie experimenteller heran. Lassen Sie zwei Gruppen nach jeweils gegensätzlichen Thesen eine beliebige Aufgabe lösen. Die eine Gruppe kann eine Aufgabe mit Blick auf harmonische Zusammenarbeit lösen, die andere mit Blick auf eine effektive Lösung. Beobachter der Gruppe geben Feedback. Es könnte eine dritte Gruppe geben, die beides zugleich beachtet. Alternativ ist das der nächste Arbeitsschritt.

Der Mehrwert einer solchen Herangehensweise liegt in der Bewusstmachung unserer Handlungsthesen. Diese steigert die Reflexionsfähigkeit enorm und sorgt für manchen Überraschungseffekt.

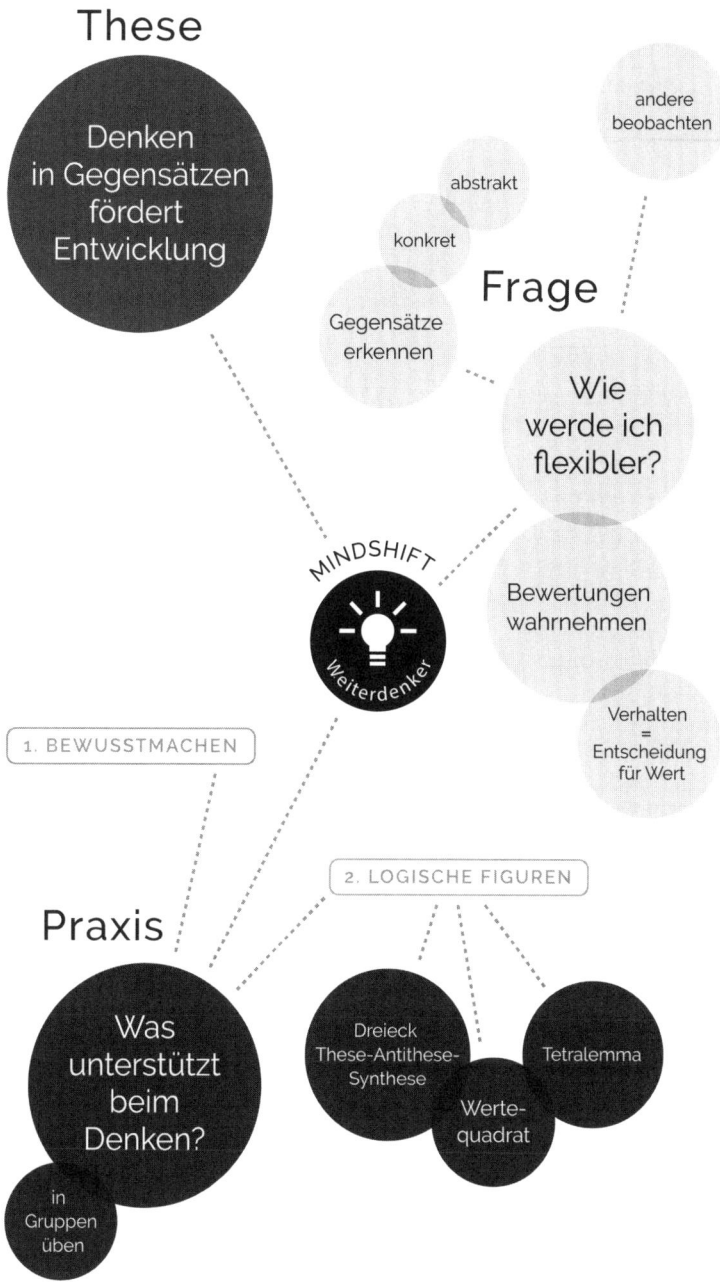

These

Denken in Gegensätzen fördert Entwicklung

andere beobachten

abstrakt

konkret

Gegensätze erkennen

Frage

Wie werde ich flexibler?

Bewertungen wahrnehmen

Verhalten = Entscheidung für Wert

MINDSHIFT

Weiterdenker

1. BEWUSSTMACHEN

2. LOGISCHE FIGUREN

Praxis

Was unterstützt beim Denken?

in Gruppen üben

Dreieck These-Antithese-Synthese

Werte-quadrat

Tetralemma

# 3. **Querdenker:** Gedanken gegen den Strich bürsten

**Worum es geht:**
Querdenken wird uns von klein auf abtrainiert. Die schulische Bildung und die aktuelle Arbeitswelt entwickeln stattdessen lineares Denken.

**Der Mindshift:**
Querdenken kann man lernen. Dafür ist es nötig, Neugier und kreative Verhaltensweisen zu fördern.

**Das ist für Sie drin:**
Kreatives Denken steht auf Platz drei der gefragten Zukunftsfähigkeiten 2020. Sie verbessern mit diesem Mindshift also eine Fähigkeit, die immer wichtiger wird.

>»Menschen mit einer neuen Idee gelten so lange als Spinner, bis sich die Sache durchgesetzt hat.«
>
> *Mark Twain*

Lange dachten die Menschen, die Erde sei eine Scheibe. Dann glaubten alle, dass die Sonne um die Erde kreise. Heute herrscht eine heliozentrische Sicht, die davon ausgeht, dass die Erde und auch die anderen Planeten unseres Sonnensystems um die Sonne kreisen. Die Sonne steht damit im Zentrum und nicht mehr die Erde. Die Annahmen darüber, was wahr und wirklich ist, verändern sich durch neue Perspektiven.

Verstehen wir die Wirklichkeit als Realität, so werden wir bald an Grenzen geraten. Nehmen wir sie auch als Möglichkeitenraum wahr, gibt es diese Grenzen nicht. Der Möglichkeitenraum ist der Raum

Abbildung 5: Möglichkeitenraum

aller potenziellen Möglichkeiten, die ich sehe und nicht sehe. Typischerweise ist die beste Möglichkeit mein unerkanntes Potenzial, das zu werden, was ich sein möchte, wenn alle Begrenzungen im Kopf wegfallen.

Querdenker sind Menschen, die Perspektiven wechseln und in weiten Möglichkeitenräumen denken können. Wahrheit ist für sie vorläufig. Die Sonne würde sich immer noch um die Erde drehen, wäre Nikolaus Kopernikus nicht bereit gewesen, sich mächtig Ärger einzuhandeln.

So beginnt Querdenken mit einer »Justierung« des Denkens, die sich aus verschiedenen Aspekten der Persönlichkeit ableitet:

- **Persönliche Eigenschaften legen die Basis:** Querdenker sind offene und neugierige Menschen, die experimentierfreudig sind und oft auch Eigenwilligkeit mitbringen, also die Bereitschaft, eine Gegenposition einzunehmen und Regeln zu brechen.
- **Intelligenz ist förderlich:** Querdenker greifen auf allgemeines und spezielles Wissen und Können zurück.
- **Zukunftsorientierung hilft:** Querdenker sind oft mit der Zukunft beschäftigt, weniger mit der Gegenwart. Viele sind ihrer Zeit voraus.
- **Neugier ist notwendig:** Wer neugierig ist, dringt tiefer in Themen ein. Hinterfragen kann man nur, worüber man Bescheid weiß.
- **Spielfreude muss da sein:** Wer querdenkt, muss ohne Plan einfach machen, muss loslassen und ausprobieren können.

## Nonlinear denken

Stellen Sie sich das Denken eines Querdenkers wie einen Baum mit vielen Ästen vor. Da gibt es einen Stamm und Äste mit lauter kleinen Zweigen. Je verästelter das Denken ist und je mehr es neue Zweige produzieren kann, desto divergenter, also auch nonlinearer, ist das Denken. Konvergentes Denken dagegen bewegt sich auf einer Linie ohne Abbiegungen; es ist linear.

Querdenker gehen im Kopf unterschiedliche Wege durch und finden ungewöhnliche Verknüpfungen. Anders als konvergente Denker, die sich entlang des Gewohnten denken, sich also an internalisierten Anleitungen orientieren. Divergente Denker sind Veränderungstreiber. Sie haben Konjunktur, denn sie bringen genau jenen Spirit in die Organisation, der so dringend nötig ist. So suchen in ihren Stellenanzeigen immer mehr Firmen Innovatoren, Regelbrecher und *Game-Changer*, also Menschen die ein »Spiel« drehen und gewinnen können. Damit ist gemeint, dass diese Menschen nicht nur querdenken, sondern auch die kommunikative Kraft haben, ihr Umfeld zu verändern.

## Ein fruchtbares Umfeld suchen

Neue Ideen brauchen aber auch ein Umfeld, in dem sie wachsen können. Nährt dieses den Boden für Querdenken, so können Ideen entstehen. Bestraft es hingegen Mut und Regelbruch und bekämpft Querdenker als Querulanten, so gehen alle Pflänzchen schnell ein.

### Bildungssystem »killt« Querdenker

Die bereits erwähnte Studie *Future of Jobs Report* des Weltwirtschaftsforums zeigt, wie sich die Anforderungen, aber auch die benötigten Skills verändern (siehe Abbildung 1, S. 13). Kreativität rangiert hier ganz vorn. Der *Torrence Test oft Creative Thinking* ermittelte, dass Kindergartenkinder fast alle noch kreative Genies sind. Diese Fähigkeit reduziert sich jedoch drastisch, wenn Kinder die formale Schulbildung durchlaufen. Mit 25 Jahren verbleiben gerade mal 3 Prozent Divergent-Denker.

Die derzeitige Leistungskultur mit frühen Einschulungen scheint die kognitive Flexibilität eher zu hemmen. Tiefes Leseverständnis ist eine wichtige Basis für diese kognitive Flexibilität. Eine neuseeländische Studie zeigt, dass Kinder, die mit fünf Jahren lesen lernen, ein schlechteres Leseverständnis entwickeln als solche, die erst mit sieben Jahren damit beginnen. Eine mögliche Erklärung dafür ist, dass die Siebenjährigen länger spielen durften.

## Mehr Ideen produzieren

Sehen Sie sich als kreativ an? Ich merke oft, dass Kreativität leicht mit »bunte Bilder malen« oder künstlerischer Leistung verwechselt wird. Es ist jedoch vor allem auch die Fähigkeit, im Kopf von gewohnten Denkwegen abzuweichen. Dazu gehört notwendigerweise das Vermögen, möglichst originelle Ideen zu produzieren. Diese sind wiederum die Folge von Vorstellungsvermögen und Fantasie. Je mehr Ideen es gibt, desto wahrscheinlicher ist, dass etwas Neues entsteht und damit auch Innovation wachsen kann. Das betrifft die Innovation in Unternehmen genauso wie die in Ihrem Lebensalltag. Wenn Sie sich beruflich neu orientieren, ist dieser Prozess auch ein Ergebnis von Ideen und Vorstellungen.

Wie kreativ Ideen sind, ist nicht Geschmackssache und kann somit nicht von einer Person nach Gusto beurteilt werden. Ein Faktor zur Beurteilung von Kreativität ist die Quantität. Mehr ist mehr, nicht weniger. Ein weiterer Faktor ist die Flexibilität, die sich an Verbindungen zeigt, die ein Mensch herstellen kann. In wie viele unterschiedliche Kategorien passen seine Ideen? Interdisziplinäres Wissen und auch eine gute Allgemeinbildung helfen sehr.

Schließlich zählt auch noch die Originalität der Idee. Wie ungewöhnlich ist sie? Das lässt sich daran bemessen, wie viele Menschen auf eine ähnliche Idee kommen und wie naheliegend sie ist.

*Eine einfache Kreativitätsübung in der Gruppe heißt »Ziegelstein«.*
*Schreiben Sie drei Minuten lang auf, was man alles mit einem Ziegelstein*
*machen kann.*

*Zählen Sie dann die Ideen und wie viel unterschiedliche Kategorien diese betreffen. Je mehr, desto besser. In meinen Gruppen kommen die Teilnehmer oft auf 12 bis 15 Ideen.*

*Prämieren Sie dann die originellste Idee. Es ist die, die auch Wissen und nonlineares Denken zeigt und auf die sonst keiner der Teilnehmer gekommen ist.*

Der Tesla-Gründer Elon Musk ist eindeutig ein kreativer Kopf. Wenn er demnächst Menschen im Hyperloop durch die Gegend schicken möchte, so ist diese Idee originell, beruht aber auch auf Wissen. Beim Hyperloop transportieren Röhrenbahnen Kapseln mit Solarenergie und einer Geschwindigkeit von mehr als 1 200 Kilometern. Damit werden Bahn und Flugzeug weit übertroffen. Mittlerweile arbeiten viele Start-ups an dem Konzept, es gibt Wettbewerbe, und Dubai empfiehlt sich bereits als »Testballon«.

Nicht nur hier zeigt sich bei Musk die Persönlichkeit des Querdenkers. Er hat eigene Vorstellungen, denkt weit in die Zukunft, ist mutig, nutzt vernetztes Wissen und setzt seine Ideen auch gegen Widerstände durch. Gleichzeitig zeigt sich beim Hyperloop der Weg, den kreative Ideen nehmen: Es braucht einen Initiator, doch realisieren werden die Idee andere Personen. Teamarbeit gehört dazu.

## Vom Mainstream abweichen

Stellen Sie sich vor, Sie unterbrechen Ihr lineares Denken und fahren mit Ihren Gedanken links oder rechts in einen Seitenweg. Hier beginnt das divergente Denken. Sein Anfang ist die Abbiegung, die auch dann genommen wird, wenn da ein Verbotsschild steht – der Regelbruch.

»Contradictarians« heißen im Englischen Menschen, die grundsätzlich das machen, was die anderen nicht tun. Für unser Mindshifting können wir einiges von ihnen lernen:

- **Verhalten:** Wenn alle links herum laufen, gehen Contradictarions rechts. Dadurch geraten sie nicht in die typischen Schweinezyklen. Diese treten ein, wenn Massenphänomene entstehen, weil alle plötzlich auf das gleiche Pferd setzen und beispielsweise Lehrer werden wollen (oder Aktien kaufen oder verkaufen).

- **Kommunikation:** Wenn alle »ja« sagen, sagen sie »nein« und machen einen anderen Vorschlag. Dadurch schaffen sie Aufmerksamkeit und verhindern Gruppendenken.
- **Kleidung:** Wenn alle hellblaue Hemden tragen, wählen sie rot, womit sie auffallen. Wer auffällt, wird eher gehört.
- **Sozialdynamik:** Wenn alle Angst haben und sich anpassen, preschen sie vor. Das macht sie oft zu guten Unternehmern.
- **Umgang mit fremden Ideen, Meinungen, Aussagen, Erkenntnissen:** Sie nehmen nicht einfach an, was ihnen begegnet, sondern drehen es um, verändern es, kombinieren es, ergänzen es und so weiter.

*Wenn Sie diese Punkte lesen, wo können Sie mal anders abbiegen? Wo fällt Ihnen ein Regelbruch am leichtesten? Wo könnten Sie ihn einmal versuchen?*

Querdenken können Sie lernen. Bestimmte Verhaltensweisen fördern es:

- Zweifeln (an eigenen Annahmen, genauso wie an denen von anderen);
- Träumen;
- Sich mit Menschen austauschen, die andere Positionen haben;
- Experimentieren;
- Spielen;
- Lesen;
- Sich mit der Zukunft beschäftigen.

Im Unternehmen fördern diese Rahmenbedingungen Querdenken:

- Handlungsspielraum,
- Akzeptanz von Regelbruch und Nonkonformität,
- Mut,
- Raum für Experimente,
- Wertschätzung von Kreativität,
- Zeitliche und räumliche Ressourcen für Kreativität,
- Kooperation und echte Teamarbeit.

## Eine kindliche Haltung einnehmen

Je mehr Sie Querdenken üben, desto mehr wird es Ihnen ins Blut übergehen. Grenzen setzen nur Sie selbst. Denn es muss nicht jeder ein absoluter Querdenker werden. Teams sind erfolgreicher, wenn gemischte Denker miteinander kreativ sind. Da braucht es neben den Querdenkern eben auch Umsetzer und Leute, die den Feinschliff machen. Allerdings funktioniert diese Zusammenarbeit nur, wenn sich alle gegenseitig akzeptieren. Dazu hilft es, sich in die Rolle des Querdenkers hineinzuversetzen. Querdenken ist nämlich nicht nur eine Fähigkeit, im Denken abzubiegen. Es ist auch das Vermögen, eine Position einzunehmen, die sich von den anderen unterscheidet. Der Querdenker muss immer mit Widerstand rechnen. Zu viel Respekt vor Autoritätspersonen darf er nicht haben.

*Geben Sie sich die Erlaubnis, von Meinungen abzuweichen.*

Nehmen Sie die Haltung eines Kindes ein. Dieses kann angepasst sein, wenn es lieb sein möchte. Es kann aber auch rebellisch sein, wenn es widerspricht. In seiner freien Ausprägung spielt es, beobachtet und entdeckt – ganz so, wie es eben ist. Querdenken liegt zwischen der rebellischen und der freien Position des Kindes. Wie oft sind Sie in so einer Position? Wann gestehen Sie sich diese zu? Hierhin liegt der Schlüssel.

Angenommen, vor Ihnen liegt ein riesiger Berg an Spielzeug und Materialien. Sie können damit alles tun, was Sie wollen. Was löst das in Ihnen aus? Ist da Freude, Spaß, Neugier?

Stellen Sie sich vor, Sie sind nicht allein, sondern Kollegen sind dabei. Was verändert das? Spüren Sie Beklemmungen? Gar Scham? Fühlen Sie sich beobachtet? Genau dieses Gefühl gilt es zu verlieren. Menschen, die auch mit anderen bei sich sein können, sind leichter kreativ. Alle Formate, die helfen, sich diese spielerische und kindliche Freiheit zurückzugewinnen, unterstützen Kreativität und sind so auch die Basis fürs Querdenken.

## Was Sie innerhalb von fünf Minuten tun können

Denken Sie eine Minute an beliebige Dinge und schreiben Sie diese auf, zum Beispiel Laptop, Sandwich, Buch, Tisch und so weiter.

Wählen Sie sich nun ein Thema aus und entwickeln Sie weitere drei Minuten lang Ideen, wie sich dieses Thema in 20 Jahren entwickelt haben wird. Denken Sie an Aussehen, Funktionsweise und Zweck dieses Dings. Wie könnte die Digitalisierung darauf wirken? Zeichnen Sie die Idee vielleicht auch auf.

Am Ende überprüfen Sie im Internet mit Stichworten wie »Zukunft von …« oder »Digitalisierung des …«, welche Gedanken sich andere dazu bereits gemacht haben.

Nehmen Sie sich diese Übung jeden Tag vor.

Eine alternative oder zusätzliche Übung: Formulieren Sie jeden Tag eine Frage zu einem Ding. Sie können mit warum, wie, was oder wofür beginnen, zum Beispiel: »Wie werden Bücher in 50 Jahren aussehen?« Anschließend schreiben Sie fünf Minuten lang alle Antworten auf, die Ihnen zu dieser Frage einfallen. Die Übung verflüssigt das Denken, ist also so etwas wie ein kleines Fitnesstraining.

## Was Sie innerhalb von sechs Wochen tun können

Der Anfang des Querdenkens ist der Glaube an eigene Möglichkeiten. Nehmen Sie sich noch einmal die Abbildung 5 vor und zeichnen Sie dort Möglichkeiten ein, die Ihnen einfallen, auch die verrücktesten. Was ist wohl die Möglichkeit mit dem Plus – die beste? Das können nur, an der inneren Aufregung, an der Unruhe und daran spüren, dass Sie immer wieder nach Gründen suchen, warum es NICHT gelingen kann. Damit öffnen Sie Ihren Raum.

Suchen Sie das Nein, die Grenze, den Gegensatz. Ich hatte Ihnen fünf verschiedene Disziplinen genannt, in denen Sie bewusst gegensätzlich handeln können, um dann zu beobachten, was mit Ihnen und den anderen passiert:

- **Verhalten:** Tun Sie nicht, was alle machen. Der erste Schritt dazu, ist zu beobachten, welches Verhalten andere zeigen. Der zweite liegt darin, an sinnvoller Stelle einen anderen, gegensätzlichen Akzent zu setzen.

- **Kommunikation:** Nein sagen ist die Kunst der Querdenker. Wo können Sie »nein« sagen?
- **Kleidung:** Konformismus in der Kleidung ist der Beginn von Anpassung. Wie können Sie Nonkonformismus zeigen, sodass Sie andere überraschen, vielleicht sogar verblüffen?
- **Sozialdynamik:** Wenn sich die Dynamik in einer Gruppe immer auf ähnliche Weise entwickelt, setzen Sie einen Kontrapunkt – durch eine Rückfrage bei einer Diskussion, indem Sie ein Meeting anders steuern oder einfach eine andere (nonkonformere) Rolle einnehmen.
- **Umgang mit fremden Ideen, Meinungen, Aussagen, Erkenntnissen:** Als Kopernikus die neue Sicht auf die Welt veröffentlichte, gab es die Welt schon. Will sagen: Fast alles Neue ist eine Weiterentwicklung des Alten. Ändern Sie Ihren Umgang mit Ideen, Meinungen, Aussagen und Erkenntnissen – beispielsweise indem Sie versuchen, diese zu widerlegen.

Führen Sie Buch über Ihre Querdenkerabenteuer und verändern Sie Ihren Möglichkeitenraum immer wieder. Probieren Sie kleine Schritte, aber nutzen Sie den ganzen Zeitraum von sechs Wochen. Wenn Sie sich jeden Tag ein kleines Querdenkerexperiment überlegen, werden Sie nach sechs Wochen sehen, wie sehr sich Ihr Denken verändert hat. Holen Sie sich dafür aber einen Sparringspartner, der dafür sorgt, dass Sie nicht im eigenen Quark steckenbleiben. Gern auch eine ganze Gruppe.

## Was Sie im Team tun können

Mit dem Möglichkeitenraum können Sie auch im Team arbeiten, denn auch als Gruppe sehen Sie das eine und das andere nicht. Die Sechs-Wochen-Querdenker-Übung eignet sich ebenso als Gruppenformat. Ich möchte Ihnen aber noch etwas anbieten, das einen anderen Akzent setzt und Ihre Spiellust weckt.

In meinen Workshops lasse ich Teilnehmer manchmal einfach mit Spielzeug, beispielsweise Lego oder Plüschfiguren, für bis zu 20 Minuten allein. Sie bekommen nichts als die Aufgabe »Ihr dürft jetzt kreativ sein«.

Mit Musik sorge ich für Entspannung. Wenn ich zurückkomme, ist fast immer etwas entstanden. Selbst wenn die Teilnehmer nur irritiert sind, lässt sich über diese Irritation reflektieren. Sie zeigt im Grunde vor allem, dass wir das Spielen verlernt haben und ohne Anleitung hilflos geworden sind.

Der nächste Schritt liegt darin, Hemmschwellen zu senken, das Lego einfach anzufassen oder auf andere Art und Weise zu spielen.

Schließlich vermittle ich den Teilnehmern ein Framework, das den kreativen Prozess strukturiert. Wir nennen es Insel-Hopping. Die Teilnehmer, am besten pro Gruppe nicht mehr als sieben, bekommen eine Aufgabenstellung wie »Wie fördern wir Querdenken?« oder auch »Digitalisierung der Toilettenindustrie«. Auf verschiedenen Inseln lösen Sie dann unterschiedliche Aufgaben allein oder in der Gruppe.

Das Framework beruht auf wissenschaftlichen Erkenntnissen darüber, dass Prozess-Frameworks die Quantität und Qualität von Ideen erhöhen und ein Wechsel aus Einzel- und Gruppenarbeit den Output verbessert. Sie können unter www.teamworks-gmbh.de/mindshifts/ den Möglichkeitenraum und auch ein Poster herunterladen, das die Vorgehensweise beim Insel-Hopping verdeutlicht.

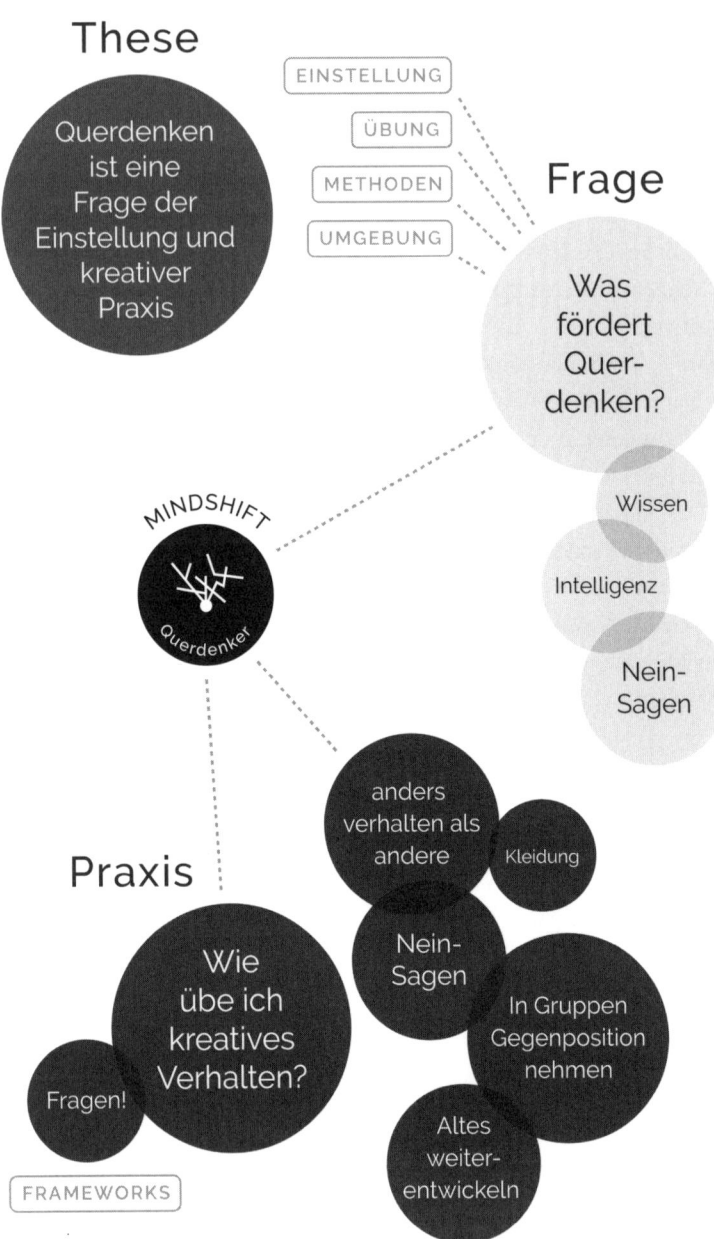

# These

Querdenken ist eine Frage der Einstellung und kreativer Praxis

EINSTELLUNG

ÜBUNG

METHODEN

UMGEBUNG

# Frage

Was fördert Querdenken?

Wissen

Intelligenz

Nein-Sagen

MINDSHIFT

Querdenker

# Praxis

anders verhalten als andere

Kleidung

Wie übe ich kreatives Verhalten?

Nein-Sagen

In Gruppen Gegenposition nehmen

Fragen!

Altes weiter-entwickeln

FRAMEWORKS

# 4. **Anpacker:** Keine Angst vor heißen Herdplatten

**Worum es geht:**
Vor der Digitalisierung konnten Sie sich oft bis zur Rente vor dem Lernen drücken. Das geht heute nicht mehr. Wir brauchen ein ganz neues Lernverhalten – eines, das experimenteller ist und individueller.

**Der Mindshift:**
Sie können lernen, über Kohlen zu gehen – also schaffen Sie es auch, immer wieder heiße Herdplatten anzupacken. Das Neue und Unbekannte wird attraktiver, wenn Sie es von einer anderen Seite betrachten.

**Das ist für Sie drin:**
Wenn Sie einen neuen Zugang zu Themen finden, können Sie sich auch schwierigen Aufgaben stellen.

>»Einen Vorsprung im Leben hat, wer da anpackt,
> wo die anderen erst einmal reden.«
> *John F. Kennedy*

John Irving ist ein weltberühmter Romanautor, dem selbst viele der oft kritischen Feuilletonisten den Literaturnobelpreis gönnen. Erhalten hat er ihn bisher aber nicht. Irving lebt in New Hampshire und Kanada. Er kocht gern. Bei YouTube sieht man ihn in einem Film bei einem Interview Pizza zubereiten. Er bewirtet das gesamte Team, einschließlich Kameraleuten. Doch deshalb habe ich ihn nicht ausgewählt, diesen Mindshift einzuleiten. Es geht mir um seine Art zu schreiben und mehr noch darum, dass er überhaupt schreibt. Denn Irving ist Legastheniker. In der Schule war er schlecht, keineswegs glänzte er, wie zu erwarten gewesen wäre, als Sprachgenie. Nichts deutete darauf hin, dass er jemals ein weltweit erfolgreicher Schriftsteller werden würde. Dennoch fasste er die heißeste Herdplatte an, die man sich für ihn vorstellen kann – ein Notizbuch.

Haben Sie als Kind einmal tatsächlich eine heiße Herdplatte angefasst? Falls ja, werden Sie es sicher nie mehr wiederholt haben. So ist das meistens auch mit Dingen, die uns nicht sofort gelingen und keine schnellen Erfolgserlebnisse bringen.

Ich habe in meinem Leben viele Legastheniker getroffen, die das Schreiben während und nach der Schule mieden. Eine Zeitlang arbeitete ich mit einer Legasthenikerin zusammen, die sich von mir die E-Mails verfassen ließ. Sie brauchte Stunden für wenige Zeilen, ich Sekunden oder ein paar Minuten. Die Kollegin zeigte ein typisches Heiße-Herdplatte-Verhalten: Sie mied das Feld, mit dem sie so schlechte Erfahrungen gemacht hatte. Irving dagegen verhielt sich untypisch – er ist ein Anpacker. Er fasste die heiße Herdplatte immer wieder an. Er wiederholte also etwas, was er gar nicht gut konnte, vielmehr, wovon er glauben musste, es nicht zu können. Die Dinge anzupacken, auch wenn sie heiß sind, ist also die Fortführung eines Tellerrandsprungs.

*Wie ist das bei Ihnen? Meiden Sie heiße Herdplatten, also alles, wovon Sie denken, Sie können es nicht? Wenn ja, was könnte Sie dazu bewegen, doch mal eine »Herdplatte« anzufassen? Schreiben Sie die ersten Gedanken auf.*

## Schluss mit »Nie wieder«

Wenn Sie zu den Herdplatten-Vermeidern gehören, sind Sie in bester Gesellschaft. Wer sich einmal die Finger verbrannt hat, möchte das ungern wiederholen. Mir gelang das Kunststück, bei den Bundesjugendspielen einen Volleyball im Wald zu versenken anstatt auf dem Feld der gegnerischen Mannschaft.

Ich packte den (Volley-)Ball nie mehr an. Schade. An prägnante Lernerlebnisse schließt sich oft ein »Jetzt erst recht« oder ein »Nie wieder« an. Sie machen unseren Möglichkeitenraum (Abbildung 5) kleiner und verändern ihn.

Manche Menschen brauchen noch nicht mal so ein »Autsch« – sie fassen bestimmte Dinge generell nicht an, schon weil sie denken, es tue weh. Es genügt, wenn andere sagen, es sei schwer. Oft reicht es schon, jemanden zu kennen, der an etwas gescheitert ist. Es muss überhaupt nichts mit unserer eigenen Erfahrung zu tun haben, dass wir von etwas die Finger lassen. Für manche hat sogar alles, was ein wenig kompliziert aussieht, die Wirkung eines rot glühenden Ceranfeldes – bloß nicht erst in die Nähe kommen. Allein die Vermutung, dass ein Vorhaben nicht leicht von der Hand gehen wird, reicht, um sich abschrecken zu lassen.

*Was war Ihre letzte heiße Herdplatte? Was hat sie davon abgehalten weiterzumachen? Was können Sie daraus für neue Vorhaben lernen? Was lässt Sie (wieder) anpacken?*

## Befreien Sie sich von Zuschreibungen

Zu unseren Taktiken, uns selbst auszubremsen, kommen noch all die Menschen dazu, die denken, sie wüssten, was *wir* können. Etwa die Lehrer in der Schule, die viel Unheil anrichten, wenn sie werten und bewerten. Einige ordnen einen hemmungslos in das eigene Schema ein, und ruckzuck tragen wir unsichtbare Stempel wie »introvertiert« auf der Stirn und die damit einhergehende Bewertung der Folgen.

Die Einschätzung einer Lehrerin »Das Kind ist zwar intelligent, aber zu introvertiert, um sich gegen die selbstbewussten Gymnasiasten durchzusetzen« bescherte mir ein paar langweilige Jahre auf der Realschule, bevor ich zum Gymnasium wechselte. »Die wird schon Recht haben«, hatten meine Mutter und ich gedacht. Selbstbewusste Gymnasiasten wurden damit zu einer Art »heißen Herdplatte«. Völlig unberechtigt, wie sich später zeigen sollte. Ich kenne andere, die solche Abstempelungen ihr Leben lang mit sich herumtragen.

Diese Art von Zuschreibungen ist gefährlich. Oft stimmen sie gar nicht oder nur teilweise oder zeitweise. Das Heikle an ihnen ist, dass sie etwas festschreiben, was gar nicht fest ist.

*Wie ist das bei Ihnen? Wann wurde Ihnen von einem Lehrer oder einer anderen Person etwas zugeschrieben, das begrenzenden Einfluss auf Ihr*

*Leben hatte? Wie haben Sie diese Grenzen aufgelöst oder wie können Sie diese Grenzen auflösen?*

Es ist aber nicht nur die Schule, die uns allerlei verhagelt hat, es ist auch unsere menschliche Natur, der Schweinehund in uns. Was nach Misserfolg, Schmerz und viel Arbeit riecht, rühren wir nicht an – unabhängig davon, worauf unsere Annahme beruht.

Es geht aber auch anders, wie Barbara Oakley von der Oakland Universität bewies. Sie studierte Slavistik, um Sprachen zu lernen, und ging als russische Übersetzerin zum Militär. Alles Technische war ihr fremd, sie hasste Mathematik. Doch sie wollte ihr Gehirn herausfordern und ausprobieren, ob sie sich auch umgewöhnen könnte. Also schrieb sie sich für Ingenieurwissenschaften ein. Am Anfang sei es die Hölle gewesen, doch nach und nach veränderte sich ihr Gehirn. Sie promovierte sogar. Heute ist sie eine angesehene Expertin für Lerntechniken.

Es gibt viele solcher Beispiele. Sie zeigen zweierlei. Erstens: Was wir können oder nicht, entscheiden wir selbst. Zweitens: Etwas Neues zu lernen, ist am Anfang anstrengend, doch der Wille versetzt Berge.

## Entwickeln Sie Ihr eigenes System

John Irving ließ sich weder von Zuschreibungen anderer noch vom Glühen der Herdplatte abschrecken. Er entwickelte stattdessen ein eigenes System, sich einem Stoff zu nähern. Er fasste die Herdplatte auf eine andere Weise an. Man könnte auch sagen, er erfand einen neuen Herd, der eine sehr angenehme Temperatur für ihn hatte. Einen anderen Zugang, der die Schwelle so senkte, dass er hinübergehen konnte.

*Was könnte Ihre heiße Herdplatte so verwandeln, dass Sie ganz kühl daherkommt? Wie könnten Sie anders an »heiße Eisen« herangehen? Fällt Ihnen ein ungewöhnlicher Zugang zu einem Thema ein, das Sie bisher gemieden haben?*

Irvings Talent ist weniger das Schreiben als vielmehr die Fähigkeit, Geschichten zu erfinden, diese im Kopf zu visualisieren und dann bis ins Detail auszumalen, bevor er sie in Sprache übersetzt. Alle seine Romane fängt er mit dem letzten Satz an. Das ist umso erstaunlicher, als manche seiner Werke über 1 000 Seiten umfassen, also wirklich dicke Schmöker sind. Da muss man eine Menge Details im Kopf haben und viele kleine Puzzlesteine zu Geschichten verbinden. Ganz bestimmt hat er oft und hart mit sich gerungen, und so wundert es nicht, dass Irving eine parallele Karriere als Ringer absolvierte.

Was so leicht und locker als Talent rüberkommt, ist oft nichts anderes als das Ergebnis von Selbstüberwindung und harter Arbeit. Es kann das Ergebnis nonlinearen Denkens sein: »Wenn ich es so nicht schaffe, dann anders.«

Viele Experten haben uns glauben gemacht, dass es naturgegebene Stärken oder in die Wiege gelegte Talente gäbe. So habe ich als Beraterin und Coach oft Menschen getroffen, die nach einem Schalter für ihr Talent und ihre Stärken suchten. Etwas sollte endlich angehen wie ein Licht. Aber wer so einen Schalter sucht, dreht sich im Kreis und findet keinen.

Es ist immer Ihre Entscheidung, worauf Sie Ihre Aufmerksamkeit konzentrieren. Sie schaffen Ihre eigenen Schalter. Talent geht auch nicht an oder aus; es entwickelt sich.

Wenn Sie immer nur das tun, was Sie immer schon konnten, entwickeln Sie sich nicht weiter. Sie können auch nicht erwarten, dass alles sofort funktioniert, schnell oder einfach geht. Oder dass Sie eine Nutzengarantie erhalten.

## Nehmen Sie Lernen weniger ernst

Angenommen, Sie möchten Programmieren lernen. Am Anfang werden Sie Ihren Schweinehund zum Gehen bewegen müssen, und möglicherweise ist er ein fetter Brocken. Es wird leichter vorangehen, wenn Sie das Ganze als Spiel sehen und das Leistungsdenken loslassen. Suchen Sie da, wo Ihnen Dinge leichter fallen. Vielleicht müssen Sie hinten anfangen wie Irving. Oder mittendrin. Was auch immer Ihnen jetzt einfällt.

Danach müssen Sie Ihre Geschwindigkeit regulieren. Die Panikzone des Lernens (heiß!) zu durchschreiten, ist das Schwierigste. Da merken Sie Ihre eigene Inkompetenz. Nichts funktioniert so richtig.

**In Häppchen lernen**

Die Pomodoro-Technik ist eine Lerntechnik, die die Konzentration mit Entspannung verknüpft, weshalb sie sich als besonders nachhaltig erwiesen hat. Dabei stellen Sie einen Timer oder eine App auf 25 Minuten und lernen oder arbeiten in dieser Zeit so konzentriert wie möglich. Danach pausieren Sie fünf Minuten. Das lässt sich auch aufs Arbeiten und Erarbeiten übertragen.

Es gilt, möglichst schnell in die so genannte Lernzone – jenseits von Komfort- und Panikzone – zu kommen. Dort sind Sie noch nicht mit dem Neuen vertraut, aber Sie fühlen sich sicher genug, um Neues auszuprobieren.

Erste Erfolgserlebnisse helfen über die Klippen. Sorgen Sie dafür, dass diese schnell kommen, indem Sie sich kleine Happen gönnen. Das Internet hilft dabei sehr. Viele Onlinekurse sind in sehr kleinen Happen aufbereitet, sie beinhalten beispielsweise nur ein acht- oder neunminütiges Video und eine Frage. Das senkt die Hürden deutlich.

### Lernen Sie iterativ

Der absolute Lernkiller sind fehlende zeitliche Ressourcen. Schenken Sie sich Lernzeit, beispielsweise 15 Minuten am Tag. Verankern Sie diese fest in Ihrem Lebensalltag, wenn Sie ein strukturierter Typ sind. Sind Sie flexibel, vereinbaren Sie einfach mit sich selbst, irgendwann am Tag 15 Minuten zu lernen.

Arbeiten Sie mit agilen Methoden. Vor allem das hier verankerte iterative Vorgehen hilft dabei sehr. Es besagt, dass Sie nach einer bestimmten Zeit – dem »Lernsprint« – reflektieren, was herausgekommen ist und was Sie daraus für die nächste Iteration ableiten möchten. Innerhalb des Sprints, der zwei oder vier Wochen dauert, konzentrieren Sie sich darauf, etwas zu erschaffen, das Sie vorzeigen können.

Entscheiden Sie sich für kleine, schlanke Lernhäppchen, Lean Learning. Besser fünf Minuten am Tag und langsam steigern als mit drei Stunden anfangen und nach zwei Tagen auf null fallen.

Auf Onlineplattformen wie Udemy, Coursera oder bei Linkedin Learning können Sie günstig Kurse belegen, die in eben jene Lernhäppchen verteilt sind, die einem das Lernen erleichtern. YouTube ist ebenfalls eine riesige und noch dazu kostenlose Lernplattform.

Es wird Hürden geben, wenn Sie sich für Lean Learning entscheiden. Aber mit schlankem Lernen werden Sie sie leichter überwinden können. Die Herausforderung liegt vor allem darin, Verantwortung für unser Lernen zu übernehmen. Wir sind es nicht gewohnt, uns ohne Steuerung durch Bildungsinstitutionen und Arbeitgeber weiterzuentwickeln. Was oder wem widmen Sie Ihre Aufmerksamkeit, worauf konzentrieren Sie sich? Sie müssen die Initiative für Projekte ergreifen, Ressourcen schaffen und Disziplin aufbringen, niemand nimmt Ihnen das ab.

*Sie haben das Gefühl, die anderen rasen an Ihnen vorbei? Abwarten! Wahrscheinlich überholen Sie die Schnelllerner bald. Wer langsam lernt, nimmt mehr auf als derjenige, der alles in sich hineinpumpt.*

Wie funktioniert künstliche Intelligenz? Wie programmiert man einen Chatbot? Wie schneidet man ein Video? Wie erstellt man einen Podcast?

In einer zunehmend digitalisierten Welt warten immer neue heiße Herdplatten auf uns. Viele Themen erscheinen uns abstrakt, fremd und sehr weit weg. Das liegt auch an unserer »Programmierung« in der Vergangenheit. Oft höre ich von älteren Klienten: »Ich möchte das Ergebnis meiner Arbeit anfassen können.« Da klingt die Prägung einer handwerklich geprägten Welt heraus, in der Bits und Daten kaum eine Rolle spielten.

Wenn Sie sich das bewusstmachen, gehen Sie vielleicht mit neuen Themen anders um. Auch das Digitale kann die Ergebnisse der eigenen Arbeit greifbar machen, nur anders. Das Ergebnis lässt sich weniger anfassen als vielmehr anhören und ansehen.

## Einfach machen und lernen

Wer einen Podcast aufnehmen möchte, kombiniert viele Tätigkeiten. Er findet Themen, ersinnt Geschichten, führt interessante Gespräche, schneidet Audiodateien und vermarktet diese. Was früher ein ganzes Team erzeugte, macht heute eine einzelne Person. Das erfordert vielfältigere Kenntnisse.

Wissenschaftliche Mitarbeiter produzieren längst nicht mehr nur Texte, sondern auch Podcasts. Im Marketing werden Menschen zu »Content Creators« und entwickeln Audio und Video selbst. Viele bringen sich diese Dinge selbst bei oder nutzen Internet-Tutorials.

Schon diese Art zu lernen, ist für die Generation der Nicht-Digital-Natives eine richtig heiße Herdplatte. Sie haben das Bedürfnis, erst einmal alles vollständig zu verstehen oder beigebracht zu bekommen. Ihr Anspruch an Perfektion ist oft viel höher. Das hemmt!

Eine Fernsehredakteurin, die immer perfekte Produktionen erstellt hat, hat naturgemäß Schwierigkeiten, den Charme eines weniger professionellen Films zu schätzen. Die heiße Herdplatte ist dann weniger das Neulernen als vielmehr die Neubewertung von früheren Aufgaben und auch von Ergebnissen. Dass manches nicht perfekt sein muss, muss man erst einmal annehmen können.

*Wie ist das bei Ihnen? Wäre es sinnvoll, Ihre ehemals »heißen Herdplatten« neu zu bewerten?*

Heutzutage geht es weniger um Wissen als vielmehr um Können. Wissen bedeutet, dass Sie die Inhalte eines Fachgebietes beherrschen. Können heißt, dass Sie in der Lage sind, Wissen für die Praxis nutzbar zu machen, also anzuwenden. Wissen findet sich im Internet, Können in Ihnen. Das heißt nicht, dass man nichts mehr zu wissen braucht. Im Mittelalter befand sich alles Wissen in den Bibliotheken. Nach dem Brand der Bibliothek von Alexandria im 3. Jahrhundert vor Christus verschwand auch das Wissen. Es spricht viel dafür, nicht alles auf das Internet zu verlagern. Aber sicher wird es so sein, dass wir weniger die konkreten Inhalte speichern müssen, als vielmehr lernen, Verbindungen zu ziehen.

»Wo finde ich es heraus?« und »Wie werde ich besser?« sind für den Könner wichtigere Fragen als »Was ist es?« und »Was muss ich tun?«

*Stellen Sie lieber Fragen, als Antworten zu suchen.*

Darüber hinaus geht es um ein übergeordnetes Verständnis von Zusammenhängen. Dieses ist nötig, um sich zurechtzufinden und eine zielgerichtete Suche zu starten.

Meine Mutter wunderte sich immer, warum sie auf Reisen keine WhatsApp-Nachrichten bekam. Sie fluchte über das Gerät – hatte aber einfach keinen WLAN-Empfang. Sie kam nicht auf die Idee, selbst auf die Suche nach der Ursache zu gehen. Dass man sich an ein WLAN je nach Ort immer wieder neu anmelden muss, hatte sie nicht bedacht. Sie dachte, WLAN sei etwas, das mit einem mitreist und immer auf dem Handy ist. Probleme hatte sie in ihrem bisherigen Leben immer so gelöst, dass sie auf einen wie auch immer gearteten Experten – Lehrer – wartete.

Dieses passive Lernkonsumverhalten ist sehr verbreitet. Uns wurde antrainiert, dass erst einmal jemand kommen muss, der uns etwas beibringt. Wir haben gelernt, dass wir etwas *richtig* verstehen und dann erst ausprobieren dürfen. Wir meinen, dass etwas erst 100 Prozent fertiggestellt sein muss, bevor es an die Öffentlichkeit darf.

Das alles ist veraltet. Es stimmt nicht mehr. Und das ist gut so und unheimlich befreiend, denn Sie haben damit die Erlaubnis, endlich Dinge einfach mal auszuprobieren.

## Was Sie in weniger als fünf Minuten tun können

Lernen Sie, Fragen zu stellen wie ein Kind. Was würden Sie gern wissen? Schreiben Sie eine Frage auf. Warum ist die Fensterscheibe Ihres Autos im Sommer nicht mehr wie früher voller toter Insekten? Wozu braucht man Bienen? Was würde passieren, wenn die USA aus dem Welthandel aussteigt? Egal, welche Frage Ihnen jetzt gerade durch Kopf geht – wenn Sie nicht gewohnt sind, sofort selbst nach Antworten zu suchen, machen Sie es bitte jetzt das erste Mal.

Sie können »googeln«, aber auch einfach jemanden anrufen, der die Antwort wissen könnte. Sie können Ihre Frage in ein soziales Netzwerk einstellen und von der Kraft der Schwarmintelligenz profitieren, wenn viele verschiedene Antworten kommen.

Noch mehr frischer Wind kommt rein, wenn Sie an unterschiedliche Möglichkeiten der selbstorganisierten Informationsbeschaffung zu Ihrer Fragestellung denken. Sie könnten ganz altmodisch eine Bibliothek besuchen.

Es gibt viele Möglichkeiten, selbstgesteuert, selbstinitiiert und selbstorganisiert zu lernen.

## Was Sie innerhalb von sechs Wochen tun können

Lernen Sie, was Sie wollen, wo Sie wollen und wann Sie wollen – in einem selbstorganisierten Projekt! Es ist ganz einfach, wenn Sie mit einem so genannten Lernrahmen arbeiten.

Schreiben Sie dazu jetzt alle heißen Herdplatten auf, die Ihnen einfallen. Denken Sie vor allem an die Herdplatten, die heiß sind, weil Sie sich schon mal die Finger verbrannt haben und weil Sie meinen, etwas nicht zu können. All die Dinge, die in Ihnen Aussagen wie »Das kann ich nicht« oder »Das ging ja schon früher schief« auslösen.

Wenn Sie keine heißen Herdplatten sehen, suchen Sie nach Ihrer derzeitigen Tätigkeit in Internetstellenbörsen. Welche Fähigkeiten werden heute in Ihrem Berufsfeld verlangt? Ist eine Herdplatte dabei?

Wenn Sie mehrere Themen haben, priorisieren Sie. Kreisen Sie das Thema ein, dem Sie sich zuerst widmen wollen. Es kann auch »lernen zu lernen« lauten.

Abbildung 6 zeigt meinen Anpacker-Lernrahmen, der Ihren Vorgaben eine zeitgemäße Struktur gibt. Er ist wie ein Kreislauf zu verstehen. Nach einem Durchgang beginnen Sie wieder am Anfang – nur sind Sie dann bereits erheblich weitergekommen.

Der Anpacker-Lernrahmen funktioniert folgendermaßen:

- **Thema finden und mit Fragen eingrenzen.** Was will ich lernen? Beispielthema: Selbstorganisiertes Lernen. Welche Formen gibt es? Wie helfen Frameworks? Was sind gehirngerechte Schritte?
- **Informationen suchen.** Wo und wie können Sie sich das Thema erschließen? Wer kann dabei helfen? Was könnte Ihnen den Zugang

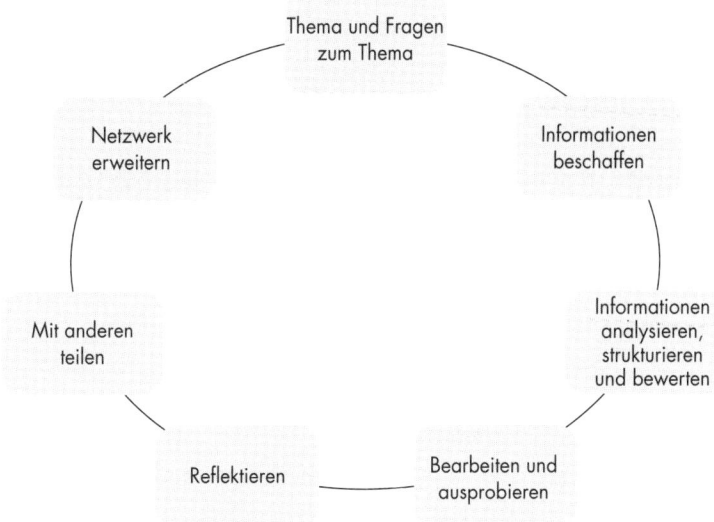

Abbildung 6: Anpacker-Lernrahmen

erleichtern? Was sind traditionelle Zugänge? Welche Alternativen gibt es? Beispiel: in Büchern, über Blogs, über Experten bei LinkedIn und YouTube.

- **Informationen sammeln, strukturieren und bewerten.** Wie wollen Sie dabei vorgehen? Was kann helfen? Wer hat die größte Expertise bezogen auf diese Art von Information? Wem vertrauen andere?
Zuerst fragen Sie Ihr Netzwerk nach den drei bekanntesten Experten. Diese identifizieren Sie dann bei LinkedIn und folgen ihren Blogs. Beobachten Sie, wem diese Experten wiederum folgen, und tun Sie dies auch. Nach vier Wochen werten Sie aus, welche Experten Sie am weitesten gebracht haben.
- **Bearbeiten und ausprobieren.** Wie können Sie das Gelernte anwenden? Wie fruchtbar machen? In den Alltag einbauen?
Schreiben Sie über selbstorganisiertes Lernen in einem Blog oder Intranet. Bringen Sie anderen das System bei.
- **Reflektieren.** Wie reflektieren Sie den Lernprozess? Wie hat sich das Thema durch die Recherche verändert? Welche neuen Fragen ergeben sich?

Kommen Sie noch mal zum Anfang zurück und erneuern und verändern Sie das Thema und die Fragen (zum Beispiel indem Sie die Fragestellung erweitern oder verengen).

- **Teilen.** Mit wem und wie wollen Sie das Gelernte teilen? In den sozialen Netzwerken oder anderswo?
  Schreiben Sie über Erfahrungen, oder tauschen Sie sich in Foren aus.
- **Netzwerken.** Wie können Sie durch das Gelernte Ihr Netzwerk erweitern und somit Ihren Lernerfolg steigern?
  Verbinden Sie sich mit Personen, die im gleichen Thema schon weiter sind, und beginnen Sie einen Austausch.

### Was Sie im Team tun können

Setzen Sie sich mit einem oder mehreren Kollegen oder Freunden zusammen. Jeder soll mindestens fünf Dinge aufschreiben, die für ihn oder sie »heiße Herdplatten« sind. Nun tauschen Sie Ihre Zettel aus. Die andere Person schreibt nun in 10 Minuten auf, was dafür spricht, diese Dinge anzupacken, und auf welche Art das geschehen könnte. Wenn Sie mehrere Personen sind, kann jeder Zettel auch durch mehrere Hände gehen. Die folgende Person hat dann die Aufgabe, noch etwas hinzuschreiben, was noch nicht dasteht.

Schließlich nehmen die jeweiligen Urheber Ihre Zettel zurück, lesen die Argumente und bewerten mit Punkten von 0–10, wie motivierend diese für sie sind. Jeder entscheidet sich dann, die »Herdplatte« mit dem höchsten Ausschlag in Angriff zu nehmen und beim nächsten Treffen von den ersten Schritten zu berichten.

Sind die Argumente in der subjektiven Bewertung nicht schlagkräftig genug, gibt es eine weitere Runde.

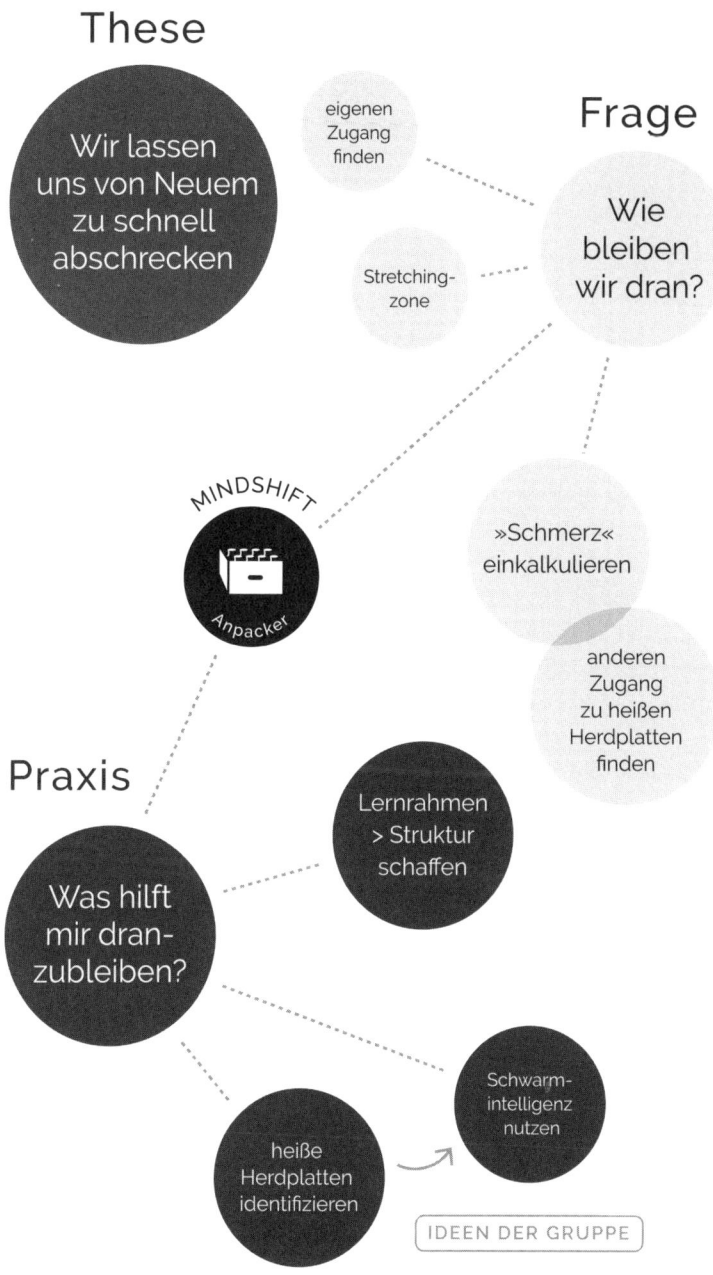

These

Wir lassen uns von Neuem zu schnell abschrecken

eigenen Zugang finden

Frage

Wie bleiben wir dran?

Stretching-zone

MINDSHIFT

Anpacker

»Schmerz« einkalkulieren

anderen Zugang zu heißen Herdplatten finden

Praxis

Lernrahmen > Struktur schaffen

Was hilft mir dran-zubleiben?

Schwarm-intelligenz nutzen

heiße Herdplatten identifizieren

IDEEN DER GRUPPE

# 5. **Differenzierer:** Verändern Sie Ihren Blick, und sehen Sie mehr Details

**Worum es geht:**
Wir ordnen die Dinge gerne bestimmten Kategorien zu. Dabei stecken wir alles Neue in vorhandene »Schubladen«. Das wird ihnen aber oft nicht gerecht, und wir verpassen daher wichtige Aspekte. Somit sind wir häufig wenig differenziert in unserer Wahrnehmung und somit auch in unseren Urteilen.

**Der Mindshift:**
Bevor Sie neue Informationen in vorhandene Schubladen stecken, bauen Sie einen neuen Schrank. Dadurch schaffen Sie neue gedankliche Strukturen und erkennen neue Zusammenhänge.

**Das ist für Sie drin:**
Sie erweitern Ihre kognitive Flexibilität.

> »Die ersten vierzig Jahre unseres Lebens liefern den Text, die folgenden dreißig den Kommentar dazu, der uns den wahren Sinn und Zusammenhang des Textes nebst der Moral und allen Feinheiten desselben erst recht verstehen lehrt.«
>
> *Arthur Schopenhauer*

Kleine Kinder lernen mit Spaß und entdecken voller Energie. Sie haben keine Angst vor Fehlern. Von ihnen können wir uns eine Menge abschauen. Gerne erinnere ich mich an eine Szene, die ich auf der Insel Sylt erlebt habe.

»Pferte«, freute sich mein kleiner Sohn, deutete auf die Wiese und zog an meiner Hand. Ich wusste gar nicht, was er meinte. »Pferte,

Pferte!« Er hatte keinen Zweifel, dass er die Tiere auf der Weide richtig zuordnete. Doch ich sah auf der Wiese keine Pferde, sondern braune Kühe. »Das sind Kühe«, sagte ich also im besserwisserischen Ton der Erwachsenen.

Das ist lange her. Mein Sohn mochte kaum drei Jahre alt gewesen sein. Noch konnte er keinen weichen Konsonanten aussprechen. Und noch hielt er alles, was braun und groß war und auf vier Beinen stand, für ein Pferd. Sein kognitives Schema für Gegenstände, Tiere, Pflanzen und Verhalten war klein und eng. Dass Kühe sich schwerfälliger und langsamer bewegen, sie eine andere Kopfform haben und auch kürzere Beine – das nahm er hier zum ersten Mal wahr. Er passte also sein Schema an. Danach gab es in seinem Leben Kühe, die braun sein können und keine Pferde sein müssen.

Was uns oft viel zu wenig bewusst ist: Denken entwickelt sich mit der Sprache. Wir können nur denken, wofür wir Worte haben, die wir ordnen und in einen Zusammenhang stellen können.

## Gedanken bekommen Kinder

Stellen Sie sich solch ein Schema als hierarchische Ordnung von Gedanken vor. Oben steht das Allgemeine, darunter das Spezielle. Je ausgereifter das Schema zu einem Begriff ist, desto mehr Hierarchien erhält es und desto umfangreicher ist das Verständnis. Lernen hat also viel damit zu tun, dass sich unser Verständnis von etwas durch Worte ausdifferenziert. Das ist wie eine Familie, die Kinder bekommt, die wiederum Enkel hervorbringen. Alles lässt sich ordnen. So entsteht eine sprachliche Logik, die Computer in dieser Form nicht selbst entwickeln können. Es entsteht eine Struktur, die das Größere, Ältere oder Allgemeine vor das Spezielle stellt. Diese Struktur hilft, Informationen zu bewerten und zu gewichten. Wenn wir etwas lernen, bedeutet das normalerweise, dass das Allgemeinere spezieller wird. So reiht sich auch Neues in ein Schema ein. Vielleicht aber verändert sich auch das Schema selbst. Dann entwickelt es sich, verändert sein Erscheinen.

Das Neue im Schema meines Sohnes war eine Kuh. Diese reihte sich in eine Struktur namens »braune Vierbeiner« ein. In diese gehörten bisher nur »Pferde«. Durch meine Intervention erweiterte sich der Denkrahmen meines Sohnes. Danach waren »Vierbeiner auf der Wiese« entweder Kuh oder Pferd. Bald würden Säugetiere daraus werden mit einer Unterkategorie, die landwirtschaftliche Nutztiere heißt.

## Denkrahmen

Ob Säugetier, Gegenstand oder Verhalten – wir ordnen alles unbewusst in solche Schemata, also Denkrahmen. Blitzschnell erfolgt diese Zuordnung. Unsere Schemata erweitern sich mit dem Alter immer mehr. Sie wandeln sich mit der Erfahrung, die wir mit unserer Umwelt machen, und werden ständig erneuert. Bis neue Erfahrungen die alten nur noch zu bestätigen scheinen und wir aufhören, neugierig nach Neuem zu fahnden. Die Denkrahmen bekommen dicke Wände. Irgendwann wollen wir dann keine grundlegenden Erneuerungen mehr. Dann sinkt die Bereitschaft, die eigenen Denkstrukturen zu ändern ... Wenn diese »Digitalisierung« nicht ins Schema unseres Lebensmodells passt, dann lassen wir sie lieber ganz außen vor, als den Denkrahmen für unser Lebensmodell zu ändern. So passiert es, dass wir steckenbleiben. Ein bewussterer Umgang mit unseren Schemata kann helfen, wieder Bewegung in unserem Denkens zuzulassen.

*Welche Schemata fallen Ihnen ein, die besonders fest und beharrlich sind? Vielleicht sind es eigene, vielleicht die von anderen. Es können Schemata zu allen möglichen Themen des Lebens sein, zu Arbeit, Karriere, Politik und Gesellschaft.*

Jeder Mensch hat individuelle Schemata, auch wenn diese sich bei Wertvorstellungen, Alltagsgegenständen sowie Objekten ähneln können. Das hört sich jetzt vielleicht sehr seltsam an. Werte und Alltagsgegenstände scheinen ja zunächst wenig gemeinsam zu haben. Es verbindet sie aber eine relative Festigkeit. Bei Alltagsgegenständen ist das schnell einleuchtend. Sie sind ja konkrete Objekte.

Unsere Vorstellungen von einem Tisch sind weltweit sehr ähnlich. Der Oberbegriff ist Möbel. Der Tisch wiederum kann Küchentisch, Wohnzimmertisch oder Arbeitstisch sein. So ein Tisch hat in der Regel vier Beine, es sei denn, es ist ein Designertisch, dann kann er auch drei haben oder ein abstraktes Gebilde unter der Platte besitzen, das Halt gibt. Es steht etwas darauf. Wir setzen uns daran, zum Essen oder Arbeiten. Es ist auch deshalb ein Tisch, weil wir uns nicht daraufsetzen.

Bei anderen konkreten Objekten ist es ähnlich. Erst wenn wir über die Frage diskutieren, ob es nicht vielleicht Subjekte sind, gerät das Schema (vielleicht) ins Wanken. Das ist bei Tieren der Fall. Ist der Mensch nicht das größte Säugetier und sind nicht alle Säugetiere Subjekte? Kann der juristischen Definition des Tieres als Objekt nicht auch eine andere humanistische gegenüberstehen? An dieser Stelle merken Sie vielleicht, wie viel Spielraum in den Schemata steckt und wie dynamisch sie hin- und herschwingen, je nachdem, was man so Spezielles dazugibt.

Einfach ist das Schemadenken, wenn es um Bezeichnungen geht, die alle Menschen ähnlich gelernt haben. Wenn Sie mit mir in einen Zoo gehen, dann wären wir uns vermutlich einig, dass das da ein Bär und der dort ein Elefant ist. Aber wir könnten uns trefflich darüber streiten, ob diese Lebewesen nicht nur in einer Fabel auch Subjekte werden könnten – und zwar nicht nur als »böser Wolf« oder »schlauer Fuchs«. Hier entstünden deutlichere Unterschiede in den Schemata. Wenn der höhere Begriff für Mensch und Tier jeweils »Subjekt« wäre, hätten beide schon gedanklich eine viel stärkere Verbindung. Sie stünden sozusagen auf einer Ebene. Das würde eine Menge ändern… Oder essen Sie gern ein anderes Subjekt?

## Bessere Kommunikation

Die Interpretationsspielräume werden noch mal größer, wenn wir die Schemata auf abstrakte Begriffe übertragen. Was bedeutet Ihrer Meinung nach »fragen«? Fragen stellen, also Aussagen mit einem Fragezeichen versehen – okay. Aber woran erkennt man eine Frage außer an dem Fragezeichen? Der Ton könnte die Musik machen. Das Umfeld der Frage, zu dem auch das vorherige Zuhören zählen könnte.

Ist es ein aufnehmendes Zuhören? Sind Sie beim Zuhören also ganz auf den anderen konzentriert oder bei sich? Der eine kann Fragen zuhörend, aufnehmend, eingehend stellen, der andere bringt sie im Kommandoton rüber. Die Variationsbreite ist groß, und damit steigt der Raum für individuelle Schemata, also eine persönlich motivierte Anordnung von Gedanken.

Denken entwickelt sich mit der Ausdifferenzierung von Sprache. Durch sie wird auch Handeln möglich (wenn auch nicht notwendig umgesetzt). Je mehr Sie differenzieren, desto größer wird auch Ihr Repertoire möglichen Handelns. Dabei geht es nicht nur um die Zahl der Worte, sondern um die Fähigkeit, diese zu ordnen und in einen Kontext zu stellen. Je mehr Sie differenzieren können, desto mehr Verständigungsmöglichkeiten haben Sie.

Sie können sich dann auch in die Schemata der anderen besser hineindenken. Das ermöglicht Ihnen, auch darauf einzugehen. Wenn Sie sich bemühen, die persönlichen, oft eigenwilligen Schemata von anderen zu verstehen, können Sie viel gezielter kommunizieren. Kein Computer wird dazu auf absehbare Zeit in der Lage sein. Ihre Sprache wird damit auch feingliedriger und logischer. Vielleicht auch bunter, denn in den Schemata erkennen Sie leichter Bilder und Metaphern. Laufen ist der langsame Bruder von Rennen. Schimpfen die leise Schwester des Schreiens. Facetten schaffen Grautöne.

## Fächer im Gehirnschrank

Auf wie viele Arten kann man sich verhalten? Auf wie viele Arten können *Sie* sich verhalten? Haben Sie ein kleines oder ein großes Verhaltensrepertoire? Wer ein kleines Verhaltensrepertoire hat, besitzt oder nutzt ein begrenztes Schema. Er kennt weniger Facetten. Dann steht alles auf einer Ebene, Schimpfen ist Schreien und Laufen ist Rennen.

Ich hatte einen Onkel, der viel redete und dabei schimpfte. Wenn er überhaupt jemals eine Frage stellte, dann war diese in einen Vorwurf gebettet. Sein ganzes Leben war das so. Sein Verhaltensrepertoire war sehr klein. Sein Wortschatz auch. Kommunikation war für ihn gleich Reden. Das Wort »zuhören« konnte er buchstabieren, aber nicht denken. Es hatte kein eigenes Fach in seinem Gehirnschrank.

## Scharfe Beobachter

Manche Menschen zeigen ein großes Verhaltensrepertoire. Das geht fast immer einher mit einem größeren (aktiven) Wortschatz. Sie können Grautöne benennen, sie kennen Facetten. Hier habe ich Personen im Sinn, die auf sehr unterschiedliche Art und Weise Fragen stellen und auch zuhören können. Manche beherrschen die gesamte Klaviatur der Kommunikation. Sie können aufmerksam zuhören, fragen, nachfragen, eine Meinung ausdrücken, beeinflussen, sich zurücknehmen, überzeugen, sich überzeugen lassen und so weiter. Sie sehen, diese Liste kann sehr lang werden. Wenn jemand in einer Bewerbung schreibt »Ich bin kommunikativ« könnte all das und noch viel anderes dahinterstecken. Das machen wir uns viel zu selten bewusst. Kommunikation ist nur ein Überbegriff für jede Menge möglicher Verhaltensfacetten. Wenn unser Schema für Kommunikation sich ausdifferenziert, dann werden wir auch kommunikativer. Wir können dann beispielsweise in verbale und nonverbale Kommunikation unterteilen oder beides verbinden. Das Schema für nonverbale Kommunikation könnte Stimme, Körperhaltung, Gestik und Mimik umfassen. Stimme wiederum kann sich in Stimmlage und Sprechtempo aufteilen. Allein durch diese Differenzierung des Schemas schärfen wir schon unsere Beobachtung.

## Mehr Möglichkeiten

Verhalten fügt sich in dehnbarere und subjektivere Schemen als »Tisch« oder »Kuh«. Was genau ist beispielsweise »beeinflussen«? Das kann man jetzt sehr unterschiedlich definieren. Manche verstehen darunter Manipulation. Andere sehen, dass alles eine Beeinflussung ist. Das sind unterschiedliche persönliche Schemata.

Mein Schema für Beeinflussen ist sehr weit: schon mein Lächeln oder die Art, wie ich mich kleide. Die Bücher, die ich geschrieben habe, ohne dass sie sichtbar sind, beeinflussen. Sie spielen eine nonverbale Rolle in der Kommunikation. Indem ich das weiß, kann ich es nutzen. Wenn ich es nicht weiß, entgeht mir diese Möglichkeit. Ich kann sie nicht denken.

Wir geben einem Wort Bedeutung. Die Bedeutung ist nicht einfach da. Je mehr unterschiedliche Bedeutungen wir geben können, desto größer ist unsere Wortflüssigkeit. Menschen, denen viele Wörter zur Verfügung stehen, besitzen deshalb mehr Verhaltensmöglichkeiten. In unserem Kopf sind Bilder, die sich mit Wörtern verbinden. Differenzierte Wörter, differenzierte Bilder, differenziertes Verhalten.

*Wer in Ihrem Umfeld hat wenige Worte zur Verfügung, wer viele? Stimmt meine These, dass der »Wortgewaltige« auch unterschiedlicheres Verhalten zeigt? Wer reagiert verlässlich immer gleich? Wer überrascht Sie oft?*

Wahrscheinlich überraschen Menschen mit einem großen Repertoire an Verhaltensmöglichkeiten Sie öfter. In aller Regel ist ein solches Repertoire effektiver und wirkungsvoller. Wer die ganze Tonleiter bespielen kann, erreicht mehr als nur mit einem Ton.

## Mehr gegenseitiges Verständnis

Verhalten ist also dehnbarer als ein Ding oder eine Sache. Aber wie ist es dann erst mit noch abstrakteren Begriffen? Da kann erst recht alles Mögliche drinstecken. Was ist zum Beispiel »Agilität«? Sie werden kaum zwei Menschen mit dem gleichen Verständnis treffen – aber alle meinen, sie reden über dasselbe. Das ist der Grund, warum sie dauernd aneinander vorbeireden, aber glauben, sich zu verstehen.

Jeder hat eine andere Vorstellung, aber die Vorstellung von manchen Menschen ist komplexer, differenzierter als die von anderen. Das kann nicht jeder aufnehmen. Vieles kommt oben in den Trichter, und nur weniges fällt unten durch und kommt als Botschaft an. Da kommen wieder die Schubladen ins Spiel. Ich stecke die Kuh zum Pferd – und so mache ich »Agilität« zu dem, was ich gerade verstehen kann.

## Lernschema

Was aber passiert, wenn der eine dieses und der andere jenes Schema hat, beide aber davon ausgehen, dass ihres »richtig« ist? Jeder leitet für sich etwas anderes ab, und das ist nicht besonders effektiv, weil Missverständnisse folgen. Es wäre also mehr als sinnvoll, sich durch Vereinheitlichung des Schemas anzunähern. Das ist bei allen abstrakten Themen hilfreich. Doch manchmal steht die menschliche Sozialisierung entgegen. Wir haben gelernt, dass bestimmte Schemata *richtig* sind. Aber nicht, dass das alles nur Hilfskonstrukte sind, die eine gelegentliche Überholung und regelmäßige Updates brauchen. Manager haben gelernt, was gutes Management ausmacht. Fernsehredakteure haben gelernt, was ein guter Film ist. Marketingleute, wie man Marketing macht. Und alle haben auch ein Schema für Lernen gelernt, das gerade zum großen Hindernis wird, denn es sieht etwa so aus:

- Lernen = Pflichtveranstaltung zur Vorbereitung auf das Arbeitsleben, endet spätestens mit Abschluss der Lehre oder des Studiums, findet in Form von Unterricht oder Seminaren statt, dient der Festigung oder Aktualisierung von Wissen und ist Bedingung für eine Karriere in Unternehmen.

Es könnte aber auch ganz anders aussehen:

- Lernen = natürliches und lebenslanges Bedürfnis des Menschen, der nach Selbstentwicklung strebt. Dient dem Erhalt der Lebensfreude. Ist Voraussetzung für Bildung. Fördert die Gehirnentwicklung. Erfolgt selbstorganisiert und täglich.

*Was ist Ihr Schema für Lernen?*

Aus welchem Schema leitet sich wohl mehr innere Motivation ab? Welches Lernverständnis wird eher zu einem dynamischen Umgang mit eigenen Schemata führen?

Das erste fixiert Wissen. Das zweite fördert Entwicklung.

Hier kann Neues ohne weitere Komplikationen andocken. Es ist wie die Haltung des Kindes, das offen in die Welt blickt und nicht bewertet. Das ist der Schlüssel auch für Sie als Erwachsener. Entwicklung wird dann möglich, wenn sie ganz frei und neugierig – ohne Scham und Angst – vorhandene Schemata überdenken und erneuern können.

*Wann haben Sie zuletzt erkannt, dass Sie sich irren, und eine vorherige Meinung revidiert? Vielleicht sogar öffentlich?*

Erwachsene blenden Informationen, die ihre Schemata infrage stellen, gerne aus. Sie suchen Bestätigungen. Sie gehen in eine Verteidigungshaltung und auf die Suche nach Gegenargumenten, wenn Sie mit »Wahrheiten« konfrontiert sind, die die Festung des eigenen Schemas erschüttern. Das gilt vor allem für Schemata, die eng mit dem eigenen Bewertungssystem verknüpft sind, etwa mit der Perspektive auf die eigenen Eigenschaften. So gibt es neben Schemata für Begriffe auch solche, die die eigene Identität ausmachen. Für die Frage »Wer bin ich?« gibt es eben auch so ein Schema.

»Kann man das wirklich so sehen?«, fragte mich einst eine Kundin verunsichert, als sie damit konfrontiert worden war, dass ihr Chef nicht etwa ihren Fleiß und Einsatz sah, sondern mangelnde Verantwortungsübernahme und Ideenlosigkeit erkannte. Er blickte mit einem ganz anderen Bewertungsschema auf Ihre Arbeit. Sie sah dadurch auch gleich ihre Persönlichkeit berührt.

Das muss nicht so sein. Auch hier hilft die Haltung des Kindes, der offene Blick, die Akzeptanz anderer Perspektiven – verbunden mit der Bereitschaft, auch das Schema für sich selbst gelegentlich upzudaten und anzupassen. Das gelingt Menschen am besten, die tolerant mit sich selbst sein können und Irrtümer zugeben.

Fuck-up-Nights nennt sich eine Veranstaltung, die sich an Freunde des Scheiterns richtet. Diese Art von Event hilft, eine Kultur des Lernens aus Fehlern zu etablieren. Sie werden sehen: Je offener Sie damit umgehen, nicht alles zu wissen, nicht alles zu können, Fehler zu machen und sicher geglaubte Annahmen öfter mal zu revidieren, desto mehr können Sie auch zum Vorbild für andere werden.

So werden auch neue Bewertungen möglich. Wer erkennt und für sich annimmt, dass ein und dasselbe aus verschiedensten Blickwinkeln betrachtet werden kann, wird dadurch automatisch entspannter und toleranter. Das ist oft damit verbunden, dass auch Gegensätze und Widersprüche leichter angenommen werden können. Ja, es ist nun mal so, dass es auf dieser Welt das eine und das andere gibt, das Neue und das Alte! Flexibilität braucht Ordnung und Ehrgeiz Entspannung.

Mit dieser Sichtweise ändert sich auch die Art des Verstehens, der Zugang. Dem voraus geht vielleicht ein Irritiertsein, ein Zweifel. Dieser ist aber notwendig und hilfreich, um ins tiefere Nachdenken zu kommen.

## Was Sie in weniger als fünf Minuten tun können

Schemata verdeutlichen das eigene Denken. Was verstehen Sie unter …? Das Schema gibt eine Antwort darauf. Alle möglichen Begriffe lassen sich damit individuell ordnen. Was ist Digitalisierung für Sie? Was bedeutet Leistung? Wie verstehen Sie Karriere? In welche Schublade gehört das für Sie? Wo sind Verbindungen? Indem Sie Ihre Schemata aufzeichnen wie eine Mindmap, strukturieren Sie auch Ihre Gedanken dazu. Sie könnten diese dann neu ordnen. Dadurch bildet sich ein neues Verständnis.

Denken Sie einmal an ein beliebiges Thema – völlig egal, was es ist. Es kann Essen sein, Tiere oder was auch immer. Schreiben Sie das Thema auf. Es ist eine »Kategorie«. Skizzieren Sie nun Ihr Schema zu dieser Kategorie. Was verstehen Sie darunter? Umranden Sie zum Beispiel das Thema mit einem Quadrat und das, was Sie darunter verstehen, mit Kreisen. Das eine ist die Schublade und das andere das, was hineinkommt. Fragen Sie sich, ob Sie weitere Ordnung schaffen können, indem Sie Kreise zusammenfassen. Gehen Sie dann ins Internet, googeln Sie das Wort und schauen Sie sich an, welche Begriffe Sie finden, die nicht in Ihre Kategorien oder in eine mögliche Unterkategorie passen.

Mir fiel gerade »Spanien« ein. In meinen Kreisen standen »Land«, »Kultur«, »Menschen« und »Geschichte«.

Bei mir tauchte bei Google dann »Portugal« auf. Ich habe daraufhin nachgeforscht, was die beiden Länder verbindet außer der geografischen Nähe. Da kam ich darauf, dass die Römer die iberische Halbinsel in »hispania ulterio« und »hispania citerior« aufgeteilt hatten. Die Recherche hat so viel Spaß gemacht, dass ich mehr als fünf Minuten investiert habe. Was habe ich in Bezug auf die Kategorienbildung für Schemata gelernt? Dass Spanien einen geografischen Überbegriff hat, nämlich iberische Halbinsel. Am nächsten Tag habe ich das dann gegoogelt und kam darauf, dass zu der Halbinsel ja auch noch Andorra gehört … Und siehe da, das werde ich demnächst wohl mal wieder besuchen.

## Was Sie innerhalb von sechs Wochen tun können

Schemata erleichtern es uns, selbst Modelle zu entwerfen und mit anderen darüber in den Diskurs zu treten, um gemeinsame Herangehensweisen zu finden. Sie fördern logisches Denken, weil sie Strukturen geben und Rahmen schaffen. Das ist eine sehr wichtige Kompetenz in der Digitalisierung. Wenn Sie Ihre Gedanken klarer strukturieren, können Sie sie auch anderen besser vermitteln. Es fördert verbal-logisches Denken.

Dazu bitte ich Sie, sich einen maximal abstrakten Begriff zu suchen und dafür ein möglichst detailliertes Schema zu entwickeln.

Ich will es Ihnen vormachen, mit einem Schema für Fehler.

Was verstehen Sie unter einem Fehler? Stellen Sie sich vor, ich gebe Ihnen nur das Wort und mache drei Punkte dahinter. Ein Lückentext, den Sie vervollständigen können:

- Fehler …

Vermutlich wird Ihr Satz Ihrem eigenen Schema entsprechend ausfallen. Vielleicht sagen Sie »Fehler sind wichtig« oder »Fehler helfen«, aber damit haben Sie kein Schema geschaffen, sondern nur eine Bewertung. Die wollen wir hier nicht. Wir wollen vom Bewerten ja wegkommen und logisch strukturieren.

Mein Vorschlag: Man könnte erst einmal unterschiedliche Fehlerarten unterscheiden. Das wäre dann keine Bewertung, sondern ein erster Schritt zur Ausdifferenzierung:

- Flüchtigkeitsfehler,
- Berechnungsfehler,
- Rechtschreibfehler,
- Anwendungsfehler,
- Denkfehler.

Danach können Sie anfangen, die einzelnen Fehlerarten weiter aufzufächern, möglicherweise können Sie sie aber auch bündeln:

- Fehler aufgrund von mangelndem Wissen;
- Fehler, die aus Zeitmangel passieren;
- Kognitive Fehler;

Sie sehen schon: Es gibt hier kein gut oder böse, richtig oder falsch. Aber allein die Beschäftigung mit dem Begriff Fehler kann Ihnen helfen, sich der Problematik bewusst zu werden, vor der derzeit auch viele Unternehmen stehen, wenn sie eine »Fehlerkultur« einführen wollen. Welche Fehler meinen Sie da eigentlich?

Ein anderes Beispiel: Feedback. Sie werden dazu wahrscheinlich ein anderes Schema haben als ich. Denken Sie mal darüber nach, was Ihres ist, bevor Sie meines lesen. Für mich ist Feedback:

- objektiv oder subjektiv,
- konstruktiv,
- dekonstruktiv (Kritik, die meine eigene Weltsicht einbezieht, also die Entstehung meiner Wahrnehmung),
- lobend,
- motivierend,
- jede andere Form der verbalen und nonverbalen Rückmeldung zu etwas,
- die Schilderung einer objektiven Beobachtung,
- die Schilderung einer subjektiven Beobachtung.

In der Abbildung 7 habe ich das einmal weiter geordnet, denn es könnte helfen, Feedback einzuordnen. Wie gebe ich eigentlich Feedback? Wie erhalte ich es? Bewusst habe ich auf negatives Feedback verzichtet. Das ist auch manchmal sehr hilfreich, dazu könnte ich ein ganz eigenes Schema aufmachen …

Besser als negatives Feedback ist entwicklungsbezogenes. Es weist auf blinde Flecken hin und zeigt konkret die Richtung.

Je mehr solcher Differenzierungsmerkmale Sie finden, desto bewusster sollte Ihnen werden, wie viele Facetten dieser Begriff hat. Das hilft, ihn auch für andere greifbarer zu machen. Sie können nun beginnen zu sortieren und zu strukturieren.

Nutzen Sie diese Übung zu Themen, die Ihnen wichtig sind. Themen, in denen Sie auch persönlich weiterkommen wollen. Sie können auch gerne die Perspektiven von anderen nutzen und deren Sichtweisen ergänzen. Ganz besonders hilfreich für die Erweiterung eigener Schemata sind die Schemata von Personen, die ganz anders denken als Sie selbst … Ich zum Beispiel habe Ihnen hier vielleicht einige neue

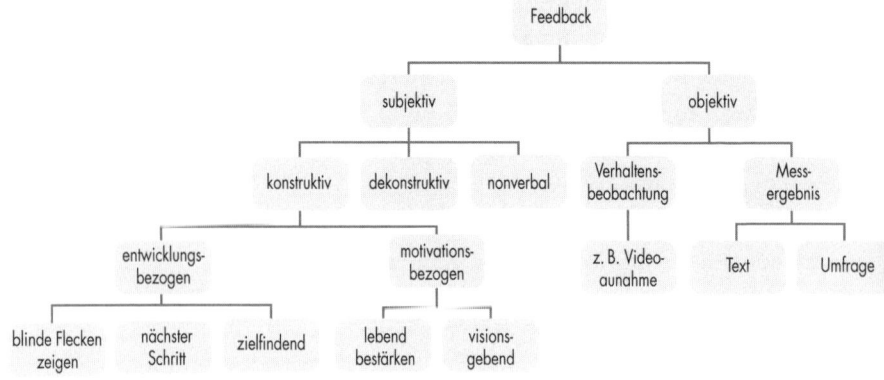

Abbildung 7: Differenzierung des Begriffes Feedback

Sichtweisen vermittelt. Mit etwas Glück haben Sie auch etwas Neues über Feedback gelernt.

## Was Sie im Team tun können

Entwickeln Sie ein Denkmodell, ein Ordnungssystem, das Zusammenhänge schematisch verdeutlicht. Ich bin selbst leidenschaftlicher Denkmodellbauer und habe für den Begriff Agilität ein solches Modell entwickelt, das nicht nur mir, sondern auch dem Denken von anderen Struktur verleiht.

Das Modell hat die Form eines Hauses. Unten im Fundament liegt das Grundverständnis für Agilität, das jede Firma für sich definieren muss. Im Dach ist die Vision, die Richtung gibt. Zwischen Fundament und Dach liegen die tragenden Säulen »Mindset«, »Verhalten« und »Architektur«. In diesen drei Säulen finden sich dann jeweils dazugehörende Gesichtspunkte. Durch das Bild des Hauses ist ein Ordnungssystem entstanden, das hilft, die verschiedenen Aspekte zu strukturieren.

Welches Thema sollten Sie als Team einmal in Angriff nehmen? Wo könnte ein Modellcharakter auch anderen helfen, etwas Abstraktes fassbar zu machen? Wie können Sie das mit einem Bild verbinden, das für eine bessere Verankerung und leichtere Erinnerung sorgt?

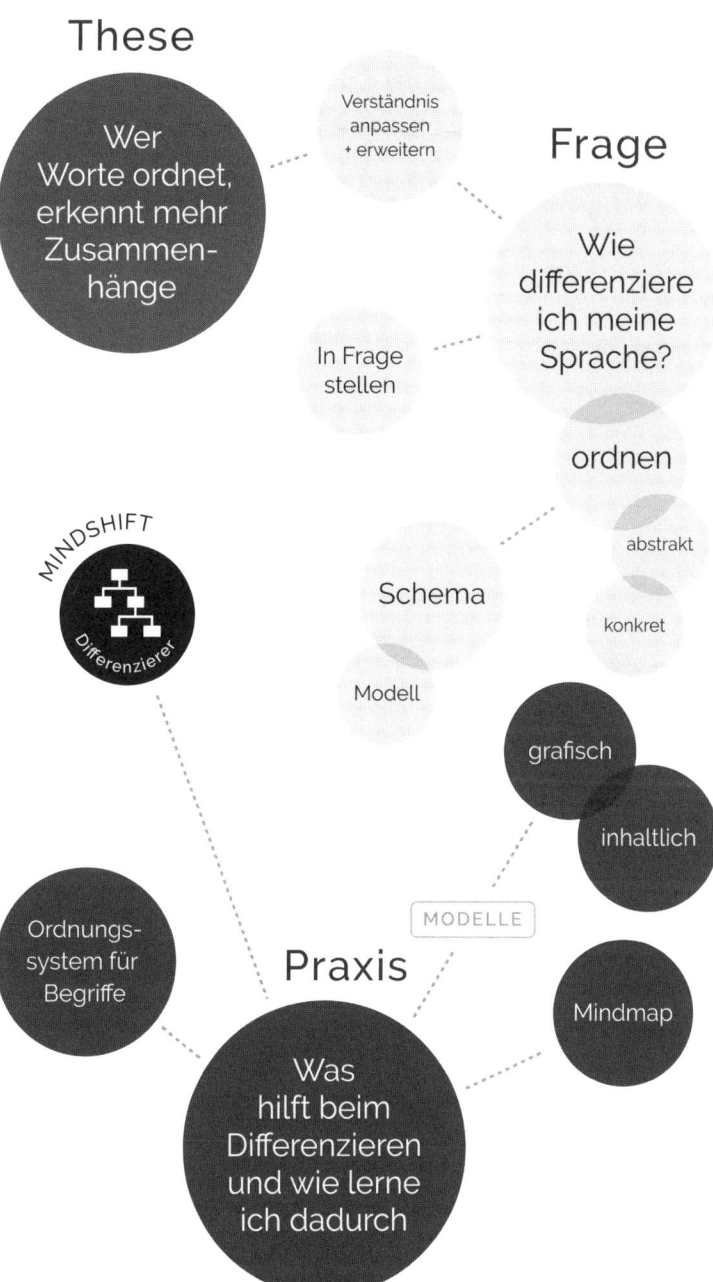

These

Wer Worte ordnet, erkennt mehr Zusammenhänge

Verständnis anpassen + erweitern

Frage

In Frage stellen

Wie differenziere ich meine Sprache?

ordnen

abstrakt

MINDSHIFT

Differenzierer

Schema

konkret

Modell

grafisch

inhaltlich

MODELLE

Ordnungssystem für Begriffe

Praxis

Mindmap

Was hilft beim Differenzieren und wie lerne ich dadurch

# 6. **Perspektivenwürfler:** Mehr sehen, besser verstehen

**Worum es geht:**
Ich sehe was, das du nicht siehst. Aber was siehst du eigentlich? Uns fällt es schwer, sich in andere Perspektiven zu versetzen. Deshalb können wir auch nicht gut sehen, was sich in Zukunft alles so tun wird. Wir sehen ja nur, was wir selbst sehen. Und das ist sehr wenig.

**Der Mindshift:**
Wer übt, seinen eigenen Blick zu erweitern, sieht mehr Aspekte.

**Das ist für Sie drin:**
Dieser Mindshift fördert Ihre Beobachtungsgabe – die Voraussetzung für Empathie, Intuition und kognitive Flexibilität.

> Neue Perspektiven verändern die Wahrnehmung
> und den Blick auf Wahrheit.

Sie fahren in ein Gebirge, vielleicht in die Alpen. Sie stellen den Wagen ab, wandern einige Meter hinauf und halten auf einem Vorsprung inne. Von hier aus können Sie das Tal überblicken und haben Sicht auf die gegenüberliegenden Bergwipfel. Wie atemberaubend! Etwas weiter oben erkennen Sie eine Höhle. Wie tief es dort wohl in den Berg hineingeht?

Auf der anderen Seite nehmen Sie einen kleinen Punkt wahr, der sich bewegt. Es ist ein Wanderer. Ob er die Höhle wohl auch sehen kann? Sie versetzen sich in seine Perspektive und kommen zu dem Schluss: Wohl eher nicht. Sie möchten sie ihm gern zeigen, aber dafür müsste er dort sein, wo Sie jetzt stehen. Nur ein Zufall wird ihm den Weg zur Höhle zeigen. Er kann nicht sehen, was Sie sehen können.

Die Fähigkeit, andere Perspektiven einzunehmen, ist uns nicht angeboren. Sie entwickelt sich erst nach und nach. Setzt man etwa vierjährige Kinder vor das Modell eines Gebirges und platziert Figuren davor, so können die Kleinen nur die Perspektive einnehmen, die sie selbst haben. Sie sehen also nur das, was direkt vor ihnen liegt. Das, was der Wanderer in meiner Szene konnte, sich in die Perspektive des anderen zu versetzen und mit seinen Augen zu sehen, können sie nicht.

Platziert man eine Figur auf der gegenüberliegenden Seite und fragt, was diese sieht, so denkt das Kind, es sei genau dasselbe wie das, was direkt vor ihm liegt.

## Sehen, was andere sehen

Wenn Sie Kinder haben, kennen Sie vielleicht das Versteckspiel. Kleine Kinder halten dabei gern die Hände vor ihr Gesicht und denken, sie seien dann verschwunden. Es ist unmöglich für sie, sich vorzustellen, was Papa oder Mama sehen – nämlich ein Kind mit Händen vorm Gesicht. Die Kinder generalisieren die eigene Perspektive. Vielleicht erinnern Sie sich noch an die Zeit, als Sie dachten, alle anderen fühlten und dächten so wie Sie. Ein solches Denken ist ganz normal als jugendlicher Mensch. Man fühlt sich dann schnell erwischt, wenn man etwas Verbotenes getan hat. Man zieht einfach Schlüsse, die aus dem eigenen Denken auf das anderer schließen. Die Perspektive des anderen ist unsichtbar.

*Du bist, wo du warst, sagt der Gehirnforscher David Eagleman.*
*Welche Rolle spielen die Orte, an denen Sie gewesen sind,*
*für Ihre Wahrnehmung? Wo sollten Sie also einmal hingehen?*

Ich sehe den anderen nicht, also sieht der andere mich auch nicht. Ich sehe den Berg, also sieht der andere ihn auch. Mit der kognitiven Entwicklung des Gehirns weitet sich dieser eingeschränkte Blick. Doch auch im Erwachsenenalter bleibt die Fähigkeit, andere Perspektiven einzunehmen, beschränkt. Wir stehen dann oft da, wie ein Ochs vorm Berg. Alles, was wir hören, interpretieren wir mit dem, was wir schon kennen. Und das ist ziemlich wenig. Wir sehen die Höhle nicht. Wir erkennen aber auch nicht, dass der andere sie nicht sehen kann – weil wir von unserem Blickwinkel ausgehen. Wir haben vielleicht viel gesehen, aber nur wenig in seinem ganzen Perspektivenreichtum erlebt.

Die meisten berufstätigen Menschen sind in einer oder wenigen Welten zu Hause. Deshalb können Sie nur schwer den Blick von außen einnehmen. Sie wissen nicht, wie es anderswo ist.

---

### Ein festes Umfeld behindert die Sicht

Bei etwa 12 Jahren liegt immer noch die durchschnittliche Zugehörigkeit deutscher Angestellter, in der Verwaltung bleibt man sogar 17 Jahre, so das Institut der deutschen Wirtschaft. Das »durchschnittliche« Berufsumfeld ist also fest und stabil, wenn sich auch in ein und demselben Umfeld über die Jahre eine Menge bewegen kann.

Dennoch kann ein gleichbleibendes Umfeld die Perspektiven einschränken. Lesen kann dem entgegenwirken. Oder noch mehr: Aufbrechen. Wie ist das bei Ihnen?

---

## Erweitern Sie Ihre Sicht schrittweise

Die Art und Weise, wie wir als Erwachsene unseren Blick weiten, unterliegt Regelmäßigkeiten – es wird immer ein wenig mehr. Allerdings kann diese Entwicklung sehr frühzeitig stoppen. Oft geschieht das, wenn Menschen in ihrer Sicht auf sich und andere immer wieder bestätigt werden, wenn es also wenig echtes Feedback gab.

Haben Sie mal eine Gesichtsfelduntersuchung beim Augenarzt gemacht? Dieser überprüft dabei, wie weit Ihr Blick zur Seite, nach oben und unten reicht. Und ob es Ausfälle gibt, also Bereiche, die Sie nicht sehen.

Bei Ihrer Aufmerksamkeit ist das ähnlich: Sie kann auf wenige Aspekte begrenzt sein oder auf viele Aspekte ausgedehnt. Entwicklung zeigt sich daran, dass die Zahl wahrgenommener Aspekte steigt. In ihrer Persönlichkeit weit entwickelte Menschen sind immer hervorragende Beobachter.

**Quadratisches Verhalten** Zunächst sehen wir vor allem unser soziales Umfeld. Unsere Aufmerksamkeit ist darauf gerichtet, wie andere sich

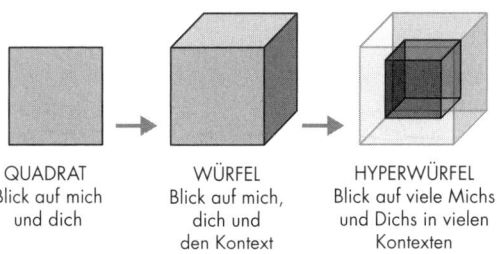

QUADRAT
Blick auf mich
und dich

WÜRFEL
Blick auf mich,
dich und
den Kontext

HYPERWÜRFEL
Blick auf viele Michs
und Dichs in vielen
Kontexten

Abbildung 8: Perspektivenwürfel

verhalten und wir uns selbst. Woran zeigt sich Liebe zwischen zwei Menschen? Was macht eine gute Arbeitsbeziehung aus? Das beschreiben wir nicht abstrakt, sondern konkret. »Liebe ist, wenn der andere sich für einen einsetzt«, wäre ein Satz aus dieser Perspektive.

Die Welt ist quadratisch – sie hat klare Ecken, Kanten und Begrenzungen. Innerhalb dieser gibt es wenig Freiraum in der Betrachtung. Es ist klar, wie man sich verhalten muss oder soll. Und wenn es nicht klar ist, fragen oder beobachten wir, wie es andere machen.

**Nehmen Sie den Würfel zu Hilfe** Wenn wir uns weiterentwickeln, beziehen wir mehr und mehr auch das Umfeld und die Situation ein. Was prägt, was beeinflusst? Jetzt achten wir auch darauf, was den Menschen ausmacht, tolerieren individuelle Möglichkeiten und Lebenskonzepte. Aus dem Quadrat ist ein Würfel geworden. Es kommen mehr Aspekte dazu. Wir beobachten Verhalten, aber analysieren auch den Grund dafür und ziehen dafür Kontext und Situation heran. Wir hören auf, einfache Schlüsse zu ziehen, wie »X hat sich in dieser Situation durchgesetzt, also wird er es auch in einer anderen tun«. Denn wir sehen genauer hin und haben oft Überraschungen erlebt.

Wir beziehen jetzt aber nicht mehr nur den Kontext und die Situation mit ein, sondern lassen auch mehr Unterschiedlichkeit zu. Wir können Geschehnisse von außen betrachten und sind von daher zu abstraktem Denken fähig. Auch zu unserem eigenen Verhalten können wir eine Position einnehmen. Wir nehmen wahr, dass wir uns verändert haben.

**Erkennen Sie das große Ganze mit dem Hyperwürfel** Schließlich können wir einen weiteren Sprung unternehmen. Jetzt wird der Radius erheblich größer, und wir beziehen auch unsere gesellschaftliche Prägung mit ein. Wir erkennen, warum wir geworden sind, wie wir sind, und sehen die unterschiedlichsten Einflussgrößen. Unser Blickfeld ist weit und verändert sich ständig. Was früher fest war, verflüssigt sich nun laufend mit neuen Informationen, um dann nur kurz wieder fest zu werden. Nun sehen wir auch Beziehungen anders. Wir können von außen auf das große Bild schauen und uns selbst viel besser steuern.

Für diesen Zustand wähle ich das Bild des Hyperwürfels, auch Tesserakt genannt, der unendlich viele kleine Würfel in sich hat und neue Beziehungen erstellen und sich so immer neu transformieren kann (siehe Abbildung 8). Er symbolisiert eine hohe Komplexitätsstufe, die den Blick auf das große Ganze erheblich erleichtert.

Manche Menschen bleiben ihr Leben lang vor allem im Quadrat, einige werden zum Würfel und nur sehr wenige Teil des Tesserakts mit Blick auf vieles.

*Was denken Sie, in welchem Zustand kann ein Mensch die Herausforderungen der Digitalisierung am besten bewältigen?*

Als »Hyperwürfel« können Menschen gestaltend wirken. Sie folgen nicht mehr nur anderen, oder wenn, dann können Sie diese Entscheidung frei und autonom treffen. Es ist keine konventionelle Anpassung mehr, sei es an Mensch oder Wahrheit.

Mit Intelligenz im herkömmlichen Sinn hat das wenig zu tun, jedenfalls mit der Intelligenz, die wir mit einem IQ-Test messen. Der IQ-Test ist aus dem Gedanken eines »Würfelfabrikanten« entstanden. Er geht von begrenzten Einflussgrößen aus. Man könnte auch sagen: Er ist das Ergebnis von linearem Denken, das einen Zusammenhang von Ursache und Wirkung erwartet. Der IQ sagt die Bildungsfähigkeit voraus – jedenfalls zu seiner Zeit. Nun aber verändert sich Bildung. Ist es dann immer noch die Fähigkeit, Zahlenreihen zu ergänzen, die Erfolg im digitalisierten Zeitalter vorhersagt? Oder ist es nicht vielmehr das Vermögen, von außen auf Entwicklungen zu blicken und sie dadurch beeinflussen zu können? Ich meine: Letzteres.

Nun leben statistisch betrachtet die allermeisten Menschen noch nicht in Hyperwürfeln, sondern in Quadraten oder Würfeln. Dafür können sie nichts, es liegt daran, dass unsere Gesellschaft solche Quadrate haben wollte. Sie passen einfach gut in Würfel – sie lassen sich leicht zur Arbeitskraft formen. Sie passen aber auch in Hyperwürfel, die allem mehr Dimensionen verleihen und alle anderen Formen aufnehmen können.

*In welchen Situationen nehmen Sie quadratisch wahr, wann als Würfel, und wo sind Sie Tesserakt?*

Das Denken muss mehrdimensionaler, aspekt- und perspektivenreicher werden. Entscheidungen – zu welchem Lebensbereich auch immer – können dann auf einer ganz anderen Basis getroffen werden. Nehmen Sie nur die Berufsentscheidung eines Jugendlichen. Als Quadrat wird er sich für das entscheiden, was andere machen. Als Würfel wird er seine Motivation und Stärken einbeziehen und Ziele erreichen wollen. Als Tesserakt aber wird er all diese Aspekte und auch die gesellschaftlichen Entwicklungen einbeziehen können. Er kann ganz viele unterschiedliche Perspektiven einnehmen.

Ich habe diesen Mindshift »Perspektivenwürfler« genannt, weil ich Sie damit zu einer Reise durch die unterschiedlichen Aspekte von Komplexität einladen möchte. Da Würfel, Quadrat und Hyperwürfel aufeinander aufbauen und ineinanderpassen, ergeben sich nacheinander verschiedene Blickwinkel.

## Was Sie innerhalb von fünf Minuten tun können

Versetzen Sie sich in die Rolle eines anderen, beispielsweise eines Professors für Robotik. Stellen Sie sich vor, Sie hätten eine 3D-Brille auf und würden in seine Welt eintauchen. Stellen Sie sich vor, wie er arbeitet, wie es an seinem Arbeitsplatz aussieht. Führen Sie sich verschiedene Aspekte vor Augen und wenden Sie dabei den Perspektivenwürfel an:

**Quadrat:** Was hat die Person im Laufe ihres Lebens gemacht?
Wenn Ihnen das schwerfällt, googeln Sie im Internet verschiedene Jahreszahlen im Zusammenhang mit der Person oder ihrem Thema, bei-

spielsweise Robotik 1980 und Robotik 2020. Schauen Sie sich passende Bilder an.

**Würfel:** Wie hat der Kontext den Blick dieser Person geprägt? Welche Rolle spielten das universitäre Umfeld, die Landeskultur oder die Familie?

**Hyperwürfel:** Welche Kräfte wirkten auf diese Person, und wie beeinflusste sie den großen Kontext?

Bedenken Sie die Zeit, in der die Person agiert hat, und wie sich Werte und Maßstäbe verändert haben.

Versuchen Sie in allen drei Perspektiven, die Gefühle dieser Person nachzuempfinden. Auch die Perspektiven muss man denken und fühlen können.

## Was Sie innerhalb von sechs Wochen tun können

Zum Perspektivenwürfeln möchte ich Sie auf eine Fantasiereise einladen, auf der Sie einen imaginären Film drehen. Die Reise soll den Blick von oben und für unterschiedliche Perspektiven schärfen.

Stellen Sie sich vor, Sie leben nicht nur in einer, sondern in ganz verschiedenen kleinen Welten, Miniwelten. Lassen Sie uns Ihre persönlichen Miniwelten einmal genauer betrachten. Im Anschluss erkennen Sie dabei vielleicht Dinge, die Sie bisher nicht oder nicht so wahrgenommen haben.

**Stellen Sie sich eine Landkarte vor.** Da gibt es Ihre familiäre Miniwelt und Ihre berufliche. Es gibt wahrscheinlich weitere Miniwelten, etwa jene, in denen Sie sich sonst noch privat bewegen, im Sportverein, im Freundeskreis.

Das berufliche Umfeld teilt sich vielleicht in mehrere Miniwelten, je nachdem welche Tätigkeit Sie ausüben. Manche Menschen betreten öfter verschiedene fremde Miniwelten, weil sie unterschiedliche Firmen von innen sehen. Ich komme mir manchmal wie eine Außerirdische vor, die hunderte Miniwelten bereist hat, mit ganz unterschiedlichen Lebensformen. Wie ist das bei Ihnen?

**Fliegen Sie über Ihre Miniwelten.** Was sehen Sie? Wie stehen die Menschen zusammen, wenn es Spielzeugfiguren wären? Haben Sie Mensch-ärger-dich-nicht-Figuren zur Hand? Oder einfach Stifte und andere Gegenstände? »Bauen« oder skizzieren Sie damit eine Miniwelt. Wo stehen Sie? Wo würden Sie gerne stehen? Was würde passieren, wenn Sie etwas an Ihrem Standort und damit Ihrer Perspektive veränderten?

**Drehen Sie einen Film.** Wenn Sie Szenen für einen Film Ihrer Miniwelt drehen würden, wären diese wie ein Spielfilm oder eine Dokumentation? Handeln sie von zwischenmenschlichen Beziehungen oder von einem Unternehmen, das in einer widersprüchlichen Welt interagiert? Was sagen andere über Ihr Unternehmen? Wie stehen Kunden dazu? Je mehr ganz unterschiedliche Aspekte Sie in Ihren Film einbauen, desto mehr Perspektiven können Sie einnehmen.

**Platzieren Sie die Veränderung der Arbeitswelt.** Stellen Sie sich die Veränderung der Arbeitswelt als ein abstraktes Element ihrer Miniwelt vor. Dazu können Sie einfach Gegenstände aus Ihrem Umfeld nehmen, die das Thema Veränderung symbolisieren und repräsentieren. Nehmen Sie beispielsweise einen Radiergummi oder Tesafilm. Wo wäre die Veränderung in der Szene vor Ihnen? Wie stehen Sie selbst dazu? Sind Sie ihr zugewandt oder abgeneigt? Wie entwickeln Sie Ihre eigene Position mit der Veränderung in den nächsten Jahren? Rücken Sie näher heran?

**Gestalten Sie die Handlung aus.** Integrieren Sie in Ihren Film verschiedene Aspekte:

- Beschreiben Sie das Verhalten auf der zwischenmenschlichen Ebene (Quadrat). Beispiel: »Der Kollege X geht wie immer früh nach Hause und kümmert sich nicht um die anderen.«
- Beschreiben Sie die Beweggründe der einzelnen Player in unterschiedlichen Situationen und Kontexten (Würfel). Beispiel: »Der Kollege X hat innerlich abgeschlossen. Privat lebt er ganz anders, da engagiert er sich für Migranten. Würde er eine sinnvollere Aufgabe bekommen, könnte er sich einbringen.«

- Beschreiben Sie, wie die Prägung durch die Gesellschaft und die globalen Märkte auf Verhalten und Beweggründe wirken (Hyperwürfel). »Früher hatte der Kollege X noch Kundenkontakt, doch dann wurde es immer weniger. Ich beobachtete, wie dadurch sein Engagement abnahm. In dem Maße, wie das geschah, setzte er sich im privaten Bereich für verschiedene Themen ein. Würde er mehr Sinn und Anerkennung erfahren, könnte er vielleicht wieder motiviert werden.«

Wer mittendrin ist, sieht wenig, da er oder sie ein integrativer Teil ist. Wer jedoch von oben auf etwas blickt, kann es beschreiben. Ich muss die Dinge zum Objekt machen können, damit ich sie sehe.

Schauen wir uns Ihre Miniwelt Familie deshalb aus dieser Perspektive mal genauer an. Beschreiben Sie, wie sich Ihr Partner und – vielleicht – Ihre Kinder verhalten. Welche Einstellungen verbergen sich dahinter? Wie ist Ihre Haltung zu Erziehungsfragen? Vielleicht sind Sie ein Mann und beteiligen sich an der Kindererziehung. Vielleicht schlagen auch zwei Herzen in Ihrer Brust. Sie wollen sich beteiligen, dann aber auch wieder nicht. Was steckt dahinter? Wollen Sie es, weil man es heute so macht und Ihre Frau es erwartet? Setzen Sie Ihr Verhalten in Bezug zum Kontext und zur Situation.

**Drehen Sie eine weitere Runde, und ziehen Sie den Kreis größer.** Beziehen Sie die Prägungen durch die Gesellschaft und Kultur mit ein. Wie wirken diese auf Ihr Denken und Fühlen? Stellen Sie sich Ihre Miniwelt dann auch im Laufe der Zeit vor, in der historischen Betrachtung – im kleinen und großen Kontext. Im kleinen Kontext stehen hinter Ihnen wie Schatten die Generationen, die immer noch jeden Schritt beeinflussen.

Betrachten Sie dann sich selbst in diesem größeren Zusammenhang. Sie allein können das Vergangene transformieren, in die Zukunft tragen und dort fruchtbar machen für Nachfahren. Jetzt blicken Sie aus der Perspektive des Hyperwürfels. Wiederholen Sie diese Reise immer wieder, malen Sie sich die Miniwelten weiter aus. Entdecken Sie bei jedem Rundgang etwas Neues.

Sie erkennen dabei immer mehr. Sie schulen den Blick für eine »konstruktivistische« Wahrnehmung: Die Welt ist nicht, wie sie ist, die Perspektive eines winzigen Punktes erschafft sie immer neu. Deshalb gibt es auch keine Wahrheit und keine objektive Wirklichkeit. Jeder von uns sieht, fühlt und lebt etwas anderes. Verbindung zu anderen entsteht erst in dem Moment, wo wir deren Perspektive ahnen können, gleichwohl wissend, dass wir sie niemals wirklich einnehmen werden können.

Bewegen Sie sich entspannt durch Ihre Miniwelten. Setzen Sie sich dazu in den Schneidersitz hin. Schließen Sie die Augen. Stellen Sie sich vor, Sie sind ein Schmetterling, der über Ihr Leben fliegt, tief genug, um Details erkennen zu können, aber hoch genug für eine gewisse Distanz.

## Was Sie im Team tun können

Die oben beschriebene Perspektivenreise können Sie auch mit anderen unternehmen. Sie können sie dafür abwandeln und die Zukunft imaginieren. Wie werden sich die Welten, in denen Sie zu Hause sind, verändern? Dafür leitet einer aus Ihrem Team die Reise mit ruhiger, klarer Sprache an. Er oder sie lässt Bilder entstehen.

Wichtig ist die Skalierung der Perspektiven: Erst zoomen Sie auf die kleine Welt, in der Menschen miteinander interagieren. Dann setzen Sie diese in den Kontext einer Situation und schließlich ziehen Sie den großen Kreis darum – die Gesellschaft und ihre veränderten Werte, die Vergangenheit, die Gegenwart und die Zukunft. Sie können auch umgekehrt vorgehen. Erst ziehen Sie den großen Rahmen auf, dann werden Sie immer kleiner und kleiner, bis sie auf der Ebene einer menschlichen Handlung landen.

Stellen Sie sich vor, wie sich der Hyperwürfel dreht, erkennen Sie einen Teil von ihm und zoomen Sie sich dann in den einzelnen Bestandteil.

Die mögliche Anleitung dieser Übung kann so aussehen:

- Stell dir die Welt von morgen vor. Wie sieht sie aus? Was siehst, spürst, schmeckst und riechst du? (Quadrat)
- Jetzt suche ein kleines Element dieser Welt, das sich bewegt. Hier spielt die Musik, die Handlung, hier bist du. Was ist die Situation, was der Kontext, was passiert gerade? (Würfel)
- Zoome dich näher heran. Wie verhalten sich die Akteure, was tust du? Worüber freust du dich gerade? (Hyperwürfel)

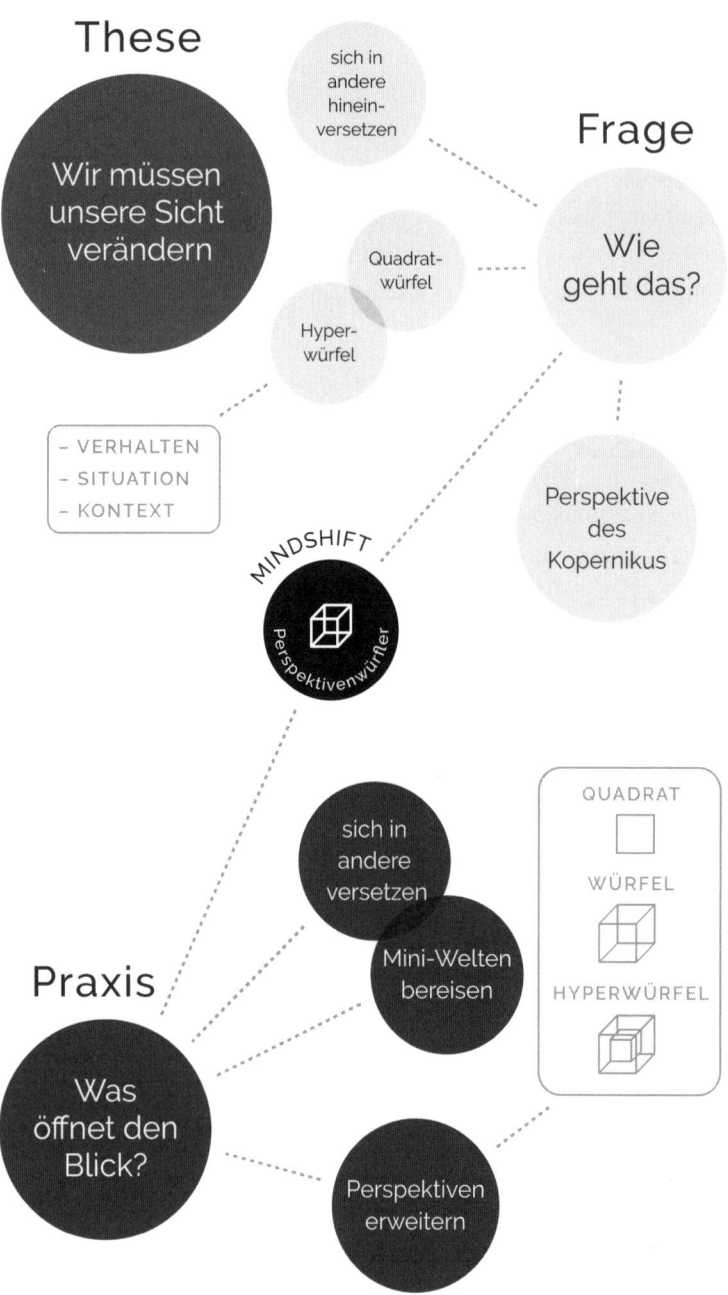

These

Wir müssen unsere Sicht verändern

sich in andere hinein- versetzen

Frage

Wie geht das?

Quadrat- würfel

Hyper- würfel

– VERHALTEN
– SITUATION
– KONTEXT

Perspektive des Kopernikus

MINDSHIFT

Perspektivenwürfler

Praxis

Was öffnet den Blick?

sich in andere versetzen

Mini-Welten bereisen

Perspektiven erweitern

QUADRAT

WÜRFEL

HYPERWÜRFEL

# 7. **Freiräumer:** Neue Zimmer im Kopf entdecken

**Worum es geht:**
Unsere Möglichkeiten wurden beschnitten. Man hat uns glauben gemacht, wir seien, wie wir sind – ein Produkt unserer Gene oder der Umwelt. Doch das ist nicht so. Wir sind, wie wir sein wollen, und verwirklichen ein Skript mit viel mehr Möglichkeiten, als wir ahnen.

**Der Mindshift:**
Entdecken Sie Ihre Möglichkeitenräume. Träume helfen dabei, sie zu öffnen. Sie deuten auf das, was sonst noch möglich ist.

**Das ist für Sie drin:**
Wenn Sie Ihr Unbewusstes ernst nehmen, können Sie davon lernen und nutzen Träume, um kreativer zu werden und das Leben aktiver gestalten zu können.

»Denn mein Glück bestand tatsächlich aus dem gleichen
Geheimnis wie das Glück der Träume, es bestand
aus der Freiheit, alles irgend Erdenkliche gleichzeitig
zu erleben, Außen und Innen spielend zu vertauschen,
Zeit und Raum wie Kulissen zu verschieben.«
*Hermann Hesse, aus: Die Morgenlandfahrt*

Als der Regisseur James Cameron aus einem Fiebertraum erwachte, erinnerte er sich an einen metallenen Korso. Die Idee für seinen Film *Terminator* war geboren. Wissenschaftler fanden Lösungen im Traum, Musiker Melodien.

Fällt Ihnen das Fantasieren, Imaginieren, Vorstellen schwer? Ist die

Nacht für Sie so wie der Tag – fantasielos? Möglicherweise sind Sie männlich. Männer erinnern sich seltener an ihre Träume. Aber seien Sie beruhigt: Auch Sie träumen, nur erinnern Sie sich nicht. Das lässt sich ändern, wenn Sie sich sofort nach dem Aufwachen notieren, was Sie geträumt haben – oder sich einfach mal mitten in der Nacht wecken lassen.

Welchen Zweck Träume haben, wissen Wissenschaftler nicht genau. Eine lebenswichtige Funktion bestreitet aber niemand. Psychoanalytiker glauben daran, dass wir in Träumen einerseits etwas verarbeiten, was wir wach nicht bewältigen können. Sie denken andererseits, dass Träume auf Möglichkeiten deuten, die in unserem inneren »Skript« liegen. Das sind die Möglichkeiten, der Mensch zu werden, der man sein kann.

Dieser Sicht möchte ich mich anschließen, weil ich selbst erlebt habe, dass es stimmt.

### Das Lebensskript

Dieses Konzept aus der Transaktionsanalyse hat Eric Berne entwickelt. Das Lebensskript entsteht in den ersten sieben Lebensjahren und wird danach nur noch verfeinert und verfestigt. In diesem Alter entscheidet sich auch, ob wir ein Gewinner-, ein Verlierer- oder ein gemischtes Skript verfolgen. Werden wir uns dessen bewusst, können wir unser Skript ändern. Das ist ein wichtiger Schritt auf dem Weg zu psychischer Gesundheit und Selbstwirksamkeit.

Wenn Sie sich für dieses Thema tiefer interessieren und begeistern können, finden Sie in den Literaturempfehlungen Hinweise dazu.

Aufgrund eigener Erfahrung glaube ich zudem, dass Träume einen emotionalen Zugang zur Wirklichkeit geben, den wir wach nicht finden. Damit schließe ich Wachträume ebenso mit ein wie alle Zustände, in denen wir die Wirklichkeit verlassen, bewusst oder unbewusst. Hypnose zählt also auch dazu.

Je befremdlicher Ihnen erscheint, was ich hier schreibe, je mehr Fragezeichen es aufwirft, desto wichtiger wird es für Sie sein. Wer immer nur dem folgt, was sich ins eigene Denkraster fügt, verpasst Chancen.

Die wahren Entdeckungen liegen da, wo die Dinge fremd und neu sind. Träume bieten auch einen Zugang zur eigenen Kreativität, wie das Beispiel von Cameron zeigt.

## Finden Sie im Schlaf Lösungen

Träume sind keine Schäume. Der Kopf verarbeitet im Schlaf den Tag – oft kreativ. Ich bin davon überzeugt, dass Träume unsere Persönlichkeitsentwicklung begleiten und uns neue Möglichkeiten zeigen. Als aktive Träumerin erinnere ich mich oft sehr gut an meine Träume. Ich habe viele Wachträume, so genannte luzide Träume. Manchmal löse ich Probleme ganz bewusst im Traum. Bestimmte Träume kehrten im Laufe meines Lebens immer wieder. Sie waren sehr wichtig für mich, wichtiger als manches, das ich tagsüber erlebte. Wie gesagt, entscheide ich mich oft bewusst zu träumen, um etwas zu verarbeiten, das sonst in meinem Kopf weiterkreisen würde wie ein eingeschlossener Vogel.

So war auch manch unangenehmer Traum am Ende eine Befreiung. Ich weiß, nur wenige sehen so auf das, was im Schlaf passiert. Sie verdrängen ihre Träume, belächeln sie, können den Bezug nicht herstellen zum Tageserleben. Der Traum wird abgespalten, so als gehörte er nicht zur Person. Nehmen Sie Ihre Träume an. Sie gehören zu Ihnen. Es ist auch völlig in Ordnung, dass Sie im Traum Dinge tun, die im Leben nicht erlaubt sind oder die Sie sich selbst nicht erlauben. Sie können Abenteuer erleben. Sogar Fremdgehen ist erlaubt.

*Wie stehen Sie zu Ihren Träumen? Welche Energie könnte eine Veränderung Ihrer Einstellung freisetzen?*

Schon mit 16 Jahren habe ich 1 000 Seiten *Traumdeutung* gelesen, ein frühes Werk des Psychoanalytikers Siegmund Freud. Freud war jahrzehntelang in Verruf geraten, in letzter Zeit aber erleben er, die Psychoanalyse und damit auch die Traumdeutung ein Revival. Denn viele seiner Hypothesen lassen sich durch die heutigen Möglichkeiten, ins menschliche Gehirn zu blicken, belegen. Die Aktivität, die Träume im Gehirn erzeugen, lässt sich messen. Die Wellen der Hirnaktivität lassen sich jede Nacht beobachten. Verpassen wir das Schlafen, fehlt uns das Träumen.

**Träume sehen**

Anhand der Aktivitätsmuster im Gehirn können Wissenschaftler sehen, wovon Menschen träumen – noch bevor sie aufwachen. Daraus haben Forscher sogar einen Film gedreht, der den Traumsequenzen sehr nahe kam und den Sie bei Youtube unter https://youtu.be/inaH_i_TjV4 sehen können.

## Botschaften der Seele

Doch welche verschlüsselten Botschaften der Seele senden Träume? Einige Traumdeuter versuchen diese Botschaften zu dekodieren. Sie behaupten zu wissen, was ein Schloss, ein Schlüssel oder ein Fahrstuhl bedeuten.

Solche Symbole sind oft in einer bestimmten Zeit entstanden und spiegeln die Zeichensprache der Gesellschaft zum Zeitpunkt ihres Entstehens. Das bedeutet, sie verändern sich auch mit der gesellschaftlichen Entwicklung und sind kulturell verwurzelt.

Sich in die Gehirne anderer zu schleichen und dort die Deutungshoheit zu beanspruchen, ist vermessen. Menschen nutzen die Symbolsprache ihrer Gesellschaft, verfügen aber auch über eigene Codes. Nur Sie selbst können Ihre Träume deuten, aber Impulse können Ihnen dabei helfen.

Der Soziologe Peter Ludwig Berger nannte die verschiedenen Ebenen der Realität eines Menschen Sinnprovinzen. Dazu gehören seine Fantasien sowie seine Tag- und Nachtträume. Sie geben auch dem wachen Leben Sinn. Wenn Sie diese Sinnprovinzen als Teil von sich betrachten, können Sie sie leichter miteinander verbinden. Viele Menschen spalten ihre Fantasie und ihre Träume ab, als wären sie weniger wert oder »nicht real«. Nehmen Sie sie als Teil Ihrer Wirklichkeit an.

## Erkennen Sie die neuen Räume

Zu den verbreiteten Traumsymbolen gehören Räume. Sie geben uns Halt, zeigen aber auch unsere Grenzen auf. Wenn wir in ihnen leben, sind sie uns vertraut. Wir kennen dann jedes Möbelstück, jedes Accessoire. Wir fühlen uns zu Hause.

Räume stehen aber auch für das Neue, Unbekannte. Wenn wir einen fremden Raum betreten, wissen wir nicht, was da auf uns wartet. Der Raum ist dann eine Überraschung. Räume haben gerade dann etwas Geheimnisvolles, wenn sie verschlossen sind. Allein der Gedanke an einen geheimen Raum in einem Haus löst in mir ein Kribbeln aus.

*Wie ist das bei Ihnen? Auch wenn Sie für sich sagen »Ich träume selten«, spüren Sie dieses Kribbeln dennoch?*

*Wenn nicht, stellen Sie sich den verschlossenen Raum bildlicher vor. Er liegt vor Ihnen, und Sie wissen nicht, was hinter der Tür ist ... Wie sieht er aus? Welches Bild entsteht?*

Ich habe oft von geheimen Räumen geträumt. Die Träume kehrten immer wieder, aber sie veränderten sich. Über einige Jahre hinweg habe ich geträumt, ich würde in einem Haus leben, dessen Dachgeschoss unendlich viele unbekannte Räume besaß. Es war dunkel und ich konnte wenig erkennen, aber ich ging immer weiter, und der Boden führte ins Unendliche. Mit diesem Traum veränderte sich mein Leben. Nicht Schlag auf Schlag, sondern nach und nach, langsam. Je öfter ich nachts das Dachgeschoss entlangging, desto mehr entdeckte ich tagsüber Möglichkeiten für meine eigene Entwicklung.

## Sehen Sie die Möglichkeiten für Entwicklung

Wie viele Menschen hatte auch ich ein selbstbegrenzendes Bild. Ich habe mir die Etiketten anderer »angezogen«. Ich habe mir also selbst etwas zugeschrieben, was andere über mich gesagt hatten, und mir deshalb viele überflüssige und zeitraubende Gedanken gemacht.

Fremdeinschätzungen helfen meist nichts. »Ich weiß, warum du das geträumt hast!«, freute sich eine Freundin, aber sie wusste es eben nicht. Hören Sie also auf das, was Ihnen einfällt. Schauen Sie sich in Ihren eigenen Möglichkeitenräumen um. Es gibt mehr davon, als Sie denken, viel mehr.

Die meisten Menschen kommen nicht weiter,

- weil sie Träume als nicht zu sich gehörig abspalten,
- weil sie nicht glauben, dass Sie weitere Möglichkeitenräume haben,
- weil sie sich nicht trauen, verschlossene Türen zu öffnen,
- weil sie Angst haben, dass Lernen wehtut (siehe die »heiße Herdplatte« in Kapitel 4).

### Träume zeigen Spielräume

Möglichkeitenräume können Wiesen oder Felder sein, Berge oder Seen. Sie zeigen an, dass etwas entstehen, aus dem Unbewussten aufsteigen kann.

Bei mir waren es eben Wohn-Räume. Manche Träume habe ich erst nach und nach deuten können. Aber ich hatte immer einen ersten Impuls, den ich schriftlich festhielt. Dann dachte ich weiter darüber nach. So erinnerte ich mich an Details. Und irgendwann hatte ich die Botschaft: »Da ist etwas, das werden könnte, wie du willst.« Wenn Sie jetzt sagen, so ein Quatsch, das hätte ich mir eingeredet, erwidere ich: Selbst, wenn es so wäre, hätte es genutzt.

Viele Jahre später hatte ich wieder so einen Traum. Dieses Mal war unter mir ein verborgenes, geheimes Appartement, das zu meiner Wohnung gehörte, aber für niemanden außer mir sichtbar war. Dort lebte eine Familie. Es stellte sich heraus – auch das war mein erster Gedanke nach dem Aufwachen –, dass das Anteile von mir waren. Ich schlüpfte in die Körper der Figuren, war nicht nur eine, sondern viele.

Zu diesem Zeitpunkt beschäftigte ich mich intensiv mit Entwicklungspsychologie. Ich hatte damals selbst ein Persönlichkeitsprofil erstellt, das auf meinen nächsten Entwicklungsschritt zugeschnitten war. In diesem Profil stand Folgendes als meine Aufgabe geschrieben: »Aussöhnung mit eigenen, als negativ erlebten Anteilen.«

Durch die Träume verstand ich: Diese Anteile lebten nachts in der Wohnung unter mir. Ich konnte sie nur im Traum sehen. Aber indem ich in sie schlüpfte, integrierte ich sie in mein Leben. So einiges hatte mit meiner Familiengeschichte und meinem leiblichen Vater zu tun, der nach Griechenland ausgewandert war. Es war, als würden sich Themen wie eine Sprudeltablette in einem Glas auflösen. Und dann kann man sie trinken.

## Psychologie der Möglichkeiten

Sie sind nicht, wie Sie sind, sondern wie Sie sein möchten. Diese Erkenntnis setzt sich langsam gegen eine andere Theorie durch – die der »festen« und angeborenen Eigenschaften.

Persönlichkeitstests deklarieren für sich, Eigenschaften ermitteln zu können. Ich habe eine langjährige Erfahrung im Umgang mit Persönlichkeitstests. Über die Jahre habe ich jedoch eine distanzierte Haltung dazu entwickelt. Persönlichkeitstests liefern am Ende oft auch Schützenhilfe gegen Veränderung. »Ich bin so, also bleibt es auch so.«

Die Psychologie als Wissenschaft versuchte lange, die Festigkeit von Eigenschaften durch Experimente und Studien zu beweisen. Zwei Strömungen bekämpften sich und tun es teils noch heute. Die eine, der Behaviorismus, geht davon aus, dass das Umfeld den Menschen macht. Die andere, die differenzielle Psychologie, glaubt, dass es angeborene Eigenschaften und Motive gibt, die sich durchsetzen und ihren Weg bahnen.

Natürlich stimmt beides nicht – und beides stimmt. Gene und Umwelt gehen Verbindungen miteinander ein, bedingen sich gegenseitig. Gene haben eine Art Gedächtnis, auf das sie immer wieder zurückgreifen. Sie speichern auch die Vergangenheit vorheriger Generationen in sich. Und sie bestimmen die Zukunft über das Epigenom, über das die Umwelt Markierungen im Genom hinterlässt. Diese Markierungen werden bei einer Zellteilung weitergegeben. Wenn Sie sich also entscheiden, mit Ihrem Leben und seinen Möglichkeiten in Zukunft anders umzugehen, tun Sie das nicht nur für sich, sondern auch für Ihre Nachkommen.

So geht Ihre menschliche Persönlichkeit nicht ausschließlich auf das Konto der Umwelt, sondern auch auf das der Vergangenheit. Dies erklärt auf biologische Art und Weise, warum wir diese nicht einfach ausblenden können. Auch mit der Zukunft besteht eine ständige Wechselwirkung. Sie bestimmen, wie aktiv sie diese gestalten.

Wer als Mensch seine Begrenzungen überwinden will, kann oft nicht einfach eine neue Platte auflegen. Er muss vorher mit sich selbst ins Reine kommen. Danach ist es wirklich ein wenig so, als hätte man Drogen genommen. Die Welt sieht klarer aus – und so lebt es sich auch.

*Was ist Ihnen bei meiner Erzählung durch den Kopf gegangen? Haben Sie etwas Ähnliches geträumt? Sehen Sie Parallelen? Haben Sie über Möglichkeitenräume schon mal nachgedacht? Oder gibt es ein anderes Symbol in Ihren Träumen, das die Funktion des Raumes hat?*

## Sehen Sie Begrenzendes

Die meisten Menschen denken, sie sind, wie sie sind, und bekommen das auch andauernd bestätigt. Die Möglichkeiten sind für sie begrenzt und schnell ausgeschöpft. Nicht wenige besitzen ein statisches Bild von sich selbst. Sie denken erst gar nicht in Möglichkeiten. Sie sehen sie nicht mal in ihren Träumen.

Wenn Sie sich fragen, wie sich das ändern kann, suchen Sie Ihre verborgenen Gefühle:

- Wo liegt Ihre Sehnsucht?
- Wo schlummern Ihre Wünsche?
- Welche Ihrer Bedürfnisse sind verborgen?

Suchen Sie nach inneren Begrenzungen:

- Was können Sie nicht denken?
- Was glauben Sie nicht von sich?
- Was meinen Sie, »geht gar nicht«?

Die Begrenzungen, die Sie jetzt oder bei weiterem Nachdenken entdecken, sind nicht Ihre eigenen. Sie sind in einer Zeit aufgewachsen, in der Menschen vermessen wurden. Die Personalabteilung hatte die Aufgabe zu »testen«, ob Sie zu einer bestimmten Aufgabe passen. Kaum jemand hat sich für Möglichkeiten interessiert, die noch nicht da waren, sondern nur für das, was erwiesenermaßen vorhanden und belegbar war. Es hat Sie keiner gefragt, was Sie wollen und wünschen, sondern immer nur, was Sie können und mitbringen.

Es gab einen Job, der den Rahmen vorgab, in den Sie passen mussten. Die Wenigsten von uns hatten das Glück, den Rahmen wechseln zu können, wenn sie das wollten. In der Arbeitswelt der Zukunft wird das anders sein müssen. Menschen dürfen sich in neue Felder und Gebiete wagen. Sie können entdecken. Für die neuen Aufgaben gibt es keine perfekten und fertigen Mitarbeiter.

Begreifen Sie sich als wandelbares Wesen, als dehnbaren Kopf, als Mensch voller Überraschungen.

## Gehen Sie über Grenzen

Wer denkt, er hat Grenzen, schafft sich welche. Und in Ihren Träumen können Sie diese leichter überwinden als im Wachzustand.

Viele Menschen treffen pauschale Aussagen über ihre begrenzten Möglichkeiten. Sie sagen beispielsweise »Ich kann nicht präsentieren« oder »Ich bin kein geborener Verkäufer«. Sie schreiben sich damit nicht nur fest, sondern auch ab. »Ich will nicht so präsentieren, dass es meinen eigenen Ansprüchen nicht gerecht wird«, wäre eine angemessenere Formulierung. Oder: »Ich will kein Verkäufer sein, weil ich mir nicht zutraue, auf Menschen zuzugehen.« Wollen ist Ihre Entscheidung, etwas NICHT zu tun. Können ist das Fallbeil von oben.

Versuchen Sie mal Ihre Gedanken so zu verändern, dass aus dem Urteil »Es ist so« ein Bekenntnis »Ich will es ausprobieren« wird. Sie werden dabei viel Neues über sich entdecken.

*Sie entscheiden, ob Sie Möglichkeiten sehen und nutzen.*

## Was Sie in weniger als fünf Minuten tun können

Begeben Sie sich auf eine kurze Fantasiereise. Ihre ungeahnten Möglichkeiten sind wie ein wunderschönes Haus mit Garten. Malen Sie es sich in den schönsten Farben aus. Das erste Bild, das in Ihnen aufkommt, ist das richtige. Strengen Sie sich nicht an, das perfekte Haus zu finden. Suchen Sie nach dem ersten Impuls. In meinem Innern entstand ein buntes Hochhaus. Das hat eine Bedeutung.

Greifen Sie nach dem, was als Erstes in Ihnen aufsteigt.

Stellen Sie sich nun vor, Sie hätten einen unentdeckten Raum in Ihrem Haus der Möglichkeiten gefunden. Gehen Sie durch die Räume. Wo ist dieser Raum? Eher oben, unten, an der Seite – eine kleine Kammer? Stellen Sie sich den Raum vor, malen Sie ihn sich aus und speichern Sie ihn ab. Was gibt es da drin? Welche Möglichkeiten könnten verborgen vor Ihnen liegen? Schreiben Sie auf, was Ihnen zu dieser Frage in den Sinn kommt. Denken Sie nicht nach, sondern schreiben Sie einfach.

Schauen Sie sich dann an, was Sie geschrieben haben. Was sagt Ihnen das?

## Was Sie innerhalb von sechs Wochen tun können

Konzentrieren Sie sich in dieser Zeit auf Ihre Träume. Vielleicht sagen Sie:»Ich habe keine«. Das glaube ich Ihnen nicht. Schieben Sie es nicht auf fehlende Fantasie und Kreativität. Angebliches Nichtträumen steht damit in keiner Verbindung.

»Ich bin eben rational.« Vergessen Sie's! Sie sind es nicht. Sie wollen es sein. Wenn Sie sich in diesem Einwand wiedererkennen, liegt Ihr Möglichkeitenraum darin, sich selbst das Gegenteil zu beweisen. Zwingen Sie sich, nicht zu träumen, aber beobachten Sie Ihr Traumverhalten genauer. Stellen Sie etwas auf Ihren Nachttisch, das Sie daran erinnert, jeden Morgen einmal kurz an die Nacht zu denken – mit der Frage, ob da ein Traum war. Falls ja, schreiben Sie ihn auf oder sprechen Sie die Erinnerung in Ihr Handy.

Am Anfang des Buches habe ich Sie schon einmal auf die Bedeutung der Meditation hingewiesen. Das tue ich hier noch einmal. Je mehr Sie praktizieren, desto wahrscheinlicher werden Sie träumen. Denn zwischen Meditation und Traum liegt nur ein schmaler Grat. Luzide Träume sind Träume, bei denen Sie sich bewusst sind, dass Sie träumen, vielleicht sogar auf die Handlung Einfluss nehmen können. Luzide Träume erleben Sie in der Meditation.

Stressen Sie sich nicht, wenn Ihnen das Träumen nicht sofort gelingen sollte. Auch wenn Sie morgen und übermorgen noch nicht träumen oder vielmehr sich nicht erinnern – es ist, wie es ist, und erzwingen lässt sich nichts. Aber ganz sicher wird sich nach einiger Zeit ein Traum einstellen. Allein weil Sie das hier gelesen haben und sich damit beschäftigen. Sie werden so ganz langsam auch immer mehr Ideen entwickeln können und kreativer denken.

## Was Sie im Team tun können

Lösen Sie Begrenzungen im Kopf. Das geschieht einfacher, wenn Sie zusammen mit anderen daran arbeiten. Wichtig ist die positive Haltung Ihrer Teammitglieder.

Stecken Sie im Raum einen Kreis ab, der Ihre Möglichkeiten eingrenzt, Ihren Möglichkeitenraum. Diesen können Sie mit Klebeband markieren.

Nacheinander stellen sich alle Teilnehmer einzeln in den Kreis. Was liegt innerhalb des Raumes, was außerhalb? Wenn es eine Insel wäre: Wohin kann man schwimmen? Wofür braucht man ein Schiff?

Die außerhalbstehenden Personen befragen die Person im Kreis: Welche Begrenzungen sieht sie? Was liegt dahinter?

Denken Sie bei Möglichkeiten in und außerhalb des Kreises an

- Eigenschaften,
- Fähigkeiten,
- Lebensziele,
- Veränderungen,
- Erfolge,
- Ziele,
- Freundschaften,
- Partnerschaften,
- Erlebnisse.

Entwickeln Sie dann Ideen, wie Sie die Möglichkeiteninsel vergrößern und umbauen können.

# These

Träume sind die besten Entwicklungs- helfer

neue Ideen

# Frage

Entwicklungs- möglichkeiten

Spielräume

Wie kann ich aus Träumen lernen?

MINDSHIFT

Freiräumer

Verarbeitung des Tages

TAGTRÄUME

FANTASIEREISEN

HYPNOSE

NACHTTRÄUME

# Praxis

Wie können Sie das Träumen direkt beeinflussen?

YOGA

MEDITATION

SELBSTHYPNOSE

sie formen

sie genießen

Träume als Botschafter annehmen

sie deuten!

# 8. **Rasterfahnder:** Eigene Muster auflösen

**Worum es geht:**
Wir schauen auf die Welt wie durch ein Raster. Das führt dazu, dass wir eingefahrenen Verhaltensmustern folgen, ohne sie als solche wahrzunehmen. So verfestigen sie sich mit den Jahren immer mehr.

**Der Mindshift:**
Wer die Landkarte seiner Denkmuster versteht, entdeckt neue Wege.

**Das ist für Sie drin:**
Sie entwickeln sich persönlich, erweitern Ihr Verhaltensrepertoire und verbessern Ihre emotionale Intelligenz.

> »Es ist nicht die stärkste Spezies, die überlebt, und auch nicht die intelligenteste, sondern eher diejenige, die am ehesten bereit ist, sich zu verändern.«
>
> *Charles Darwin*

Wie konnte er überhaupt überleben? Ganz einfach: Er ist an der Digitalisierung gerade so vorbeigekommen – mein Onkel Franz.

Er meckerte sein ganzes Leben lang. Er schimpfte, wenn er aufstand. Er beklagte die Welt, wenn er abends ins Bett ging. Und zwischendurch war auch alles schlecht. Als er noch arbeitete, waren es die Kollegen, die allesamt nichts taugten. Die Politik war unfähig, seine Ehe ein Reinfall und die Verwandtschaft bestand aus lauter Intriganten, Schmarotzern und Dummköpfen. Trotzdem ließ er sich von allen gerne bewirten und den ein oder anderen Schnaps ausgeben. Niemand stoppte ihn in seinem Redeschwall. Man ließ es über sich ergehen, mehr oder weniger demütig. Dass er dabei üble Gerüchte streute und Zwietracht säte, merkte er nicht. Er hielt sich für integer. Da ihm niemand »Kontra« bot, fühlte er sich laufend bestätigt. Seine Pfade im Gehirn wurden dadurch geradezu einbetoniert.

### Welchen Mustern folgen Sie?

Im Rentenalter wurde Onkel Franz schwerhörig. Nun konnte ihn erst recht keiner mehr in seinen Hasstiraden stoppen. Ganz besonders wütend machte ihn die rasante technische Entwicklung. Überall gingen Arbeitsplätze verloren, der Fachkräftemangel – alles eine einzige Lüge. Das Internet – Teufelszeug. »Digitalisierung« würde die Menschheit ausrotten.

Offensichtlich folgte Onkel Franz einem eingefahrenen Verhaltensmuster. Positiv ausgedrückt, war er berechenbar. Negativ gesagt, war er veränderungsresistent. Sein Muster war betrachtet durch ein Raster schreiend und auffällig – aber in Wahrheit schwarz-weiß.

Verhaltensmuster können hilfreich sein. Sie helfen uns, Entscheidungen zu treffen und uns im Leben zurechtzufinden – solange sie flexibel bleiben. Es ist also besser, viele kleine Trampelpfade im Kopf zu haben als eine vierspurige Autobahn, die nur noch eine Richtung zulässt.

*Haben Sie eine Autobahn oder viele kleine Trampelpfade im Kopf?*

Zum Problem werden Verhaltensmuster, wenn sie nicht nur eingefahren sind, sondern auch andere hemmen, belasten oder stören. Wenn sie eigene Veränderungen oder die der anderen blockieren. Wenn das Muster kontraproduktiv für einen selbst und andere ist. Dann verlieren alle.

Damit sich eingefahrene Muster auflösen, müssen sie an Grenzen stoßen. Die Einbahnstraße muss als solche erkannt und wahrgenommen werden. Sonst wird das Muster zur Natur.

**Verhaltensmuster auflösen**

Zwei Reihen mit je fünf Personen stehen sich gegenüber. Sie be-
äugen sich alle neugierig. Was wird wohl gleich passieren?

Mein Kollege Thorsten gibt die Anweisung, dass sich jetzt alle
umdrehen und jeweils fünf Dinge an sich verändern sollen. Alle
spielen mit dem, was sie anhaben, machen einen Knopf auf oder
krempeln einen Ärmel hoch. Als sie sich wieder gegenüberstehen,
erkennen die meisten, was verändert ist.

Die zweite Runde wird allerdings schwieriger. Nun sollen zehn
Dinge verändert werden. Die Zahl der kreativen Einfälle steigt. Aber
nur sehr selten kommt jemand auf den Gedanken, dass Veränderung ja nicht nur bedeutet, etwas abzulegen oder pseudomäßig an
sich zu verändern, sondern dass es auch bedeuten kann, etwas hin-
zuzunehmen. Veränderung als Gewinn – das ist für viele ein neuer
Gedanke.

Und für Sie?

## Wie Sie Muster festzurren

Damit ein Muster überleben kann, muss es dauernd neue Nahrung
von außen bekommen. So haben wir alle kräftig an Onkel Franzens
Muster mitgewirkt. Jeder hat ihn genommen, wie er ist. Keiner hat ihm
Grenzen gezeigt, nicht mal die relevanten Personen, die eine Muster-
änderung hätten leichter initiieren können. Kein Chef hatte ihn raus-
geworfen, keine Frau hatte ihn verlassen, keine Krankheit hat ihn neu
auf sein Leben blicken lassen. Es gab also keinen Grund für ihn, sich zu
ändern oder überhaupt nur über die Möglichkeit einer Kurskorrektur
seines Verhaltens nachzudenken. Seine Verbindungen im Kopf wurden
immer wieder verstärkt und dadurch fest wie Drahtseile.

Charles Darwin wusste, dass die Spezies überlebt, die sich zuerst verändert. Onkel Franz hätte nicht dazugehört. Sein Glück oder vielmehr
Pech war, dass er nicht in den Strudel der digitalisierten Arbeitswelt
hineingeraten war. Er hat sich noch in das Rentensystem retten können.

Onkel Franz' Verhalten ist nicht nur auf der individuellen Ebene zu sehen, sondern auch im Kontext des Umfelds und der Situation. Die Aktion des einen erzeugt eine Reaktion des anderen. Die Reaktion des anderen wiederum motiviert eine Gegenreaktion. »Tit for Tat« heißt es in der Spieltheorie, oder auch »Wie du mir, so ich dir«. Wobei es immer zwei Verhaltensmuster geben kann: Kooperieren und Nicht-Kooperieren. Wir kooperierten mit Franz. Auf sein unreflektiertes Reden reagierten wir mit ebenso unreflektiertem Zuhören.

**Tit for Tat oder warum wir mit anderen gewinnen oder verlieren**

Ein Gericht in einem fernen Land fällt das Urteil über Schuld oder Unschuld zweier Angeklagten nach strengen Regeln. Verrät nur einer der beiden den anderen, so wandert der Verratene für fünf Jahre hinter Gitter. Der Verräter jedoch wird freigesprochen und erhält zusätzlich noch eine Belohnung. Verraten sich beide gegenseitig, müssen beide für drei Jahre in den Knast. Verrät keiner den anderen, werden beide freigesprochen. Allerdings bekommt dann auch keiner von ihnen eine Belohnung.

Wer gewinnt?

Als beste Strategie hat sich die erwiesen, bei der der erste Gefangene schweigt (kooperiert). Der zweite Gefangene kann dann ebenso schweigen oder auch nicht. Kooperiert der zweite nicht, so geht das Spiel dennoch erfolgreich weiter, da der erste Gefangene einmal verzeihen wird (also schweigen).

Tit for Tat wird als Strategie für Verhandlungen und Konflikte angewendet, funktioniert aber auch in der alltäglichen Kommunikation, um Muster zu brechen, bei denen beide nur verlieren können.

Es geht immer darum, dass Sie auf ein Verhalten zunächst kooperativ reagieren und dann, abhängig von der Reaktion, Ihr eigenes Verhalten anpassen. Ist der andere oder sind die anderen unkooperativ, verhalten Sie sich ebenso. Ein wiederum unkooperatives Verhalten kontern Sie nicht mit erneutem unkooperativen Verhalten, sondern mit Kooperation.

Das heißt die Strategie beinhaltet einmal eine »Auge um Auge«-Taktik, um dann mit Milde zu reagieren.

Der Erfolg von Tit for Tat beruht auf den vier Eckpfeilern Klarheit, Freundlichkeit, Provozierbarkeit und Nachsicht.

Sie verhalten sich immer einmal so, wie es das Gegenüber getan hat, kooperativ oder konfrontativ. Bei konfrontativem Verhalten schlagen Sie einmal zurück. Kommt dann ein »Gegenangriff« sind Sie nicht nachtragend. Sie kooperieren einmal. Sobald auch der Kommunikationspartner wieder kooperativ wird, werden Sie es auch.

Tit for tat funktioniert nicht immer. Es kann sein, dass Ihr Kommunikationspartner dauerhaft freundlich-kooperativ oder dauerhaft aggressiv ist, egal wie sehr Sie wechseln. Aber die Wahrscheinlichkeit zum »Gewinnen« ist mit der »Wie du mir, so ich dir«-Strategie viel größer.

Vor allem aber können Sie so vermeiden, dass sich Muster einseitig ein- und damit festfahren. Tit for Tat ist somit eine geradezu überlebenswichtige Strategie.

Wir haben nicht gut Tit for Tat gespielt. Wir haben uns von Franz zutexten lassen, auf Durchzug gestellt. Auf diese Weise hat er wieder und wieder Bestätigung gefunden. So konnte er samt seinem Muster überleben. Sein Muster hat sich verfestigt, seine Persönlichkeit festgeschrieben, wir haben sie geradezu zementiert.

Das passiert immer wieder: Da gibt es Angestellte, die immer auf die gleiche Weise auf ein Verhalten reagieren. Chefs, die ihr Verhalten nie variieren. Oder Unternehmen, die immer auf dieselbe Art und Weise mit Kunden und Mitarbeitern umgehen. Menschen und Unternehmen, die immer ähnlich auf ihre Umwelt reagieren, nutzen ein begrenzendes Verhaltensrepertoire.

## Blicken Sie von oben auf Ihre Muster

Stellen Sie sich vor, Sie stehen auf einer Aussichtsplattform, über der noch weitere sind. Sie haben eine beschränkte Sicht auf die Welt und das Leben. Diejenigen, die über Ihnen stehen, sehen mehr als Sie. Kann das sein? Oh ja! Wir sollten immer annehmen, dass es ein »immer noch mehr« gibt, dass wir bestimmte Dinge noch nicht sehen können. Muster machen uns blind dafür. Auch wenn wir selbst weit entfernt von einem Onkel-Franz-Verhalten sind, sehen wir eigene Muster nicht. Würden wir sie sehen, könnten wir viel souveräner damit umgehen.

Ein möglicher Schlüssel für »mehr Sicht« ist Tit for Tat, aber auch die Freilegung von Emotionen, die dem Verhalten zugrunde liegen. Wer einen Zugang zu ihnen findet, kommt den Gründen für die Entstehung von Mustern näher. Sie liegen fast immer in der Kindheit und der Jugend. Unser Arbeitsleben verstärkt nur, was wir in den ersten Lebensjahren erlebt haben. Wir wiederholen früh erlebte Gefühle, nur mit anderen Inhalten. Das liegt an tief verankerten emotionalen Markierungen.

Ich forschte nach und erfuhr, dass Onkel Franz ein Kriegstrauma hatte. Damit nicht genug, musste er eine Frau heiraten, die er nicht liebte. Sein Vater war seinerzeit ein mächtiger Mann, der solche Dinge einfach anordnete. Die Auserwählte würde Grund und Boden erben – das war Grund genug. Dass dieser Besitz dann durch den Krieg verloren war und keine Kinder kamen, war ein Schicksalsschlag. In den Augen des Vaters verlor Franz dadurch an Wert. Franz stand als Verlierer da. Das Leben hat also einige Einschläge in der Vita von Onkel Franz hinterlassen.

## Sehen Sie auf Ihr Verhalten als Objekt

Menschen handeln, ohne über ihr Handeln nachzudenken. Sie sind selbst das Subjekt und können das, was sie tun, nicht als Objekt erkennen. Sie sind mit ihrem Verhalten verschmolzen. Anders als ein Schauspieler, der eine Rolle spielt, sind sie die Rolle. Sie sind sich somit gar nicht bewusst, warum sie so handeln – oder eben nicht handeln.

Wenn Sie auf das Plateau des Lebens steigen, sehen Sie als Subjekt auf ihre Objekte. Sie erkennen alles von außen, abstrakt. Wenn Sie etwas nicht erkennen, so ist es etwas, mit dem sie verschmolzen sind. Es gilt, diese Verschmelzung zu lösen.

Ihre Objekte können Sie sich vorstellen wie viele kleine Quadrate oder auch Punkte. Es sind Hunderte, Tausende. Vom Plateau aus sehen

Sie die Quadrate, die – damit Sie sich das bildlicher vorstellen können – vielleicht schwarz gefüllt sind, während der Rest weiß ist.

Wenn Sie sich das schwer vorstellen können, googeln Sie mal den Begriff »Raster« mit der Bildersuche, da finden Sie das, was ich hier beschreibe. Jeder Mensch blickt durch so ein Raster auf sich, je öfter er das tut, desto mehr erkennt er. Dabei können andere Menschen sehr hilfreich sein. Je mehr Sie von sich selbst erkennen und beschreiben können, desto vielseitiger und situativer können Sie sich auch verhalten. Sie können sich beispielsweise nur dann kreativ verhalten, wenn Sie sich auch als kreativ sehen. Sie können nur dann ordentlich sein, wenn Sie die Möglichkeit erkennen, ordentlich zu sein. Erst wenn Sie es für denkbar halten, auf andere zuzugehen, werden Sie es tun.

*Was halten Sie für denkbar? Welches mögliche Verhalten erkennen Sie bei sich?*

Ihre verborgenen Grundannahmen über das Leben bestimmen, was Sie sehen und wie Sie es bewerten. Diese Grundannahmen lassen Sie automatisch handeln, zum Beispiel sich rechtfertigen, wenn Sie mit einem Fehler konfrontiert sind.

Das Raster lenkt Ihren Blick auf das eine Quadrat. Doch so bleibt Ihnen das andere verborgen. Zum Verborgenen einen Zugang zu finden, es zum Objekt zu machen, ist der Schlüssel für jede Veränderung. Es ist erhellend und gesundend für uns. Flexibilität und Lebensqualität steigen. Und im Darwinschen Sinne steigt damit auch die Wahrscheinlichkeit zu überleben.

Fangen Sie an, indem Sie den eigenen Rasterblick erkennen.

Onkel Franz hat sich beruflich nie wirklich weiterentwickelt. Er war Arbeiter und hat immer die gleichen Handgriffe ausgeübt. Sein Chef, Inhaber einer kleinen Werkstatt, hat ihn vor sich hin werkeln und meckern lassen, für Kundenkontakt hielt er ihn nicht geeignet. Auf den ersten Blick scheint das eine logische Konsequenz: Niemand möchte von einem Meckerfritzen bedient werden. Ich glaube allerdings, dass Onkel Franz ein Jobwechsel sehr gutgetan hätte. Ich bin überhaupt der Meinung, dass wir Menschen keinen Gefallen tun, wenn wir sie jahrzehntelang die gleichen Tätigkeiten ausüben lassen.

## Trauen Sie sich zu fühlen

Menschen machen aus zwei Gründen einen Sprung: aus Freude oder Angst. Freude ist verbunden mit der Motivation, etwas aus sich heraus zu tun. »Ich will es versuchen, weil ich es gern mache.« Das ist der Idealzustand. Bei veränderungsresistenten Charakteren, die schon etwas länger auf dieser Welt sind, ist meist Angst der Treiber, aber auch der Vermeider. Freude und überhaupt positive Emotion sind dann unterentwickelt.

Solche Menschen spüren keine Lust an der Selbstentwicklung, denn dahinter läge ja die pure Freude. Freude wurde aberzogen. Stattdessen hat man ein Verhaltensmuster gelernt, mit dem man in der Umwelt einigermaßen angstfrei überleben konnte.

In der »alten Industrie« war es möglich, solche Verhaltensmuster ein Leben lang beizubehalten und dadurch immer weiter zu verstärken. Da Menschen wie Computer oft mechanisch arbeiteten, waren sie nicht auf Kommunikation angewiesen. Das ist jetzt schon anders und wird sich weiter ändern.

Negative, also sich selbst und andere belastende und Veränderung verhindernde Verhaltensmuster entstehen aus Angst. Reflektieren Sie einmal ihr Umfeld. Überall da, wo etwas ungesund übertrieben wird, werden Sie bei genauem Hinschauen versteckte Angst in verschiedenen Facetten erkennen. Auch Sicherheitsstreben und Festhalten ist am Ende Angst. Sicherheitsstreben ist eine Form von Erstarrung, also eine Reaktion auf Angst. Dahinter steht der Gedanke: »Wenn ich mich nicht bewege und stillhalte, passiert mir nichts.« Das mag kurzfristig zutreffen, langfristig jedoch nicht.

Onkel Franz reagierte auf alles mit Abwehr. Auch das ist eine Angstreaktion. Neider, Fehlerfüchse, Perfektionisten, Sicherheitsfanatiker und notorische Schwarzseher haben alle letztendlich Angst. Auch begnadete Analytiker folgen oft in Wahrheit einem Angstmuster: Wenn Sie alles verstehen, ist es berechenbar (meinen sie).

Jeder von uns hat irgendein Verhaltensmuster, das aus Angst resultiert und einschränkt. Menschen, die sehr lange an einem Ort oder in einer Firma bleiben, haben eine Angst, die sie als Sicherheitsstreben deuten. Es ist immer die Angst, die uns bei unserer Entwicklung im

Weg steht. Und es ist Freude, die sie ermöglicht, befördert, vereinfacht!

Viele meiner Klienten haben alles durchdacht, ihr Problem mit Röntgenblick von allen Seiten durchleuchtet. Sie meinen, alles zu wissen, und kommen trotzdem nicht weiter. Sie sehen die eigene Angst nicht.

## Sehen Sie das Strickmuster für Verhalten

Wie sind Verhaltensmuster gestrickt? Wie eine Faustregel: Hinter jedem Nicht-Handeln steckt eine Furcht.

- Reiz (Situation): Soziales Miteinander.
- Reaktion (Verhalten): Ich schimpfe und rede auf den anderen ein.
- Ergebnis: Der andere schweigt oder nickt.
- Angst: Der andere zeigt ein überraschendes Verhalten.

Jedes Verhaltensmuster lässt sich auf ähnliche Weise darstellen. Und immer zeigt sich die Angst und dadurch das innere Gedankenspiel, das dazu führt, doch nichts zu tut.

Es ist wie eine Einbahnstraße: Veränderungsmöglichkeiten, die analysiert werden, sind nie fertig. Vielleicht gibt es eine Idee, aber die ist vage! Das Nicht-Handeln führt wieder zurück zum Analysieren. Das gibt (wieder) Sicherheit. Scheinbar.

Denn die Wahrheit ist: Komplexe Situationen wie eine berufliche Neuorientierung lassen sich nicht im Vorhinein, sondern nur rückblickend analysieren. Ab einem bestimmten Punkt muss man einfach handeln, auch wenn es Risiken mit sich bringt. Was genau man tut, ist oft gar nicht so wichtig. Irgendeine Handlung bringt mehr Bewegung als keine.

Üben wir das mal an einem anderen Beispiel: Der Ingenieur Jens arbeitet seit Jahren mehr, als ihm guttut. Dabei wollte er doch so gern etwas Neues lernen und sich mit aktuellen Themen beschäftigen. Er konnte einfach nicht nein sagen:

- Reiz (Situation): Ich werde gefragt, ob ich etwas tun kann.
- Reaktion (Verhalten): Ich sage ja oder sage nichts (was einem Ja gleichkommt).

- Ergebnis: Ich habe wieder mehr Arbeit.
- Emotion: Angst vor Ablehnung, wenn ich nein sage.

Wir sollten Muster aber nicht verteufeln. Sie können sinnvoll und hilfreich sein. Dann sind sie so etwas wie der Heimathafen der Persönlichkeit. Mein Muster ist, in Konfikten Humor einzubringen. Das lockert auf und entspannt die Situation. Mein Muster ist mit Freude verbunden, ich wende es gern an.

Das Ziel ist also nicht, »musterfrei« durch die Welt zu gehen, sondern mit flexiblerem Verhalten.

### Erlernte Hilflosigkeit

Die Forscher um Martin Seligman, der die positive Psychologie begründet hat, ließen einen Käfig bauen, der mit einem durch einen einfachen Sprung überwindbaren Zaun in zwei Hälften getrennt wurde. Auf der einen Seite waren die Hunde Stromschlägen ausgesetzt, auf der anderen Seite nicht. Hunde, die in einem vorherigen Experiment an Stromschläge gewöhnt worden waren, denen sie nicht entkommen konnten, flüchteten nicht über den Zaun. Hunde, die in einem vorherigen Experiment jedoch gelernt hatten, dass sie etwas gegen die Schläge tun können, befreiten sich von der Qual.

Wo verhalten Sie sich wie der Hund im Käfig? Was müsste passieren, damit Sie auf die andere Seite des Käfigs springen?

Manche Menschen folgen nicht der Freude, sondern der Angst. Mein Onkel Franz agierte auch aus einer »erlernten Hilflosigkeit« heraus. Er hatte sein Verhaltensmuster so sehr verinnerlicht, dass er nicht mehr über den Zaun sprang – obwohl ihn sein Leben sicher nicht glücklich machte. Ich habe ihn nie lachen sehen. Er war nie frei und unbeschwert. Er lief herum mit lauter schweren Steinen auf der Seele.

### Folgen Sie der Freude

Nach dem Tod seiner ersten Frau lernte Onkel Franz eine etwa gleichaltrige Dame kennen, Elsa. Elsa unterbrach ihn in seinem Redefluss, lachte über seine Meckereien und foppte ihn den ganzen Tag. Sie reagierte mit »Tit for Tat« und brachte ihn damit das erste Mal zum Lachen. Das Muster war gebrochen.

Fortan entdeckte Onkel Franz seinen Humor. Dafür musste er ganz schön üben, vor allem aber seine Annahmen über das Leben gründlich revidieren. Er wurde milder, hörte auch öfter mal zu. So hat die Geschichte doch einen guten Ausgang gefunden. Mit dem Umweg über eine Fügung des Schicksals.

Doch ganz so zufällig ging es gar nicht zu. Wie ich später erfuhr, hat Onkel Franz über Anzeigen den Kontakt gesucht. Ganz bewusst suchte er eine fröhliche Frau, die mit ihm das Leben genießt. In seinem Denken muss sich also schon vorher etwas bewegt haben. So ist es meistens. Erst die innere Öffnung macht die äußere möglich. Wenn der erste Zweifel nagt, die Angst sichtbar wird und die Freude lockt, ist es soweit. Nach Freude können Sie ganz bewusst fahnden. Dann müssen Sie nicht bis zum Ende Ihres Lebens warten wie mein Onkel.

## Was Sie in weniger als fünf Minuten tun können

Lächeln Sie mal. Wer lächelt, kann nicht traurig sein oder Angst haben.

Überlegen Sie sich dann ein typisches Verhaltensmuster. Was tun Sie immer wieder? Und was nervt Sie dabei an Ihnen selbst? Schreiben Sie das Muster so auf, wie ich es vorgemacht habe: zuerst die Situation (Reiz), dann das Verhalten (Ihre Reaktion) und schließlich das Ergebnis. Danach suchen Sie nach der Emotion, Ihrer Angst.

Das sieht dann beispielsweise so aus:

- Reiz: Konfliktgespräch mit Kollegen.
- Reaktion: Ich spreche die wichtigen Dinge nicht an.
- Ergebnis: Ich ärgere mich über mich selbst.
- Emotion: Angst, mich zu blamieren, nicht mehr gemocht werden.

Was müsste passieren, damit diese Angst sich in Freude wandelt? Wie können Sie die Situation das nächste Mal dahingehend beeinflussen, dass Sie diese Freude auch spüren? Vielleicht reicht es, dass Sie sich danach belohnen. Vielleicht müssen Sie die Situation verändern. Oder darüber nachdenken, ob Ihre Annahme über die wichtigen Dinge vielleicht falsch sein könnte. Ihre Verhaltensmusterkette verändert sich dann:

- Reiz: Konfliktgespräch erst mal mit einem Kollegen unter vier Augen.
- Reaktion: Ich spreche die wichtigen Dinge an.
- Ergebnis: Ich freue mich.
- Emotion: Freude, Stolz und eine Belohnung (Massage, Sekt, Essen, neue Schuhe …)

## Was Sie in weniger als sechs Wochen tun können

Lassen Sie uns jetzt etwas ausführlicher nach Verhaltensmustern und den damit verankerten und manifestierten Gefühlen fahnden. Was kommt Ihnen als eigenes Verhaltensmuster in den Sinn? Welche Ideen hatten Sie, als Sie bis hierhin gelesen und (wahrscheinlich) über eigene Muster reflektiert haben? Welches Muster brachte die 5-Minuten-Übung zutage?

Und nun ordnen Sie:

1. Welche Muster helfen Ihnen?
2. Welche Muster stehen Ihnen zeitweise im Weg?
3. Welche Muster behindern Sie dauerhaft, immer wieder und in verschiedenen Situationen?

Wenn bei Ihnen nur 1. zutrifft, scheint alles optimal zu sein, es gibt keine störenden Muster. Manchmal ist es aber mehr unsere eigene Sicht auf uns, mit der wir solche Fragen beantworten. Das bedeutet, wir sehen zu viel »Störendes« oder auch zu wenig. Fragen Sie sich deshalb zusätzlich auch einmal, ob Ihre Muster andere Menschen behindern oder behindern könnten.

Wenn Sie Ihre Antworten auf 1., 2. und 3. verteilt haben, versuchen Sie, sie zu gewichten:

- Bei 1. ist es eine Gewichtung nach innerem Wert: Hilft mir am meisten, hilft mir, hilft mir etwas.
- 2. und 3. können Sie zusammenfassen. Hier erfolgt eine Gewichtung nach »subjektivem« Störfaktor: Hindert mich manchmal, oft, immer.

Die Liste der Muster, die Ihnen bei 1. in den Sinn gekommen sind, könnte Sie vielleicht beim Umgang mit 2. oder 3. unterstützen. Sie könnten versuchen, die Muster anders zu kombinieren. Das Muster »Konflikte mit Humor entschärfen« kann beispielsweise helfen, das Konfliktgespräch mit einem Kollegen anzugehen, das man sonst meidet. Das Muster »Ideen entwickeln beim Laufen« könnte Ihnen helfen runterzukommen, wenn Sie eine »Blockade beim Schreiben von Konzepten« spüren.

Die folgende Übung beginnen Sie am besten am Abend eines ganz normalen Arbeitstages. Nehmen Sie sich dazu ein Blatt kariertes Papier und einen Stift oder nutzen Sie eine App wie »Goodnotes« beim iPhone.

Zeichnen Sie ein Koordinatensystem wie in Abbildung 9 auf der nächsten Seite. Die senkrechte Achse versehen Sie mit einer Skala von −10 bis +10. Bei der +10 notieren Sie »Freude, Interesse/Neugier, Überraschung« oder ganz einfach »positive Gefühle«, bei der −10 »Angst, Traurigkeit, Ekel, Scham, Schuld« oder schlicht »negative Gefühle«.

Jetzt gehen Sie den heutigen – oder einen anderen, möglichst typischen – Tag einmal durch und zeichnen ohne weiteres Nachdenken eine Fühlkurve. Wie war der Tag in Emotionen ausgedrückt? Ging es gut los und fiel dann steil nach unten? Oder war das Aufstehen mühsam, aber dann ging es aufwärts? Oder war es ein Wechselspiel? Denken Sie nicht lange nach, sondern zeichnen Sie einfach. Schauen Sie sich dann das Ergebnis an, lassen Sie es kurz auf sich wirken und legen Sie die Kurve anschließend erst einmal weg. Die Abbildungen 9 und 10 zeigen zwei beispielhafte Fühlkurven, von denen die erste eher negativ und die zweite eher positiv geprägt ist.

Am nächsten Tag gehen Sie Ihren Tag in Gedanken analytisch durch:

- Welche markanten Situationen fallen Ihnen ein? Denken Sie dabei zum Beispiel an Kundengespräche, Meetings oder eine Konzepterstellung.
- Welche Verhaltensmuster haben Sie in diesen Situationen gezeigt? Gleichen Sie diese Verhaltensmuster mit Ihrer Liste ab, die Sie ja zuvor erstellt und später weiter sortiert haben.
- Bewerten Sie diese Muster mit Ziffern von +10 bis -10. Also positiv, negativ und neutral. Das Feedbackgespräch, bei dem Sie auf »stur«

**Rasterfahnder/Fühlkurve A**

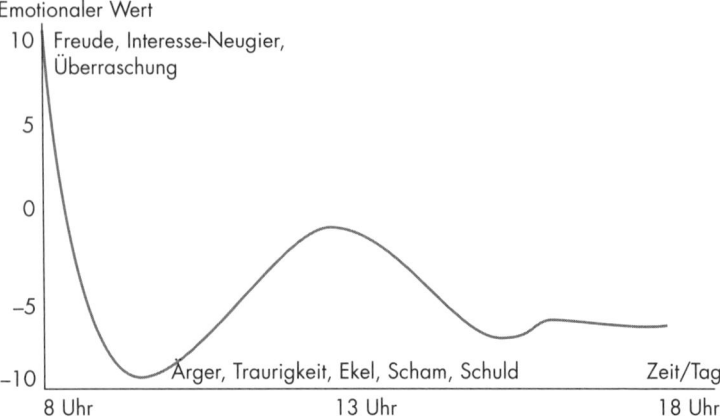

Abbildung 9: Beispiel für eine eher negative Fühlkurve

**Rasterfahnder/Fühlkurve B**

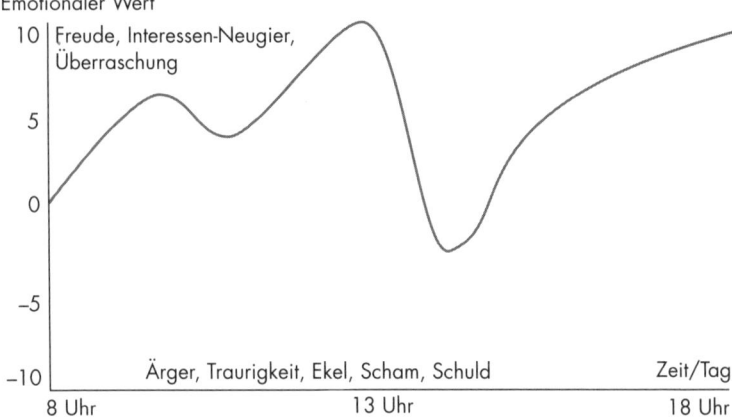

Abbildung 10: Beispiel für eine eher positive Fühlkurve

geschaltet haben, ist vielleicht eine -3, das Meeting, in dem Sie sich über sich selbst geärgert haben, weil Sie wieder einmal nichts gesagt haben eine 0 und das Lob eine +8.

- Holen Sie dann Ihre Fühlkurve vom vorigen Tag hervor. Spiegelt die rationale Bewertung die emotionale? Höchstwahrscheinlich ist es so. Wenn Sie eine Delle nach unten in Ihrer Kurve hatten, sollte diese übereinstimmen mit einer »negativen« Ziffer, die Sie gerade vergeben haben. Umgekehrt sollte eine positive Ziffer eine Welle nach oben anzeigen.

- Schauen Sie sich vor allem die Ausschläge nach unten und oben genauer an. Was ist in diesen Situationen passiert? Wie haben Sie sich in diesen Situationen verhalten? Welche der bekannten Muster zeigten sich oder welche entdecken Sie in dem Moment? Für den Rüffel haben Sie sich gerechtfertigt. Und das Meeting war furchtbar, weil man Sie wieder plattgeredet hat.

- Welche Emotionen standen eigentlich dahinter? Schauen wir uns die Grundgefühle nacheinander an. Es gibt viele unterschiedliche Theorien über die Zahl der Grundgefühle. Primärgefühle gelten dabei als Basisgefühle, aus denen sich alle anderen Facetten »mischen lassen«. Langeweile ist beispielsweise eine Form von Wut und Trauer. Neid ist Angst und Wut. Grundgefühle sind:
  - Freude,
  - Neugier/Interesse,
  - Liebe/Lust,
  - Trauer,
  - Wut,
  - Angst.

- Ordnen Sie die Situationen nach dem Muster der Rasterfahndung in Reiz, Reaktion, Ergebnis und Emotion. Beispiel: »Beim Feedbackgespräch (Reiz), reagierte ich mit Rechtfertigung (Reaktion). Das Ergebnis war ein Unwohlsein. Emotionen: Wut (auf Kritik) und Trauer (versagt zu haben).«

Was sagt Ihnen diese Analyse über sich selbst? Wie könnten Sie Situationen so umdeuten, dass sie positive Emotionen auslösen? Manchmal ist es das Setting, das verändert werden kann. Wenn ein Feedbackgespräch an einem anderen Ort in einer neuen Konstellation stattfindet, wäre auch der Reiz ein anderer. Manchmal ist es aber auch die Reaktion, die Sie verändern können (siehe Tit for Tat). Wenn Sie nicht mit Rechtfertigung reagieren möchten, brauchen Sie ein neues Verhalten. Wenn Sie schweigend zuhören und sich bedanken, werden Sie wahrscheinlich mit einem anderen Gefühl aus der Situation gehen. Probieren Sie es aus.

### Was Sie im Team tun können

Auch als Team folgen Sie immer wieder Verhaltensmustern. Sie reagieren gleich auf bestimmte Reize, und mit bestimmten Situationen ist immer wieder eine ähnliche Vorgehensweise verbunden. Auch hier hilft die Rasterfahndung. Beantworten Sie die folgenden Fragen zunächst getrennt:

- Was sind typische Situationen, die wir als Team erleben?
- Was sind typische Reaktionen?
- Was ist das Ergebnis?
- Welche Emotion steckt dahinter?

Legen Sie anschließend die Antworten übereinander und erarbeiten Sie, was Sie ändern möchten. Darauf sollten sich dann alle einigen. Alle vier Wochen reflektieren Sie Ihre Erfahrungen und passen die Vorhaben entsprechend an oder ändern sie.

# These

**Wir verhalten uns nach eingefahrenen Mustern**

OHNE ES ZU MERKEN

Angst
Sicherheit
Komfort

sich von oben betrachten

Blackbox finden

# Frage

**Wie erkenne ich Muster?**

MINDSHIFT

Rasterfahnder

Veränderung als Chance

# Praxis

**Wie löse ich Muster auf?**

Strick-muster entzerren

neu stricken

Freude statt Angst

auflösen

– REIZ
– REAKTION
– ERGEBNIS
– ANGST

# 9. **Gedankentänzer:** Wie Sie Ihre Veränderungsresistenz überwinden

**Worum es geht:**
Jede Veränderung beginnt mit einem Tanz. Das Alte will die Führung übernehmen, das Neue stolpert noch. Das Neue schwingt erst mit, wenn es das Alte als Teil von sich annimmt.

**Der Mindshift:**
Der Hebel liegt darin, verborgene Grundannahmen sichtbar und bewusst zu machen.

**Das ist für Sie drin:**
Sie machen sich bereit für das Neue und die Veränderung.

»Das Problem zu erkennen, ist wichtiger, als die Lösung zu erkennen, denn die genaue Darstellung des Problems führt zur Lösung.«

*Albert Einstein*

Früher habe ich Spinnen gehasst. Mit 19 Jahren habe ich mich aus Angst vor einer Spinne in meinem Appartement sogar auf der Toilette eingeschlossen. Heute habe ich keine Angst mehr vor Spinnen, denn meine Grundannahme hat sich verändert. Spinnen sind keine ekeligen Tiere mehr, sondern interessante. Nehmen wir zum Beispiel die Springspinne. Die Männchen dieser Gattung sind kleiner als die Weibchen, deshalb nähern sie sich ihnen vorsichtig. Im Laufe der Evolution haben sie ein sonderbares Paddel am Fuß entwickelt, mit dem sie in der Paarungszeit der potenziellen Partnerin hinter einem Blatt winken können. Die weibliche Spinne sieht das pelzige Paddel und bleibt entweder stehen oder verschwindet. Bleibt sie stehen, ist das ein Signal für die männliche Spinne – das Weibchen ist zur Paarung bereit.

Wenn das Spinnenmännchen ohne dieses Signal anrücken würde, würde es sich dem Risiko aussetzen, gefressen zu werden, denn das Weibchen ist ja größer. Das winkende Paddel hat also seinen Sinn.

*Wo haben Sie sich selbst an veränderte Umweltbedingungen angepasst? Was ist heute anders als früher?*

Ebenso wie die Tiere müssen wir Menschen unser Verhalten an die sich ändernden Umweltbedingungen anpassen, damit wir überleben. Dafür müssen wir allerdings erst einmal merken, dass wir mit einem bestimmten Verhalten nicht weiterkommen. Dabei ist immer ausschlaggebend, an welchen Grundannahmen wir unser Verhalten ausrichten. Diese können sich auf uns selbst, das Zusammenleben mit anderen und das Leben an sich beziehen.

Bei Anpassungsvorgängen gibt es Vorreiter, Abgehängte und den großen Mittelbau der Nachzügler. Meistens sind diejenigen im Vorteil, die nicht die Ersten sind, sondern Nachzügler. Für die Vorreiter ist nämlich die Gefahr groß, denn das neue Land ist noch unentdeckt. Sie könnten bekämpft werden. Wer in sicherem Abstand folgt, kann sich schon gekonnt auf dem neuen Boden bewegen. Abgehängte hingegen sind die, die zu spät auf den Zug aufspringen wollen. Das lässt sich fast überall beobachten, ob es um die Besiedlung von Grund und Boden, die Börse oder den Beruf geht. Wer heute immer noch nicht mit Computertechnologie umgehen kann, hat überall das Nachsehen – selbst in Jobs, die spät digitalisiert wurden.

## Wenn das Alte mit dem Neuen tanzen will

Tanzen ist ein Problem, wenn man es nicht kann. Man muss dafür locker sein, die Beine werfen, ins Gefühl kommen, aber ruhig auch mal einiges durcheinanderschmeißen. Deshalb heißt dieser Mindshift »Gedankentänzer«. Wenn Bewegung in unseren Kopf kommt, merken wir zuerst einmal, wie wir über die eigenen Füße stolpern. Da sind wir weniger intuitiv als Tiere, die den Umweg über Gedanken nicht brauchen.

Oft funktioniert das Leben erstaunlich lange mit alten Gedanken oder auch Konzepten. Viele Menschen wiegen sich deshalb in Sicherheit. Sie handeln weiter »wie immer«. Einigen Unternehmen und Branchen hat das allerdings schon das Genick gebrochen:

- Kodak brachte eine der ersten Digitalkameras auf den Markt und war Weltmarktführer. Doch um das Geschäft mit den Fotofilmen nicht zu gefährden, verpasste es die digitalen Chancen.
- Nokia war Marktführer bei Handys und verpasste das Smartphone-Zeitalter.
- Tageszeitungen schafften es nicht, die Veränderungen des Internets durch neue Geschäftsmodelle aufzufangen, und sterben langsam dahin.
- Deutschland als Standort für Zukunftstechnik gilt als bedroht, da die Politik immer noch keinen flächendeckenden Breitbandausbau vorantreibt.

Ist das Leben unmittelbar bedroht und unkomfortabel, geht Veränderung schneller. Würden wir von einer Katastrophe bedroht werden – beispielsweise einem weltweiten Ausfall der Elektrizität –, würden wie unsere Gewohnheiten viel schneller ändern. So lange aber alles funktioniert, wir satt sind und alle Jobs haben, geht Veränderung langsam vonstatten, eben als Tanz von Alt und Neu.

Wir haben annähernd Vollbeschäftigung. Wenn auch viele schlechte Jobs darunter sind; ein Großteil arrangiert sich damit. Das gilt jedoch nicht für die Digital Natives mit gefragten Qualifikationen. Sie können fast alles fordern.

Ich kenne Unternehmen, die lassen ihren begehrten Angestellten alle Freiheiten, bis hin zu unbegrenztem Urlaub und einem Arbeitsort nach Wahl – wenn es sein muss, auch auf den Kanaren. Das zeigt, dass Anpassung erheblich beschleunigt wird, wenn das eigene Überleben bedroht ist. Dann ist der Tanz wilder.

## Wie Veränderung funktioniert

Vielleicht erinnern Sie sich an die Zeit nach der Jahrtausendwende. Da sah es auf dem Arbeitsmarkt eine Zeitlang ziemlich schlecht aus. Damals entstanden ganz viele so genannte »Ich-AGs«. Die Arbeitnehmer gewöhnten sich an einen neuen Gedanken und passten sich den Gegebenheiten an. Für viele fühlte sich das fremd aus. Dann probierten sie einen Schritt – und schließlich wiegten sie sich mit dem neuen Gedanken im Takt. Es machte ihnen Freude.

Heute arbeiten immer mehr Freelancer überall auf der Welt mit dem Internet. Auch sie haben sich nicht nur arrangiert, sondern an die neuen Bedingungen angepasst. Manch einer kann gar nicht mehr richtig mit der Hand schreiben, sondern muss nur noch tippen. Einige telefonieren nicht mehr, sie senden nur noch Sprachnachrichten hin und her. Die Gehirne der Digital Natives, die mit dem Internet groß geworden sind, funktionieren anders, die Art ihrer Intelligenz verändert sich.

Sie brauchen nichts mehr auswendig zu lernen, weil alles Wissen verfügbar ist. Sie lernen vielmehr, sich auf dem Weg zu einer Lösung zu orientieren, wenn sie eine Frage haben. Wenn sie etwas wissen wollen, finden sie es heraus. Sie probieren aus, recherchieren im Internet. Da sind sie unheimlich flink.

Wir Nicht-Digital-Natives tun uns da viel schwerer, da wir anders großgeworden sind. Wenn keine akute Bedrohung sichtbar ist, bewegen wir uns schwerfälliger. Uns hilft aber die Formel:

> Veränderung = Wollen x Können x Dürfen

Wollen verlangt Motivation, Freude, Neugier, den Wunsch nach Selbstentwicklung. Menschen mit einer ausgeprägten Offenheit für neue Erfahrungen im so genannten Big-Five-Eigenschaftsmodell haben es da sehr viel leichter als solche, die abwartend oder Veränderungen gegenüber kritisch sind. Es macht ihnen von Natur aus Freude, etwas Neues auszuprobieren. Menschen, die weniger neugierig sind, müssen die Lust am Unbekannten neu entfachen.

**Sie werden überall analysiert**
Das Big-Five-Persönlichkeiten-Modell ist Ihnen vielleicht aus dem Cambridge-Analytica-Skandal bekannt. Es ging darum, dass diese

Firma Internetdaten ausgewertet und für politische Zwecke genutzt hatte. Zahlreiche Apps und Software werten Daten von Nutzern hinsichtlich deren Persönlichkeitsstruktur aus. Dabei werden die Big Five als wissenschaftlich anerkanntes Modell sehr oft genutzt. Es sind fünf zentrale Eigenschaften, die weltweit Menschen charakterisieren und auch Prognosen über ihr Verhalten zulassen.

Diese Eigenschaften lassen sich auch als OCEAN beschreiben: Offenheit für neue Erfahrungen, Gewissenhaftigkeit (englisch *conscientiousness*), Extraversion, Anpassungsbereitschaft und Neurotizmus (Ängstlichkeit).

Offene Menschen sind in der Regel lernfreudiger, unkonventioneller und anpassungsfähiger. Ängstliche entwickeln schneller psychische Erkrankungen. Schon in kleinen Schriftproben kann man erkennen, welche Eigenschaften ausgeprägt sind. Auch das Like-Verhalten in Social Networks und die Kommentare in Foren lassen solche Analysen zu. Ihr »Tanz« mit dem Neuen steht also auch unter Beobachtung. Ich finde, es lohnt sich, darüber einmal nachzudenken.

**Warum winzige Schritte Anpassung ermöglichen**

Sie haben die Wahl – zu springen oder nicht zu springen. Wenn es Alternativen zur Veränderung gibt, setzt sie sich schwerer durch. Vor allem gilt das für große Sprünge. Deshalb haben sich »Baby-Steps« bewährt, kleine Anpassungsschritte, also erst mal vom Rand ins Wasser springen, dann vom Ein-Meter-Brett und schließlich die fünf Meter wagen. Beim Tanzen ist es ja auch so, dass Sie sich Schritt für Schritt bewegen (und nicht gleich einen Salto machen).

*Was wollen, müssen, sollten Sie tun, um mit der Digitalisierung Schritt zu halten? Wo sind Ihre Fünf-Meter-Bretter? Und wo ist der eine Meter, der leichter ist? Vielleicht sollten Sie auch einfach erst einmal vom Rand des Schwimmbeckens ins Wasser springen?*

*Suchen Sie nach einer »Verkleinerung« in Babyschritten.*

Angenommen, es gilt nicht-digitale Verhaltensmuster zu verändern. Eines davon ist das Verhältnis zum Lernen. Digital Natives lernen immer und überall. Sie steuern ihr Lernen selbst. Digital Immigrants lernen einmal und lassen sich die Dinge beibringen, wenn ein Gap zwischen dem Gelernten und aktuellen Erfordernissen entsteht. Das ist ein sehr fest gestricktes Verhaltensmuster. Ein Baby-Step läge darin, sich ein Thema auszuwählen und sich dieses auf die Art der Digital Natives anzueignen.

Nun wird es wahrscheinlich etwas geben, das sie abhält. Je eingefahrener Verhaltensmuster sind, desto resistenter gegen Veränderung sind sie. Fast immer steht eine Angst vor der Tür zur Veränderung. Angst ist eines der sechs Grundgefühle und der Veränderungsverhinderer schlechthin – auch wenn sie im Gewand der »Sicherheit« daherkommt.

Ich gebe Ihnen nun einen Rahmen für eine Vorgehensweise, mit dem Sie an Ihrer eigenen Veränderung arbeiten können. Die Theorie dahinter lautet: Veränderungsresistenz entsteht durch einen emotionalen Widerspruch.

Veränderungsresistenz = Angst/Freude.

Die praktische Umsetzung: Entscheiden Sie sich für ein Thema, zum Beispiel »Programmieren lernen«. Geben Sie für jede der beiden Emotionen eine Fühl-Zahl zwischen 0 und 10 ein:

Veränderungsresistenz = 10/2 = 5

Variieren Sie das Thema nach dem Baby-Step-Prinzip: »Sich von einem Programmierer einen Code erklären lassen«. Wie verändert das Ihre Emotionen?

Veränderungsresistenz = 5/8 = 0,62

Je höher das Ergebnis der Gleichung ist, je größer also die Veränderungsresistenz ist, desto unwahrscheinlicher wird eine Veränderung. Je deutlicher die Zahl unter »1« liegt, desto wahrscheinlicher wird eine Veränderung.

## Warum Bedürfnisse Veränderung ermöglichen

Diese Art der Berechnung setzt Bewusstheit voraus. Doch vieles ist unbewusst. Der Grund für Veränderungsresistenz liegt vielfach darin, dass die Angst gar nicht wahrgenommen und gesehen wird. Oft hängt das mit dem »Dürfen« zusammen. Das ist aber gar nicht an andere gekoppelt, sondern an die eigene Wahrnehmung. Wir denken, dass etwas nicht geht oder die Freude zu klein ist.

Suchen Sie nach Ihren Bedürfnissen. Bedürfnisse können sein: Einfluss, Bindung, Autonomie, Selbstentwicklung, körperlicher Aktivität, Spiritualität oder Leistung. Sie geben den Schwung, sorgen für Vorwärtsbewegung, bringen Sie auf die Tanzfläche. Und wenn Sie dann noch die Sorgen vor dem Stolpern verlieren, geht es wirklich voran.

## Was Sie innerhalb von fünf Minuten tun können

Wir lernen am meisten durch Vorbilder. Welche Person in Ihrem Umfeld hat sich in ihrem Leben stark verändert? Wem fällt es trotz hohem Alter leicht, sich im digitalen Zeitalter zurechtzufinden? Wer hat immer wieder von sich aus Neues gelernt? Suchen Sie sich ein Vorbild mit einer hohen Offenheit. Meist haben wir eines in der Verwandtschaft.

Mein Großvater hat sich noch mit 90 Jahren einen Computer angeschafft. Er wurde 99 Jahre alt und nutzte den Computer noch viele Jahre, denn er schrieb wie ich. Auch meine Mutter wagte mit über 70 Jahren den Ausflug in die digitale Welt. Sie wollte unbedingt online shoppen und Nachrichten per WhatsApp schicken. Heute groovt sie im Internet.

Was hat die Menschen, die Ihnen als Vorbilder in Sachen Offenheit einfallen, motiviert? Was können Sie selbst davon für Veränderung lernen? Wenn Sie die Formel für Veränderungsresistenz reflektieren, wie hoch war vermutlich Ihr Wert für Freude und wie niedrig der für Angst?

Wenn Sie noch etwas Zeit haben oder Sie kein Beispiel finden, besuchen Sie YouTube. Dort gibt es ein Video von Barbara Arrowsmith-Young. Es heißt »The woman who changed her brain«. Das Video hat mich sehr beeindruckt, denn es zeigt, wie sehr man sein Gehirn verändern kann, wenn man nur will. Barbara hat durch bewusstes und gezieltes Training neue Verbindungen in ihrem Kopf aufgebaut – obwohl sie zahlreiche Lerneinschränkungen hatte.

Wenn Sie oft sagen »Das kann ich nicht« oder »Hier bin ich nicht gut«, nehmen Sie sich eine offene Person aus Ihrem Umfeld oder eben Barbara zum Vorbild.

## Was Sie innerhalb von sechs Wochen tun können

Wo kommen Sie nicht in Bewegung? Wo haben Sie schon öfter Versuche unternommen, sind aber doch steckengeblieben? In diesem Fall ist es sehr wahrscheinlich, dass es um eine unbewusste Angst geht.

Einige Fragen zur Anregung:

- Was wollten Sie schon mal ändern, um mehr Freude im Beruf oder im Privatleben zu haben?
- Was wollten Sie immer schon mal lernen?
- Was wäre gut geeignet, um Ihre Persönlichkeit weiterzuentwickeln, aber bisher scheiterte es immer an irgendetwas?

Schauen Sie auch noch mal die Notizen zum letzten Kapitel an. Vielleicht resultiert Ihr Vorhaben aus einem Verhaltensmuster, das Ihnen lästig geworden ist, und Sie möchten dieses Thema in dieser Übung noch einmal aufgreifen.

Lassen Sie sich Zeit. Das Gras wächst nicht schneller, indem man daran zieht. Haben Sie etwas gefunden? Welches »Entwicklungsziel« ergibt sich daraus?

Erstellen Sie sich ein Arbeitsblatt analog zu Tabelle 2. Falls das Entwicklungsziel groß ist, verkleinern Sie es. Denken Sie an die so genannten »Baby-Steps«, die uns langsam voranbringen.

Das abgebildete Arbeitsblatt ist mit den Beispielen von drei Personen mit ihren individuellen Entwicklungszielen ausgefüllt. Ich konzentriere

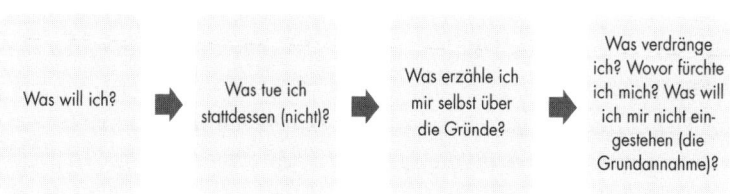

Abbildung 11: Gedankentanzen: Schema zur Orientierung

mich auf Theo, um an seinem Beispiel die genaue Vorgehensweise zu erläutern. Lesen Sie sich aber auch die anderen Beispiele durch, um auf Ideen zu kommen.

In die erste Zeile schreiben Sie Ihr persönliches Entwicklungsziel, das Sie in seiner Größe als richtig befunden haben. Testen Sie Ihr Commitment dazu, indem Sie auf einer Fühl-Skala von 0 bis 10 einordnen, wie sehr Sie es wollen.

Haben Sie mehrere Entwicklungsziele zur Auswahl, messen Sie die Wichtigkeit mit der Fühl-Skala. Bei einer Fühl-Skala sollten Sie nicht lange über die empfundenen Werte nachdenken, sondern sie sofort aufschreiben.

Theo, ein Ingenieur, formulierte sein Entwicklungsziel so: »Ich möchte öfter mal ohne Plan drauflosexperimentieren«. Das ist eine Vorgehensweise, die in der neuen agilen Arbeitswelt gefragt ist. Je komplexer ein Umfeld ist, desto weniger funktioniert das Vorausplanen. Wenn es undurchschaubar wird und das Zusammenspiel von Ursache und Wirkung nicht genau vorauszuschauen ist, ist Experimentieren viel sinnvoller als Planen. Wir sind es aber nicht gewöhnt zu experimentieren. Das Spielerische war in den letzten Jahrzehnten und Jahrhunderten weniger gefragt.

In die zweite Zeile schreiben Sie nun, was Sie stattdessen tun, wenn Sie eigentlich das Entwicklungsziel verfolgen wollen, oder das, was Sie dann eben nicht tun.

Theo schrieb:

- Ich mache einen Plan.
- Ich schreibe Konzepte.
- Ich versichere mich dreimal beim Kunden, dass ich alles »richtig« mache.

In die dritte Zeile setzen Sie Ihre naheliegenden Vermutungen, warum Sie Ihr Entwicklungsziel nicht angehen. Hier sollten Sie offen zu sich selbst sein, Ängste zulassen und sich ein bisschen »nackt« machen. Deshalb ist es vielleicht ganz gut, wenn Sie diese Übung erst einmal für sich allein machen. Was Sie in die dritte Zeile schreiben, ist Ihnen vielleicht unangenehm, aber es sind bewusste Gedanken. Sie lassen sich bewegen, freisetzen.

| Mein Entwicklungsziel/ Der Neue | Theo: Ich möchte einfach öfter mal ohne Plan drauflos experimentieren. | Susanne: Ich möchte ein besserer Zuhörer werden. | Robert: Feedback einholen und annehmen |
|---|---|---|---|
| Das tue ich stattdessen/Nicht | Ich mache einen Plan. | Ich starre auf mein Handy. | Ich vermeide Feedbackgespräche. |
| | Ich schreibe Konzepte. | Ich wende mich ab. | Ich frage nicht offen nach Feedback. |
| | Ich versichere mich dreimal beim Kunden, dass ich alles richtig mache. | Ich erfinde Ausreden, um zu gehen. | Ich leite notwendige Feedbackrunden so ein, dass ich eine Richtung vorgebe |
| Deshalb tue ich es wirklich (nicht) | Ich fürchte, dass es schlecht ankommt. | Nicht dumm dastehen müssen. | Ich fühle mich sofort erwischt. |
| | Meine Ideen sind nicht gut genug. | Nichts fühlen müssen. | Ich schäme mich, Fehler gemacht zu haben. |
| | Damit bin ich nicht erfolgreich. | Die Kontrolle behalten. | Ich scheue den Aufwand, aus dem Feedback zu lernen. |
| Die Grundannahme/Das Alte | Ich fürchte, dass ich mich mit meiner Erziehung auseinandersetzen muss. Dabei könnte ich entdecken, dass ich mich nie abgenabelt habe. | Ich fürchte, dass ich in mich selbst hineinhören muss, und ich habe Angst vor dem, was ich da finde. | Ich fürchte, dass klar wird, dass ich mich im Leben immer durchgemogelt habe. Dass ich enttarnt werde als »Fake«. |
| Das Experiment | Eine Idee einfach nach Lust und Laune in Lego umsetzen anstatt in ein Papierkonzept und das dann dem Kunden verkaufen. | Ich lasse mich auf eine Meditationswoche in einem Zen-Kloster ein. | Ich frage Menschen, die ich bewundere, was Ihnen an mir gefällt. |
| Der neue Gedanke | Wenn ich Spaß habe, überzeuge ich auch die anderen. | Wenn ich zuhöre, bin ich ganz bei mir und dir. | Feedback hilft mir, besser zu werden. |

Tabelle 2: Gedankentanz – Arbeitsblatt mit drei Beispielen

Theo hat hier geschrieben:

- Ich fürchte, dass meine Arbeit schlecht ankommt.
- Meine Ideen sind nicht gut genug.
- Damit bin ich nicht erfolgreich.

Jetzt sind drei Zeilen ausgefüllt. Der erste Schritt ist getan. Legen Sie die Notizen nun weg. An einem anderen Tag, wenn es sich für Sie gut anfühlt, kommen Sie zur letzten Zeile, zur Grundannahme. Eine Grundannahme ist das, was unser Verhalten aus dem Unbewussten steuert. Eine Grundannahme liegt immer in einer Blackbox des Unbewussten. Es sind unbewusste Gedanken, solche, die noch keine Form haben, sondern vor allem ein Gefühl sind. Sie halten uns in Schach.

Wenn Sie eine Grundannahme das erste Mal denken, dann wird sie sich durch intensive Gefühle bemerkbar machen. Sie wird in bewusste Gedanken übersetzt und kann sich somit plötzlich in Ihrem Kopf bewegen.

Um die Grundannahme aus den Tiefen des Bewusstseins – also der Blackbox – zu holen, müssen Sie in sich hineinhorchen. Einstein hat gesagt, es geht nicht um die Lösungen, sondern um die richtigen Fragen. Er musste es als produktives Genie wirklich wissen! Sie müssen das Problem kennen, um die Lösung zu finden. Und was führt einen näher an das Problem als die richtige Frage? Sie sollten sich also viele gute Fragen stellen und dann beobachten, welche Antworten hochkommen. Die, die auf eine Angst hindeuten, sind besonders gute Kandidaten.

Ich kann Ihnen nicht alle Fragen bieten, die besten entstehen aus der Situation heraus, aber mit dieser Auswahl können Sie anfangen:

- Was geht in mir vor?
- Was noch?
- Worum geht es mir eigentlich?
- Welche Gedanken kommen auf, wenn ich denke, da ist noch etwas im Verborgenen?
- Was könnte ich verlieren, wenn ich mein Entwicklungsziel umsetze?
- Worauf müsste ich wirklich verzichten, wenn ich tue, was ich eigentlich doch tun will?

- Was macht mir wirklich Angst?
- Was fühle ich?
- Wo sitzt das Gefühl in meinem Körper?

Je mehr Sie unter dem Einfluss Ihrer Grundannahme stehen, desto weniger können Sie diese im Kopf bewegen. Die Grundannahme führt zu automatischem Handeln. Sie sitzt in der Blackbox, die unter normalen Umständen im Geheimen bleibt.

### Rechnen Sie mit Widerstand

Grundannahmen sind sehr persönlich und liegen tief verborgen. Deshalb kommen Sie nicht sofort in einem hoch, wenn man diese Übung macht und sich Fragen stellt.

Sie sollten den Kreis deshalb weiter ziehen. Sprechen Sie mit Personen, denen Sie vertrauen. Lassen Sie sich Fragen stellen. Holen Sie sich »fremde« Hypothesen über Ihre Grundannahme ein und spüren Sie, ob etwas dran sein könnte.

Bei mir ist es so, dass ich zuerst in Widerstand gehe, wenn ich mit einer eigenen Grundannahme konfrontiert werde. Ich spüre dann instinktiv: Wenn ich das aufdecke, dann muss ich etwas tun (tanzen!). Und eigentlich will ich nicht. Wenn ich also etwas ablehne – »Nein, so ist das nicht« –, kann es ein Indiz sein, dass das der springende Punkt ist.

Dass es wirklich wichtig ist, merke ich dann daran, dass mir die Sache nicht mehr aus dem Kopf geht. Unwichtiges vergesse ich, unpassende Hypothesen auch. Im Kopf bleibt das, was irritierend war. Vielleicht ist es bei Ihnen ähnlich. Schauen Sie sich die Dinge an, zu denen Sie innerlich und äußerlich zunächst »nein« sagen.

Die Schnelligkeit, mit der Sie über etwas sprechen, ist ein weiteres Indiz. Wenn wir etwas nicht wahrhaben wollen, gehen wir schneller darüber hinweg. Ein feiner Beobachter merkt das am Redetempo. Bleiben Sie bewusst stehen, halten Sie inne. In dem Moment, in dem Sie begreifen, was Ihnen wirklich Angst macht, werden Sie ganz anders damit umgehen können. Sie werden viel mehr bei sich sein können.

Theo entdeckte durch die Beschäftigung mit der Grundannahme für sich, dass er glaubte, sich mit seiner Familiengeschichte auseinandersetzen zu müssen. Denn seine Grundannahme lautete: »Ich fürchte, dass ich mich mit meiner Erziehung auseinandersetzen muss. Dabei könnte ich entdecken, dass ich mich nie abgenabelt habe.«

Tatsächlich kann das sein. Oft haben sich Menschen noch nicht richtig von ihren familiären Einflüssen befreit; sie sind noch nicht »abgenabelt«. Sie machen die Dinge nicht, weil sie sie selbst wollen, sondern weil sie einen Auftrag der Eltern oder Gesellschaft erfüllen, dazugehören möchten.

In bestimmten Phasen des Lebens kommt man nicht drumherum, diese Auseinandersetzung nachzuholen. Danach lässt sich »das Eigene« besser finden. Es fordert Reflexion, Gespräche, vielleicht eine Therapie oder eine systemische Familienaufstellung. Die Einsicht, dass man Jahrzehnte eigentlich den Plan von anderen erfüllt hat, ist keine leichte.

Aber an diesem Punkt war ja noch gar nicht klar, ob Theo wirklich an sein Thema musste. Es war ja »nur« seine Grundannahme, eine frische Erkenntnis aus den Tiefen der Blackbox. Sie konnte genauso wahr wie falsch sein. Theo wollte seine Grundannahme im nächsten Schritt testen, also ausprobieren, ob sie stimmte. Dafür ist die Zeile Experiment angelegt, die auch Sie ausfüllen sollten, wenn Sie Ihre Grundannahme gefunden haben.

Wo kann Theo die Grundannahme testen? Wie kann er das tun? Es gilt, bei einem Experiment möglichst viele Informationen zu sammeln, die die Grundannahme betreffen. Ein solcher Test muss das Herz und den Verstand ansprechen und braucht Erleben und Handlung. Letztendlich ist die Grundannahme ja auch eine Hypothese über das Leben. Nun kommt sie auf den Prüfstand. In Forschungsarbeiten geht das so: Man stellt eine Hypothese auf, legt ein Experiment oder eine Studie an und ermittelt, ob diese stimmt oder nicht. Das ist die sachliche Herangehensweise. Emotional geht es so: Man probiert aus, wie es sich anfühlt.

Theo entschied sich dafür, ein Kundenprojekt mal ganz anders anzugehen als bisher. Danach würde er in sich hineinfühlen. Es könnte sein, dass es ihm dann so gut ginge, dass er nicht mehr davon ausgehen würde, einen mühsamen Prozess der familiären Auseinandersetzung starten zu müssen.

Statt alles zu planen und umfangreiche Pflichtenhefte zu erstellen, würde er dieses Mal einfach mit dem Kunden ins Gespräch gehen und ein kleines Lego-Modell seiner Idee präsentieren. »Ich will Ihnen einfach mal etwas zeigen, nur so eine erste Idee«, so würde er es anmoderieren.

Überlegen Sie sich jetzt einmal für sich selbst:

- Was ist Ihr Experiment, und wie gehen Sie vor?
- Wie sammeln Sie Beweise, dass Ihre Hypothese stimmt?
- Was lassen Sie als Beweis gelten?
- Wann ist Ihr Experiment erfolgreich?

Ihr Experiment sollte geeignet sein, Ihre Hypothese zu testen. Es wäre sinnlos, wenn Sie etwas tun, mit dem Sie sich einfach selbst bestätigen.

Das Arbeitsblatt hilft Ihnen, das Gesagte auf sich selbst zu übertragen. Lassen Sie sich aber Zeit, besonders für die vierte Zeile Grundannahmen. Sie kann innerhalb der sechs Wochen reifen. Es darf auch mehrere Versionen geben. Wenn Sie sie »gegriffen« haben, können Sie sie genauer betrachten.

*Sie können auch die »Biografie Ihrer Grundannahme« aufschreiben.*
*Wie ist sie entstanden? Wo wurde sie geboren? Was hat sie bestärkt?*
*Das hilft noch mehr, die Gedanken zum Tanzen zu bringen, also zu*
*lösen, zu lockern und zu flexibilisieren.*

Theos Grundannahme war übrigens entstanden, weil seine Mutter Psychotherapeutin ist. Sein Vorgehen im Experiment kam beim Kunden gut an: »Sie sind ja richtig kreativ! Das spart uns jetzt ganz schön viel Papierkram.« Er spürte, wie ihn das aufbaute. In der Folge wollte er es nun öfter auf diese Weise machen. Während er seine Herangehensweise veränderte, wandelte sich auch seine Einstellung zu seiner Grundannahme. Dabei erkannte er, dass sein Weg nicht über eine lange Analyse der Familiengeschichte laufen musste, sondern sich auch einfach auf die praktische Umsetzung konzentrieren konnte. So entstand ein neuer Gedanke: »Ich kann einfach machen und Spaß daran haben.« Die Familiengeschichte war gar nicht der Punkt gewesen.

Folgende Vorgehensweise hilft Ihnen, das Experiment durchzuführen:

1. Schreiben Sie eine testbare Version Ihrer Grundaufnahme auf. Legen Sie Ihren Test so an, dass er gelingen könnte und nicht nur zur Selbstbestätigung dient (»klappt sowieso nicht«).
2. Gibt es einen Menschen oder eine Gruppe, den oder die Sie als neutralen Beobachter Ihres Experiments einbinden können?
4. Wie soll das Experiment genau aussehen? Halten Sie das schriftlich fest.
5. Welche Art von Daten wollen Sie nutzen? Beispielsweise könnten Sie die Reaktionen der anderen auf Ihr neues Verhalten einfangen (und aufschreiben), einen Fragebogen erstellen, Videos oder Audio aufnehmen.
6. Auf welche Weise kann bewiesen werden, dass Ihre Grundannahme stimmt oder nicht stimmt? Was erkennen Sie an?
7. Welcher neue Gedanke wird dadurch freigesetzt? Wie kommt er in Bewegung?

Der nächste Mindshift (»Updater«) beschäftigt sich ebenfalls mit Grundannahmen. Wenn es bei Ihnen hier noch hakt, lohnt es sich vielleicht, erst mal weiterzublättern und später zurückzukommen.

## Was Sie im Team tun können

Die oben beschriebene Vorgehensweise ist optimal, um mit mehreren Personen zu arbeiten, die sich vertrauen und dem jeweils anderen helfen möchten. Dabei gehen Sie abwechselnd in die Rolle des Coaches und des Coachees. Trennen Sie die Prozessschritte – Entwicklungsziel, das tue ich stattdessen (nicht), deshalb tue ich es wirklich (nicht).

Stellen Sie bei der Bearbeitung der einzelnen Schritte viele offene Fragen. Vermeiden Sie es, Antworten zu geben. Bei der Hypothesenbildung zu den Grundannahmen sind diese aber erlaubt.

Wenn das Team Hypothesen aufstellt, kann der Coachee (also der »Gedankentänzer«) auf einem Stuhl hinter der Gruppe sitzen, sodass kein Blickkontakt besteht. Nach einem bestimmten Zeitraum, etwa 20 Minuten, bewertet der Coachee die Hypothesen zu der Grundannahme dann nach dem emotionalen Ausschlag. Was hat am meisten in ihm ausgelöst?

Von da an kann das Team helfen, die Grundannahme durch Hinterfragen zu konkretisieren. Die Formulierung sollte es aber unbedingt dem Coachee überlassen! Es ist sehr wichtig, immer nur die Worte desjenigen zu nutzen, der gerade »dran« ist, und ihm keine Begriffe überzustülpen. Das gilt natürlich auch für den letzten Schritt, den neuen Gedanken. Das vorausgehende Experiment muss selbst gewählt sein – Vorschläge allerdings sind erlaubt.

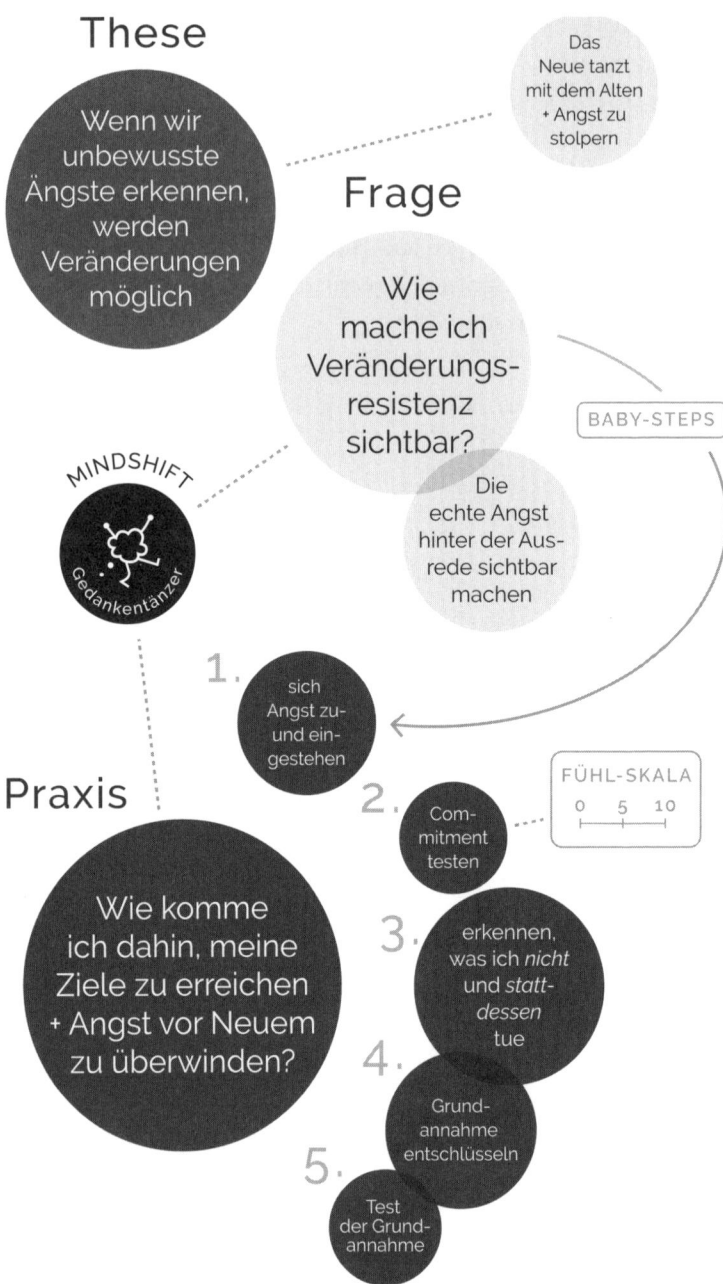

## These

Wenn wir unbewusste Ängste erkennen, werden Veränderungen möglich

Das Neue tanzt mit dem Alten + Angst zu stolpern

## Frage

Wie mache ich Veränderungs-resistenz sichtbar?

BABY-STEPS

Die echte Angst hinter der Aus-rede sichtbar machen

MINDSHIFT
Gedankentänzer

1. sich Angst zu- und ein-gestehen

FÜHL-SKALA
0   5   10

## Praxis

Wie komme ich dahin, meine Ziele zu erreichen + Angst vor Neuem zu überwinden?

2. Com-mitment testen

3. erkennen, was ich *nicht* und *statt-dessen* tue

4. Grund-annahme entschlüsseln

5. Test der Grund-annahme

# 10. **Updater:** Veraltetes Denken einer geänderten Wirklichkeit anpassen

**Worum es geht:**
Uns steuern Grundannahmen über das Leben aus der Blackbox unseres Unbewussten. Sie beruhen größtenteils auf veralteten Vorstellungen, Scheinkorrelationen und Halbwissen.

**Der Mindshift:**
Wenn Sie veraltete Grundannahmen ausmisten, werden Sie frei für Neues.

**Das ist für Sie drin:**
Sie schaffen damit die wichtigste Basis für Veränderung.

>»Der vollkommene Mensch passt sich dem Gehabe der Gesellschaft an, ohne sein Selbst zu verlieren.«
>
> *Laozi*

Stellen Sie sich vor, Sie würden in der Tiefe Ihres Unbewusstseins glauben, nur Pizza und Cola machen Sie glücklich. Sie würden das nie zugeben, nicht mal sich selbst gegenüber. Aber jedes Diätvorhaben würde sicher scheitern … an Ihrer Grundannahme. Immer wieder staune ich, welche großartigen, radikalen und lebensverändernden Mindshifts durch die Veränderung von Grundannahmen möglich werden.

Peter ist Anfang 50 und arbeitet als Projektmanager in einem kleinen familiengeführten Unternehmen. In seinem früheren Leben war er Krankenpfleger, und als Quereinsteiger in die IT-Branche ist er stolz darauf, sich ein neues Berufsfeld erschlossen zu haben. Das berufsbegleitende BWL-Studium war ein Balanceakt gewesen und hätte ihn fast die Ehe gekostet. Jahrelang hatte er nicht mal am Sonntag Zeit für seine Familie gehabt.

Eine große Grundannahme steuerte seine Entscheidungen: Peter glaubte, dass der Abschluss ihn unabhängiger machen würde, vor allem vor dem Hintergrund, dass ständig mehr Akademiker auf den Markt strömten. Ohne Abschluss fühlte er sich im Vergleich zu den anderen minderwertig. Das gab er aber nicht einmal sich selbst gegenüber zu. Er argumentierte rational. »Heute braucht man für alles einen Zettel«, pflegte er zu sagen.

Hinter dem, was er sagte, stand etwas, was er nicht dachte und sagte: etwas, das Peter sich selbst und anderen nicht eingestand. Worauf er nicht mal direkten Zugriff hatte, so versteckt war es in seiner Blackbox des Unbewussten. Peter fürchtete, dass er seinen Status verlieren könnte, wenn er kein Uni-Zertifikat hat. Und ohne Status kein Job, keine Freunde, keine Frau … Darum ging es ihm in Wahrheit, nicht um den Zettel.

Grundannahmen steuern uns wie Geisterfahrer. Selbst wenn wir meinen, in eine andere Richtung zu fahren, lenken Sie uns um. Diese Grundannahmen können relativ oder absolut betrachtet wahr oder unwahr sein.

Ob Peters Grundannahme wahr war, wird er nicht mehr herausfinden, denn nun hat er ja seinen Abschluss. Es gibt viele Belege dafür, dass ein Studienabschluss die Karriere erleichtert. Manche Unternehmen laden Bewerber ohne Bachelor oder Master gar nicht erst ein. Hätte Peter den Job gewechselt und wäre nicht eingeladen worden, hätte er das auf den fehlenden Titel bezogen, sein Selbstwert wäre gesunken. So ist es am Ende manchmal auch gar nicht wichtig, ob eine Annahme stimmt oder nicht – so lange sie für die Person selbst einen Sinn ergibt, ist sie richtig. Unterscheiden Sie dabei »relativ betrachtet« im Unterschied zu »absolut«. Ein Studienabschluss ist relativ – also individuell – betrachtet wichtig. Zu viel Cola führt zu Übergewicht und ist auch absolut betrachtet ungesund.

## Wie unnütze Grundannahmen sabotieren

Grundannahmen sollten also absolut oder relativ betrachtet sinnvoll sein. In beiden Fällen dienen sie dem jeweiligen Menschen und unterstützen ihn in seinen Handlungen.

Tückische Grundannahmen sind jene, die keinen Sinn ergeben, dem Menschen also nicht helfen. Solche Grundannahmen hemmen die Entwicklung, das Weiter- und Fortkommen und natürlich das Ankommen im digitalen Zeitalter.

Schauen wir uns einmal die Kennzeichen von Grundannahmen an, um sie besser zu verstehen:

- Grundannahmen sind unbewusst oder vorbewusst. Unbewusst sind sie noch nie gedacht worden. Vorbewusst sind sie schambehaftet und werden vom Kopf nicht »vorgelassen«. Vielleicht zeigen sie sich in Fantasien und Tag- oder Nachtträumen, also überall, wo das Unbewusste sich offenbart.
- Grundannahmen sind nicht wahr oder unwahr, sondern sinnvoll oder nicht sinnvoll für den Menschen und sein Umfeld. Sie beruhen oft auf Scheinkorrelationen, Mythen, kulturellen Prägungen, familiären Prägungen, irrealen Glaubenssätzen und Lebenserfahrungen. Auf diese Begriffe wird im Folgenden näher eingegangen.

**Scheinkorrelationen** sind Beziehungen zwischen zwei Variablen, die nur vorgeblich bestehen. Wir vernachlässigen dabei eine entscheidende dritte Variable. Scheinkorrelationen werden hergestellt, wenn Beziehungen willkürlich zusammengesetzt und verbreitet werden, etwa durch Journalisten mit statistischem Halbwissen, die Studien nicht richtig interpretieren können.

Scheinkorrelationen tangieren alle Lebensbereiche und beeinflussen nicht nur Ihre Einstellung zu Themen, sondern auch die von Organisationen und gesellschaftlichen Gruppierungen. Wir alle mussten viel Spinat aufgrund einer falschen Berechnung des Eisengehaltes essen.

Dass »agile Methoden« zu mehr Innovation führen sollen, ist ebenfalls ein Beispiel für eine oft kolportierte Scheinkorrelation. Es besteht kein wissenschaftlich nachgewiesener direkter Zusammenhang. Es ist vielmehr die Zahl der Ideen, die die Wahrscheinlichkeit einer Innovation erhöhen. Mit den genutzten Methoden hat das gar nichts zu tun.

Ein anderes Beispiel für eine Scheinkorrelation: Die »gläserne Decke« an der die Karriere von Frauen oft scheitern soll, beruht auch auf einer Scheinkorrelation. Sie nimmt als eine Variable »mächtige Männernetzwerke« und als andere »karrierewillige Frauen« an, die da nicht durchdringen. Doch die letzte Variable existiert nicht; viele Frauen wollen keine Karriere im Sinne von Aufstieg. Eine wahrscheinlichere Erklärung ist deshalb, dass Frauen weniger Karrierelust im männlichen Sinn haben – und deshalb auch keine Power entwickeln, um nach oben vorzustoßen. Es gibt also keine gläserne Decke, sondern es sind Frauen, die keine Anstalten machen, sich auf das Karrieregerangel einzulassen.

Vieles wird durch die Medien und schließlich unser Gehirn auch einfach stark vereinfacht und dadurch falsch. Dass Salzkonsum ungesund ist, stimmt erst ab einer Menge von 12 Gramm pro Tag und Person, fanden kanadische Forscher heraus. Wir in Deutschland konsumieren überwiegend weniger. Zu geringer Konsum erhöht sogar das kardiovaskuläre Risiko.

*Welche Scheinkorrelationen, denen Sie selbst aufsitzen, fallen Ihnen ein? Schreiben Sie sie auf.*

**Mythen** entstehen durch Geschichten, die man sich erzählt. Diese haben vielleicht einen wahren Kern, vielleicht aber auch nicht. Sie schlagen sich teils in Sprichwörtern nieder. Denken Sie nur an »Schuster bleib bei deinen Leisten!«, was so viel heißt wie: »Verändere dich nicht und bleib im angestammten Beruf«. Das ist derzeit eher keine zeitgemäße Empfehlung mehr.

»Du darfst keinen Job annehmen, der unter dem Niveau des vorherigen liegt, sonst ist deine Karriere kaputt«, ist auch ein verbreiteter Mythos. Sicherlich war an dieser Empfehlung mal etwas Wahres dran, und irgendwo wird sich auch heute noch ein Beleg dafür finden. Dieser ist aber jedem Übergang geschuldet, der immer zwei Zustände voneinander trennt, wobei der eine zuerst mehr und der andere weniger häufig zu finden ist – bis sich das Verhältnis umkehrt. Es könnte aber auch die Folge einer sich selbsterfüllenden Prophezeiung sein.

*Welchen Mythen folgen Sie? Wo sind Sie sich nicht sicher? Notieren Sie es in zwei verschiedenen Spalten mit den Überschriften: »Mythos!« und »Mythos?« Die Spalte mit den Fragezeichen gehen Sie am Ende dieses Kapitels noch einmal durch.*

**Kulturelle Prägungen** führen dazu, dass wir uns natürlich auf eine Art und Weise verhalten, die wir kennen und als angemessen bewerten. Amerikaner sind beispielsweise an Selbstdarstellung und Individualismus orientiert, Asiaten an Bescheidenheit und Wir-Kultur. Das macht das eine nicht richtiger als das andere. Aber es wirkt aus dem Unbewussten direkt auf unser Verhalten. Wir geben dem einen oder dem anderen den Vorzug. Das kann vorteilhaft sein oder hinderlich.

*Welche kulturellen Prägungen prägen Sie so, dass sie Sie auch hindern? Notieren Sie sie.*

**Familiäre Prägungen** entstehen durch frühe Erfahrungen, die wir in unserem Umfeld machen. Jana ist das jüngste von drei Geschwistern und hat sich immer als »anders« empfunden. Aufmerksamkeit erhielt sie nur, wenn sie sich richtig anstrengte und hohe Leistungen brachte. Später gehörte es zu ihren Grundannahmen, dass sie nur gemocht wird, wenn sie überdurchschnittliche Leistungen bringt. Leistung ohne äußerste Anstrengung war für sie keine Leistung. So bewegte sie sich ständig auf den Rand der Erschöpfung zu. Bei Jana zeigt sich ein Verhaltensmuster, das für viele im Leistungsparadigma aufgewachsene Menschen typisch ist. Es kollidiert direkt mit Selbstverwirklichung und Stärkenorientierung – beides Themen, die erst in letzter Zeit mit aller Kraft ins gesellschaftliche Bewusstsein dringen.

Jana wollte nun ihren Stärken folgen, tun, was ihr Freude bereitet – Menschen beraten und ihnen in schwierigen Situationen helfen. Das kostete sie gar keine Anstrengung. Sie *wollte* es tun, aber kam mit ihrem Vorhaben nicht weiter. Die äußeren Hürden, die sie zunächst sah, entpuppten sich als innere.

Erst als sie ihre Grundannahme aufdeckte, kam der Durchbruch. Diese lautete: »Ich habe Angst, dass ich meine Existenzberechtigung verliere, wenn ich Dinge tue, die mich nicht anstrengen.«

Sie erkennen an diesem Beispiel auch, dass Grundannahmen selten das sind, was Sie zuerst sehen, sondern immer eine Ebene tiefer liegen. In Janas Beispiel steckt gleichzeitig auch ein irrealer Glaubenssatz.

*Welche familiären Prägungen sind Ihnen beim Lesen sofort in den Sinn gekommen? Welche fallen Ihnen ein, wenn Sie noch einmal eine Nacht darüber schlafen?*

**Irreale Glaubenssätze** können auch aus einem kollektiven Gedächtnis stammen, das vielleicht mit Ihrer regionalen, soziologischen oder gruppenspezifischen Prägung zu tun hat.

Fragen Sie mal einen Gangster nach seinen Glaubenssätzen. Es kann sein, dass Sie dann Sätze hören wie: »Jeder ist sich selbst der Nächste« oder »Bei uns macht man das so«. Die Grundannahmen dahinter sind unterschiedlich und variationsreicher als die irrealen Glaubenssätze. Aussagen wie »Ich habe Angst vor einem langweiligen Familienleben« oder »Ich fürchte mich, früh zu sterben und nicht gelebt zu haben« habe ich jedenfalls schon öfter gehört, sie kommen aber nur selten sofort auf den Tisch.

*Was ist Ihr Glaubenssatz? Aus welcher Grundannahme resultiert er?*

Von hier ist es nicht weit zu **prägenden Lebenserfahrungen**, die sich auch in Grundannahmen manifestieren können. Ist beispielsweise der Vater früh gestorben, mag das zu der unbewussten Annahme führen, dass jeder Gedanke an die eigene Zukunft Verschwendung ist, weil man selbst auch früh sterben wird.

Sie sehen: Vieles kann unsere unbewussten Annahmen begründen – und einiges wirkt zusammen und ergibt einen eigenen Mix. Es gibt nur eine einzige Regel: Das Ganze entzieht sich unserer bewussten Wahrnehmung. Wir sind mit unseren Grundannahmen verschmolzen.

*Welcher der bisher genannten Punkte hat Sie am meisten berührt? Welche Ideen zu eigenen Grundannahmen kommen Ihnen?*

Grundannahmen sind oft auch spezifisch für Generationen – etwa die Generation X, der ich angehöre (ab 1965 Geborene), oder die Generation Y (ab 1980 Geborene) – sowie für soziale Schichten. Deshalb sind die persönlichen Grundannahmen immer als Teil einer Art kollektivem (Un-)Bewusstsein zu betrachten – nicht als losgelöste individuelle Phänomene. Dass Sie etwas Bestimmtes denken können, liegt auch daran, dass der gesellschaftliche Boden dafür von anderen und über eine längere Zeit der Wertentwicklung vorbereitet worden ist. Ein Boden nimmt Gedanken dann besonders leicht auf, wenn sie auch von anderen gedacht werden. Mehrere Samen führen eher zum Aufgang der Saat als einer.

**Meme sind wie Gene**
Wenn viele Ähnliches zur gleichen Zeit denken, entsteht eine Art gesellschaftliche Bewusstseinseinheit. Das nennt man Meme. Dieser Begriff ist angelehnt an Gene, weil sich Meme ebenfalls »vererben« und wie die Gene in ihrer Umwelt-Interaktion verändern.

Denken Sie nur an ein Trendthema wie Agilität. Es wurde nur möglich, weil an vielen verschiedenen Orten ähnliche Themen von der Grundannahme ins Bewusstsein getreten sind. So entstanden Kettenreaktionen. Irgendwann könnte ein »Tipping Point« erreicht sein. Dann sind alte Gedanken in Neues transformiert. Dann nehmen wir sie bewusst als alltäglich und normal wahr.

Das alles geschieht so unauffällig, dass wir es kaum bemerken. Wenn Sie einmal einen Film wie James Deans *Giganten* aus dem Jahr 1956 mit Blick auf die vermutlichen Grundannahmen der Darsteller anschauen, wird Ihnen klarwerden, wie unglaublich viel seitdem in unserer gesellschaftlichen Blackbox transformiert worden ist.

## Wie Sie Grundannahmen transformieren

Peters Gedanken sind auch nicht nur seine eigenen, sondern mit dem gesellschaftlichen (Un-)Bewusstsein verwurzelt, das aber auch kein einheitlicher Boden ist. Es gibt zum Beispiel deutliche regionale Unterschiede: Die Dorfbevölkerung tickt immer und überall anders als Großstädter.

Wie Peter sind derzeit noch viele Menschen in »alten« Grundannahmen verhaftet, die ihnen die Anpassung an neue Bedingungen schwermachen. Peter hat seine Jugend in einer Zeit verlebt, in der vielfach die Einstellung herrschte, dass ein Studium für eine Arbeit im IT-Bereich nicht unbedingt notwendig sei. In den Goldgräberjahren der IT hatten die Hobby-Computerfans Hochkonjunktur. Aus diesem Denken heraus hat Peter seine damaligen Entscheidungen getroffen. Dann war in seinem Bewusstsein angekommen, dass das nicht mehr gilt. So fiel seine Entscheidung für das Studium aus einer Grundannahme, die sich im Laufe seines Lebens transformiert hatte.

Sein Geschäftsführer hatte ihn unterstützt und die Kosten zum größten Teil übernommen. Ein Nebeneffekt des Studiums war für ihn überraschend, denn bis dahin hatte er gedacht, bereits alles zu wissen: Er lernte, analytischer zu denken und einen strategischeren Blick zu entwickeln. Es fiel ihm anschließend leichter, unterschiedliche Perspektiven einzunehmen. Dass sich auch sein Denken ändern könnte, hätte er vorher nicht für möglich gehalten. Auch hier veränderte sich also eine Grundannahme.

Seine alte Grundannahme basierte auf einem Wissen, das in seiner Generation häufig kursiert: Praktisches Lernen ist dem Theorielernen überlegen; ergo kann man in einem Studium nichts mehr hinzulernen.

Eine weitere alte Grundannahme ist, dass sich das Gehirn ab einem bestimmten Alter nicht mehr verändert, Zellen sogar absterben. Das stimmt ganz und gar nicht: Zellen bilden sich in jedem Alter neu. Das Wissen über die Neuroplastizität des Gehirns ist bei denen noch nicht verankert, die damit nicht schon in der Schule konfrontiert worden sind. Ganz natürlich speisen ältere Menschen ihre Annahmen – und ihre bewussten und unbewussten Gedanken – weiterhin aus dem bereits vorhandenen, älteren »Wissen«, das Peters Generation in der Schule oder im Studium vermittelt bekommen hat.

Jüngere Menschen können deshalb aus ihren Grundannahmen andere Konsequenzen für sich ableiten. Lernen ist für sie selbstverständlicher; Veränderung ein natürlicherer Prozess. So genannte »Super-MOOCER« sind keine Seltenheit mehr. Das sind Menschen, die Hunderte von Online-Zertifikatsstudiengängen oder Kursen absolviert haben. Diese sind geradezu süchtig danach zu lernen. Sie glauben ans Lernen – und das befeuert und verändert ihr Gehirn.

Peters Studienabschluss lag inzwischen einige Jahre zurück. Peter war bei seinem Arbeitgeber geblieben, hatte aber ganz neue Aufgaben, die vor allem mit Projektarbeit zu tun hatten. Mit offenem Blick sah Peter die Zeichen von Agilität überall. Er beobachtete, wie sich Kundenanforderungen änderten. So nahm er wahr, wie die alten Strukturen seines Betriebs an Grenzen kamen. Diese hatten sich immer mehr an Machtverhältnissen und zufälligen Entwicklungen als an Kundenbedürfnissen orientiert. Innovativ sein? Unter diesen Bedingungen schien das Peter kaum möglich. Jeder in seinem Unternehmen sah sich als Einzelkämpfer. Informationen wurden kaum geteilt, und Fehler waren verpönt.

Peter glaubte, dass eine Organisation in cross-funktionalen, also bereichsübergreifenden Teams dem entgegenwirken könnte. Aber die Strukturen waren verkrustet, der Ego-Kult etabliert. Sein Geschäftsführer redete zwar viel von stabilen Teams und dass diese das Unternehmen innovativer und schneller machen würden, aber sein Handeln widerlegte ihn gleich wieder. Peter fühlte sich auf einer schwachen Position. Den Geschäftsführer sah er als mächtig, sich selbst als ohnmächtig. Was sollte er schon ausrichten – er der kleine Angestellte? Auch hier kam wieder eine Grundannahme ins Spiel, die mit Peters Alter zu tun hat: Vorgesetzte sah er als Befehlsgeber, Angestellter als Befehlsempfänger.

Seine Herausforderung war es also, seine Grundannahmen zu überwinden, die ihm so allerdings noch gar nicht richtig bewusst waren.

### Veraltetes updaten

Sie erkennen etwas aus Ihrem Berufsleben wieder?

Sinnvolle Grundannahmen helfen, sich mit wenig Gehirnkapazität schnell im Leben zu orientieren. Sinnlose Grundannahmen hemmen die Veränderungskraft, begrenzen Möglichkeiten. So war es bei Peter.

Vielleicht denken Sie jetzt »So ist das Leben« oder »Daran kann man nichts ändern«. Vielleicht meinen Sie auch, dass Peter die Firma wechseln sollte. Oder Sie halten den Teamgedanken für eine modische Übertreibung. Kann auch sein, dass Sie denken, Peter solle doch mal einfach seine Meinung sagen. Das sind alles gutgemeinte Tipps, aber sie werden Peter nicht helfen. Gut gemeinte Tipps helfen nämlich nichts, so lange eine Grundannahme im Weg steht. Deshalb ist Beratung in vielen Fällen sinnlos; Coaching dagegen hilfreich, da Fragen in tiefere Bewusstseinsschichten dringen können. Denn niemand kennt den Schlüssel zu Ihren Grundannahmen so gut wie Sie selbst. Nur Sie haben die Ressourcen, sie ins Bewusstsein zu holen und dort zu transformieren. Sie spielen Ihr Update selbst auf.

Peter fand seine Grundannahme in einer sehr persönlichen Angst: »Ich habe Angst davor, alles zu verlieren und damit meine Ehe aufs Spiel zu setzen, wenn ich meine Meinung sage«.

Die Arbeit mit dem Mindshift »Gedankentänzer« aus dem letzten Kapitel hatte ihm geholfen zu sortieren, was in ihm vorging. Zuvor hatten seine Gedanken im Kreis getanzt. So hatte er zunächst gedacht, dass sein geringes Selbstbewusstsein ihn hindere zu tun, was er für richtig hielt. Doch das war es nicht. Es mangelte ihm gar nicht an Selbstwertgefühl. Das war eine wichtige Erkenntnis.

### Lernen, sich mit neuen Gedanken zu bewegen

Peters Grundannahme war weder falsch noch richtig gewesen; sie war einfach nicht mehr zeitgemäß. In einer früheren Arbeitswelt wäre es vielleicht wirklich sinnvoll gewesen, den Mund zu halten, wenn der Chef widersprüchlich handelte. In einer Zeit hoher Arbeitslosigkeit und einer geringen Beschäftigungsquote von Mitarbeitern jenseits der 50 Jahre hätte in manchem Umfeld Aufmucken ein Risiko bedeutet.

Nun aber hatte sich die Zeit gewandelt. Die Wahrscheinlichkeit, keinen Job mehr zu finden, war auf dem Qualifikationsniveau von Peter gering. Ein 50-Jähriger mit guter IT-Qualifikation wie er findet Jobs. Der zweite Teil der Annahme war ebenso unzeitgemäß: Dass Frauen einen Mann als Ernährer betrachten, kommt sicher vor, aber viel seltener als früher. Wahrscheinlich würden auf reine Existenzsicherung fokussierte Frauen auch eher keinen »Peter« suchen. Solche Gedanken waren hilfreich, um sich Schritt für Schritt davon zu distanzieren. Allein die Bewusstheit macht schon einen riesigen Unterschied.

## Was Sie in weniger als fünf Minuten tun können

Reflektieren Sie den heutigen Tag auf ein emotionales Reaktionsmuster hin, das möglicherweise »digital veraltet« sein könnte. Wann haben Sie auf eine Art und Weise gehandelt, die früher sinnvoll war, aber es heute nicht mehr ist? Es kann etwas ganz »Kleines« sein.

Ein Beispiel: Hans ist Ingenieur und meidet das Internet. Er glaubt, dass man nichts über ihn herausfinden könne, wenn er dort keine Accounts hat. Deshalb hat er weder ein Xing- noch ein LinkedIn-Profil. Nicht mal Google Mail nutzt er.

Dahinter steckt eine Grundannahme, die davon ausgeht, dass Analyseprogramme oder Hintergrundchecks Menschen auslassen müssten, die keine Spuren im Internet hinterlassen. Dass man also so nicht sichtbar wäre und ergo auch keine internetbasierten Persönlichkeitsprofile erstellt werden könnten.

Das ist allerdings so nicht mehr richtig. Auch die Nichtanwesenheit lässt Schlüsse auf die Persönlichkeit zu. Diese können ein ebenso genaues Persönlichkeitsprofil ergeben, wenn sie mit weiteren Daten kombiniert werden.

Ein weiteres Beispiel: Eva geht davon aus, dass ihr Arbeitgeber für ihre Weiterbildung zuständig ist. Sie meint, dass er ja auch davon profitiere, wenn er sie schult. Dahinter steckt die Grundannahme, dass der Staat oder der Arbeitgeber das Bildungsmonopol hat. Auch das ist so nicht mehr richtig. Wer sich nicht selbst um (Weiter-)Bildung kümmert, könnte bald das Nachsehen auf dem Arbeitsmarkt haben.

## Was Sie innerhalb von sechs Wochen tun können

Welche Ihrer Grundannahmen sind »veraltet«? Wenn Sie in Ihre Blackbox schauen, was ist darin, was früher hilfreich war, aber jetzt nicht mehr? Manches wäre in der Steinzeit, anderes 1990 passend gewesen wäre – jetzt aber nicht mehr.

Schauen Sie sich zwei Bereiche an:

- Ihre Entscheidungen, die Sie zu diesem oder jenen Entschluss kommen lassen.
- Ihre Kommunikation, die auf dieser oder jener Überzeugung beruht.

Peters Angst vor seinem Chef war nicht mehr zeitgemäß, wie er selbst erkannte. Dass er sich wie das berühmte Kaninchen vor der Schlange fühlte, war einer veralteten und inzwischen irrationalen Angst vor Arbeitslosigkeit und Verlassenwerden geschuldet. Die Bedrohung war subjektiv betrachtet weitaus geringer als 20 Jahre zuvor. Wenn es überhaupt je eine Bedrohung gewesen war.

Fällt Ihnen eine Situation ein, die ähnlich ist? Wo Sie etwas zu einem Verhalten führt, das gar nicht mehr passend ist? Ich mache Ihnen mal ein paar unsortierte Vorschläge, damit Sie auf Ideen kommen:

- die Art, wie Sie mit Ratschlägen umgehen (Sollten Sie nicht eher auf Ihre innere Stimme hören?);
- die Art, wie Sie lernen (Geht es nicht viel mehr darum, den eigenen Interessen zu folgen?);
- die Art, wie Sie berufliche Entscheidungen treffen (Ist das klassische Karrieredenken nicht längst überholt?);
- die Art, wie Sie sich bewerben (Brauchen Sie wirklich ein Foto oder vollständige Angaben?);
- die Art, wie Sie sich in Gruppen verhalten (Geht es nicht weniger um Selbstdarstellung als um Kooperation?);
- die Art, wie Sie Konzepte erstellen (Warum muss alles perfekt sein?);
- die Art, wie Sie mit Frau, Kind, Kollegen oder Freunden kommunizieren (Könnten Sie nicht viel mehr fragen, als immer nur »Ansagen« zu machen?);
- die Art, wie Sie mit Feedback umgehen (Könnten Sie es nicht erkennen als Geschenk, um sich weiterzuentwickeln?).

**Wie Sie die Übung ausbauen können**

Knüpfen Sie das, was Sie jetzt im Kopf haben, an eine konkrete und aktuelle Situation. Es könnte Ihnen helfen, diese Situation mit Figuren aufzustellen und dadurch sichtbar zu machen. Solche Aufstellungsarbeit macht Beziehungen sichtbar und zoomt eine Situation plastisch und nahe heran. Haben Sie irgendwo einen Karton mit Lego oder Playmobil? Holen Sie ihn für die Übung hervor!

Mit Peter nutzte ich Lego-Figuren, um seine Situation emotional darzustellen. Die Figuren standen auf einem hohen Tisch, sodass er die Szene von allen Seiten betrachten konnte. Wenn Sie auch so einen hohen Tisch haben, an dem Sie stehen können, wäre das ideal. Sie können auch einen Hocker auf einen Stuhl stellen und so Standhöhe erreichen. Das Aufstellen sollte intuitiv sein, aus dem Bauch herauskommen.

Zu Übungszwecken können Sie auch Peters Aufstellung nachmachen und beobachten, wie diese auf Sie wirkt. Peter stellte seine Stellvertreter-Figur frontal dem Chef gegenüber auf. Neben dem Geschäftsführer platzierte er zwei »Buddys«, dahinter war eine Wand. An der linken und rechten Seite von sich selbst setzte Peter zwei Kollegen, mit etwas Abstand hinter sich. So bildete sich ein Dreieck. Dahinter stand das Team, ein großes Päckchen.

Sie können diese Szene auch aufzeichnen, wenn Sie gerade keine Figuren zur Hand haben. Oder mit Stiften und anderem Material nachstellen. Welche Gedanken kommen Ihnen? Es könnten die Gedanken sein, die Ihrer Sozialisation und Ihrem gelernten Machtverhalten entsprechen. Vielleicht sagen Sie: »Der Peter hat doch alle Macht des Unternehmens hinter sich, wieso sieht er das nicht?« Und genau das ist das Besondere an solchen Aufstellungen: Nur derjenige, der mittendrin steht, kann sie für sich deuten. Außenstehende können lediglich visuelle Eindrücke beschreiben und Vorschläge machen.

Je mehr Peter aus unterschiedlichen Perspektiven auf seine Figur-Aufstellung blickte, desto klarer wurde ihm die Wucht seiner Position. Eigentlich hatte er alles hinter sich, im Grunde musste er nur den Geschäftsführer mit ins Boot holen, ihm die Hand reichen, ihn näher ans Team heranholen. Genaugenommen war es der Geschäftsführer, der buchstäblich »an der Wand« stand.

Grundannahmen sind im Un- oder Vorbewussten, wir haben sie

noch nie gedacht. Kommen Sie aus der Blackbox heraus und werden das erste Mal formuliert, lösen sie nicht selten Widerstand aus. Erst recht, wenn sie als These von jemanden anderem ausgesprochen werden. Dann sagen wir oft spontan: »Nein, so ist das nicht.« Wenn wir die Annäherung an diese Annahmen hingegen mit einer Aufstellung verbinden, wird schneller ein Aha-Effekt entstehen. Binnen 10 Minuten war Peter klar: Genauso ist es! Dann wandelte sich das Bild – ihm wurde bewusst, dass er es selbst gestalten konnte. Als er die Grundannahme »Wenn ich den Job verliere, bin ich nichts mehr wert und meine Frau verlässt mich« mit der Szene verknüpfte, wurde ihm erst die Irrationalität dieser Annahme bewusst. Und dann entstanden durch Blick auf die szenische Konstellation neue Handlungsmöglichkeiten.

Übertragen Sie den Fall nun auf die von Ihnen gefundene eigene Situation. Was zeigt Ihre Aufstellung? Welcher Grundannahme kommen Sie so auf die Schliche? Skalieren Sie mit einer doppelten Fühl-Skala aus Kapitel 8: Wenn Sie daraus ein konkretes Vorhaben ableiten, wie sehr stimmen Sie diesem zu? Und dann: Wie sehr lehnen Sie es ab? Nutzen Sie die Skala von 0 bis 10.

Falls der Abstand zwischen Zustimmung und Widerstand zu klein ist (weniger als 3 bis 4), definieren Sie Ihr Vorhaben neu und messen Sie wieder. Meist hilft es, es »kleiner« zu machen.

# These

Viele unserer Grundannahmen über uns + die Welt sind veraltet

Scheinkorrelationen, Mythen, Halbwahrheiten > ausmisten

1.

Intuition verstehen + von Bedürfnissen unterscheiden

# Frage

Wie realisiert man seine Grundannahmen?

MINDSHIFT

↑

Updater

2.

sich auf Emotion konzentrieren statt auf *Wissen*

3.

Impulse und Gefühle wahrnehmen

# Praxis

Wie erreiche ich auch mein Herz und lasse los vom Alten?

Emotionalisieren mit Figuren

sich selbst stärken

die richtigen Fragen stellen

sich über kleine Schritte freuen

# 11. **Kopf-Yogi:** Wahrnehmen, was Sie wirklich steuert

**Worum es geht:**
Der »Homo oeconomicus«, der rationale Mensch also, der vernunftbezogen agiert und Nutzenmaximierung betreibt, ist ein Mythos. Menschen sind emotional, ihr Verstand ist mit dem Gefühl gekoppelt.

**Der Mindshift:**
Üben Sie, die Trennung von Kopf, Bauch und Herz aufzugeben.

**Das ist für Sie drin:**
Wenn Sie Gefühle wahrnehmen und mit Gedanken verbinden können, steigern Sie Ihre emotionale Intelligenz.

> »Die Hälfte aller Fehler entsteht dadurch, dass wir denken sollten, wo wir fühlen, und dass wir fühlen sollten, wo wir denken.«
>
> *John Churton Collins*

Neulich bei den Nerds. Wir befinden uns in einem Wohnzimmer in Pasadena, Los Angeles. Zwei Männer haben sich im Kerzenlicht mit gekreuzten Beinen und geschlossenen Augen im Yogasitz niedergelassen. Es sind die promovierten Physiker Rajesh Koothrappali und Sheldon Cooper. Sie versuchen zu meditieren, aber sie arbeiten sich bei dem Versuch, ins Gefühl zu kommen, an ihrem Verstand ab. Rajesh, Amerikaner indischer Herkunft, leitet die Meditation mit seinem sympathischen Dialekt an. Sheldon hinterfragt jedes Wort des Anleiters. Nichts ist eindeutig genug, alles übersetzt er in sein »Sheldonesisch«, in dem Computerspiele, Flaggen und Star-Wars-Figuren die tragende

Rolle spielen. In ihr Innerstes werden die beiden so nicht reisen. Sehen wir da vielleicht zwei Roboter, die in sich nach etwas suchen, das noch nicht richtig programmiert werden konnte? Gefühl vielleicht?

Die Szene stammt aus *The Big Bang Theory*, der erfolgreichsten Sitcom der letzten Jahre. Die beide Yogis sind Nerds. Die Welt der Gefühle ist für Rajesh Koothrappali und Sheldon Cooper als soziales Minenfeld weitestgehend unerschlossen. Vor allem Sheldon kann Gefühlswelten trotz eidetischem Gedächtnis, in dem er jede Szene wie ein Foto der Realität abspeichert, nicht deuten. Erst im Laufe der vielen Staffeln entwickelt er mehr und mehr Empathie, verliert das Roboterhafte, wird menschlich. Vielleicht wird er irgendwann sogar richtig meditieren können.

## Wir trennen, was zusammengehört

Was denken Sie? Was unterscheidet Sie vom Computer? Es ist Ihr menschlicher Körper, vor allem auch Ihr Gehirn, Ihre »Hardware«. Die ist aber eben keine Rechenmaschine, sondern ein Ein-Liter-Gefäß, in dem Dinge passieren, die noch lange nicht vollständig erforscht sind.

Eines aber weiß man: Das menschliche Gehirn funktioniert ganz anders als ein neuronales Computernetz. Das Gehirn ist ein Wunderland der Gefühle, eine Quelle von Bewusstsein. Es erzeugt gemeinsam mit dem gesamten Körper Empfindungen, die sehr komplex sind und menschliches Handeln auslösen.

Das Gehirn kann diese Empfindungen aber auch unterdrücken, sodass Menschen meinen, sie gar nicht zu haben. »Ich fühle nichts«, sagen sie dann. Oder: »Das ist rein sachlich, nicht emotional.«

Das passiert nicht nur Sheldon und Rajesh. Sehr viele Menschen denken, es gäbe zwei Welten – die der Gefühle und die des Verstandes. Der »Homo oecononicus«, der die Wirtschaftswissenschaft bis heute bestimmt, beruht auf genau diesem Irrglauben. Doch der Mensch ist kein rationaler Nutzenoptimierer. Seine Emotionen leiten ihn – sie sind auch seine ganz große Stärke.

Das heißt allerdings nicht, dass jeder seine Emotionen wahrnehmen kann. Wer nichts zu fühlen glaubt, hat einfach den Draht zu sich verloren. Dass Emotionen dennoch da sind, lässt sich etwa mit einem Magnetresonanztomographen, einem MRT, beweisen.

Die Problematik ist durchaus vergleichbar mit dem Träumen. Viele behaupten, nicht zu träumen. Einige behaupten, nicht zu fühlen. Beides ist Unsinn.

*Wie sehen Sie Ihre Verbindung zur Welt der Emotionen? Ist sie gut? Woran erkennen Sie das?*

## Die Illusion vom Verstandesmenschen

Sie setzen auf Ihren Verstand? Dann sind Sie immer auch beim Gefühl, selbst wenn Sie das verdrängen. Rationale Entscheidungen gibt es nicht, nur gründlich durchdachte. Durch das Durchdenken verändern sich Gefühle. Deshalb kann es zu neuen Erkenntnissen führen. Das gilt vor allem bei komplexeren Themen. Wer einfache Dinge zu lange durchdenkt, macht sich damit seine Intuition kaputt. Dieses erste Gefühl, wenn noch gar nichts gedacht ist, ist meist das richtige.

Intuition kann allerdings auch ganz schön täuschen. Mir sind einige Personalverantwortliche begegnet, die meinten, Menschen sofort und sicher einschätzen zu können. Ihre Intuition würde sie niemals trügen. Das ist allerdings oft nur eine Selbstbestätigung. Selbst wenn sich ein Verantwortlicher in seiner Einschätzung geirrt hat, wird er einen Grund finden, das nicht zuzugeben. Es ist der Bauch, der den Verstand beauftragt, eine Begründung zu finden – für sich selbst und andere. Das nennt sich Selbstbestätigungstendenz. Wir wollen, dass wir Recht haben, und suchen nach Begründungen. Und dann finden wir sie auch.

*Suchen Sie mal nach den Gefühlen hinter Ihren scheinbar verstandesmäßigen Einstellungen. Erinnern Sie sich, wann Sie sich durch eine rationale Begründung zuletzt selbst hinters Licht geführt haben?*

## Entdecken Sie emotionale Markierungen

Die Erkenntnis, dass es unmöglich ist, Ratio und Gefühl zu trennen, ist noch neu. Wir wissen inzwischen aber sicher, dass rationales Denken von Gefühlen geprägt wird. Wenn Sie der Meinung sind, dass es wichtig ist, dass ein Kind gute Noten hat, ist dies keine rationale Einstellung. Sie wird von Angst mitgeprägt, ohne dass Sie etwas merken. »Was, wenn das Kind durch seine Noten schlechtere Chancen hat?« Vielleicht erinnern Sie sich auch an sich selbst als Schüler. Jede Erfahrung des Lebens hinterlässt emotionale Markierungen. Aber wir haben verlernt, diese zu spüren.

Sie könnten auch anderer Meinung sein: »Ein Kind wird es auch ohne gute Noten schaffen!« Dann spielt vielleicht die Emotion Wut eine Rolle, wenn Sie mal genauer in sich hören. Sie finden es doof, dass alle immer nur auf Noten schauen. Sie selbst haben vielleicht die Erfahrung gemacht, dass schlechtere Noten kein Problem sind. Sie haben sich damit schließlich selbst durchgesetzt. Und schon haben wir wieder eine Emotion. Sie formt Ihre Meinung, nicht der Verstand.

Wenn Sie Ihr Leben einmal durchspielen, werden Sie überall Gefühle entdecken, selbst beim Aktienkauf, der maximal rational daherzukommen scheint. Das Lösen mathematischer Formeln? Kann höchst emotional sein, Freude auslösen. Die Wahrscheinlichkeit ist vor allem dann groß, wenn es Sie an ein frühes Gefühl erinnert. Damals als Schüler, da hatten Sie so viel Spaß, weil Sie bewundert wurden für Ihre Fähigkeiten. Mit Freude haben Sie den Flow im Lösen kniffliger Aufgaben gesucht und gefunden.

Zu allen Themen des Lebens gibt es mehrere Wahrheiten. Sie werden Ihre immer da suchen, wo Sie emotional andocken können, wo es also eine Markierung gibt, die aus der Vergangenheit stammt. Was wir sagen, legt sich darüber – manchmal passt es dazu, manchmal nicht.

Mir fällt kein einziges Beispiel ein, wo etwas ohne Gefühl denkbar ist. Wir sind keine Automaten, sondern Menschen. Und damit den Tieren näher als den Robotern. Auch wenn wir viel dafür getan haben, uns das abzutrainieren.

Computer treffen Entscheidungen auf der Basis von Berechnungen. Während die intellektuellen Fähigkeiten der Psyche in der entwicklungsgeschichtlich jungen Formation des Großhirns liegen, sind die emotionalen Fähigkeiten in erster Linie im Mandelkern des limbischen Systems zu Hause. Wird der Mandelkern zerstört, erlischt jegliches Gefühlsleben.

Menschen, denen durch einen Unfall das limbische System zerstört wurde, jener wundersame Ort, in dem die emotionale Bewertung stattfindet, verlieren ihre Persönlichkeit. Sie werden wie Computer, nur existenzielle Bedürfnisse bleiben erhalten.

## Künstliche Intelligenz kennt weder Intuition noch Gefühl

Es sind viele Gerüchte im Umlauf. Fest steht: Computer haben weder Bewusstsein noch Gefühle oder Bedürfnisse. Wenn der Strom ausgeschaltet wird, haben sie keinen Saft mehr. Sie leiden nicht. Sie haben keine Intuition. Dass in einer gelben Banane eine weiße Frucht ist, können sie nicht intuitiv erkennen. Sie sehen nur die gelbe Farbe und das Material. Was drinnen ist? Sie wissen es nicht. Daran forschen Vertreter der künstlichen Intelligenz seit langem vergeblich.

In einem Spiegel können sich Computer nicht selbst erkennen. Sie haben kein Selbst, kein Ich. Es macht ihnen deshalb auch nichts aus, sich selbst zu zerstören. Sie drücken einfach auf den Knopf – aus.

Wenn das alles mal kein Grund ist, sich mehr auf das zu konzentrieren, was wir Menschen besser können!

Das biologische Gehirn unterscheidet sich grundlegend vom neuronalen Netz. Neuronale Netze, die einen Teil der künstlichen Intelligenz bilden, können zwar Muster erkennen. Das Programm Affdex der US-Firma Affectiva hat Menschen in 75 Ländern beobachtet, während sie Videos schauten. Dabei lernte es, grundlegende Emotionen wie Freude, Überraschung, Ekel oder Traurigkeit zu erkennen. Diese spiegeln sich in Gesichtern immer auf die gleiche Weise wider, völlig unabhängig von Herkunft, Geschlecht oder Alter. Affdex lernte, die Gefühlserkennung präziser und schneller zu erfassen als die meisten Menschen. Es gelang ihm sogar, ein echtes von einem falschen Lächeln zu unterscheiden.

Man wird Roboter wohl auch darauf trainieren können, Gefühle zu zeigen oder es so aussehen zu lassen. Sie werden trotzdem keine echten Gefühle haben.

## Emotionen in irrationalem Verhalten

Echte Gefühle führen zu irrationalem Verhalten, das dann rational begründet wird. Deshalb lässt sich unser Sitcom-Held Sheldon Cooper in einer Folge eine Plastik-Motoryacht als teures Sammlerobjekt verkaufen. Das Wort »selten« triggert seine Leidenschaft nach Raritäten. Ein Roboter würde sich so etwas nicht andrehen lassen. Wir Menschen aber unterliegen Verzerrungen, unser Gehirn sucht ständig nach Abkürzungen. Wir sind miese Analysten, aber sehr kreative Erfinder. Logische Entscheidungen treffen wir besonders schlecht, denn wir suchen Bestätigung für unsere Meinungen und ignorieren Fakten. Auch das hat mit unseren Gefühlen zu tun. Wir folgen unseren emotionalen Markierungen, suchen nach Wiederholung, streben nach Kohärenz – einer Schlüssigkeit und inneren Logik –, suchen als Mensch nach Zusammenhängen in unserem Leben. Warum verlieben wir uns in Albert und nicht in Einstein? Das alles interessiert Computer ganz und gar nicht. Oder noch mehr: Sie können diese Art der Zusammenhänge gar nicht finden.

### Verringern Sie das Tempo und erhöhen Sie Empathie

Einer der Schlüsselbegriffe in diesem Zusammenhang ist Empathie. Die meisten Menschen halten sich für empathisch, die wenigsten sind es.

Empathie ist die Fähigkeit mitzufühlen. Sie ist ohne Selbstwahrnehmung nicht möglich. Wenn ich keinen Bezug zu mir selbst habe, keinen Zugang zu meiner Gefühlswelt habe, kann ich diesen auch nicht zu anderen herstellen. Sheldon zeigt das sehr deutlich. Aber überall im Arbeitsleben bildet sich fehlender Selbstbezug im Kleinen ab.

Hier zeigt sich eine der größten Herausforderungen unserer Zeit. Ein großer Teil der Arbeitswelt ist überhitzt. Hier fährt man mit viel zu hohem Tempo, was sich beispielsweise an schnellen Entscheidungen zeigt. Doch wer schnell entscheiden muss, kann nicht gleichzeitig empathisch sein. Ein Forscherteam der Universität Wien hat nachgewiesen, dass die Einschätzung der Gefühle anderer dann ungenauer wurde, wenn die Teilnehmer zu besonders schnellen Entscheidungen gedrängt wurden.

Sara Konrath, Expertin für Gruppendynamik an der Universität Michigan, beobachtete über 14 000 US-Studenten, deren Empathiefähigkeit zwischen 1972 und 2009 stetig gesunken war. Das nannte sie das Empathie-Paradoxon. Sie führte es auf die zunehmende Vernetzung durch soziale Medien bei gleichzeitig abnehmenden sozialen Bindungen zurück.

Die Bedeutung der Empathie wurde in den letzten Jahren von vielen erkannt . Auch ihr Stellenwert für eine gesunde, glückliche Arbeitswelt der Zukunft ist weitgehend unbestritten. Weniger klar ist dabei die Ausgestaltung des Empathiebegriffs. Was beinhaltet dieser eigentlich? Es ist mehr, als es auf den ersten Blick scheint.

*Nein, ich frage Sie jetzt nicht, für wie empathisch Sie sich selbst halten. Ich frage Sie, wen Sie in Ihrem Umfeld als besonders empathisch wahrnehmen und was Sie zu dieser Einschätzung führt. Aus den Antworten lernen Sie mehr als aus Ihrer Selbsteinschätzung. Glauben Sie mir.*

Wer Empathie weiter fasst, sieht in ihr auch die Fähigkeit, sich in andere hineinzuversetzen. Sie setzt Selbst-Empathie voraus und ist somit mit »emotionaler Intelligenz« synonym zu verwenden. Diese wiederum ist nur möglich, wenn Menschen sich selbst wahrnehmen können. Auch die kollektive Intelligenz eines Teams besteht vor allem darin, die Beiträge der anderen zu integrieren. Der Trend zur Teamarbeit – auch er verlangt Empathie.

Wenn wir unsere beiden Nerds Sheldon und Rajesh betrachten, so hapert es ihnen an Selbstwahrnehmung und damit an einer Voraussetzung für Empathie. Dabei zeigt der Filmausschnitt einen der wichtigsten Empathietreiber – Meditation und Yoga. Wer zu sich selbst finden kann, trainiert damit auch seine Empathie.

**Empathietreiber Meditation**

Verschiedene Studien belegen, dass Meditation die Empathie und das Mitgefühl fördert und verbessert. Auch die Bereitschaft zur Vergebung steigt. Weiterhin zeigt sich eine stärkere Neigung zu sozialem Handeln. Dabei gibt es zahlreiche unterschiedliche Formen.

Bei der Anapana-Meditation üben Sie, alle aufkommenden Gedanken konsequent zu ignorieren und sich nur auf das Ein- und Ausatmen zu konzentrieren. Das hilft besonders der Konzentration. Yoga ist eine aktive Form der Meditation und ebenfalls sehr hilfreich, um zu sich zu kommen.

Beim Metta-Meditieren stärken Sie in sich das Bedürfnis, Menschen Leiden zu ersparen und ihnen Freude zu wünschen. Sie konzentrieren diese Wünsche zunächst auf sich selbst, dann auf eine geliebte Person und anschließend auf jemanden, dem Sie neutral gegenüberstehen. Es folgt ein Mensch, mit dem Sie Schwierigkeiten haben, und schließlich beziehen Sie Ihre Wünsche auf alle Menschen.

Der Schlüssel ist also das Gefühl. Wer behauptet, mit dem Verstand zu entscheiden, kann in Wahrheit nur eines sehr gut: seine Gefühle abkoppeln, ignorieren und sogar wegschließen. Man könnte auch sagen: Die Industrialisierung hat uns von unseren Gefühlen entkoppelt, weil das gut war, um die Arbeitskraft der Menschen zu nutzen. Sie sollten erst Prozessen folgen und diese schließlich optimieren. Sie sollten analysieren und denken, aber bitte nicht fühlen. Rajesh und Sheldon zeigen auf lustige Weise, welche Folgen das haben kann.

Was Menschen von Computern unterscheidet, ist ihre bunte Gefühlswelt, die an ihr Bewusstsein gekoppelt ist. Dieses Bewusstsein, das einen sich selbst, aber auch andere erkennen lässt. Menschen erleben Gefühle auf eine Art und Weise, die sie für Computer unberechenbar machen. Zu welchen Handlungen unser Gefühlserleben wirklich leitet, ist selbst von Data-Science nur bedingt vorhersehbar. Wer sich in wen verliebt – mit dieser Zauberformel ließe sich viel Geld verdienen. Wie ein Mensch wirklich handeln würde – kaum vorhersehbar. Wer sich wie entwickelt, wer ungewöhnliche Berufswege geht, sein Gewissen entdeckt oder sich in späten Jahren zu Gott bekennt – es lässt sich nicht vorab berechnen.

Dagegen weiß der Mensch unbewusst viel mehr über sich und andere, als er bewusst denken kann. Grund ist eben diese Entkopplung der Triade Denken, Fühlen und Handeln.

## Was Sie innerhalb von fünf Minuten tun können

Gehen wir noch mal zu der kleinen Mythos-Übung, zu der ich Sie zwischendrin aufgefordert hatte. Diese hatte das Ziel zu hinterfragen, ob es möglicherweise mehr Mythen in Ihrem Leben gibt, als Sie zunächst sehen. Wenn Sie hier angekommen sind und noch einmal auf Ihren Zettel schauen: Verbirgt sich hinter manchem Mythos mit Fragezeichen nicht eigentlich ein Ausrufezeichen?

Ich möchte Ihnen aber noch eine alternative 5-Minuten-Aufgabe anbieten: Stellen Sie sich eine Situation vor, die Sie sehr angestrengt hat. Welches der sechs Grundgefühle Freude, Neugier/Interesse, Liebe/Lust sowie Wut/Ärger, Angst und Trauer war beteiligt? Können Sie die Abfolge der Gefühle wahrnehmen? Was war zuerst da, was kam danach? Welches der Gefühle ließ Sie am Ende handeln?

Diese Übung schult Ihre Wahrnehmung. Sie bringt Sie dazu, sich wieder mit dem Bauch zu verbinden. Je schwerer sie Ihnen fällt, desto wichtiger ist es, dass Sie sie oft wiederholen.

Denken Sie auch noch mal an meine Frage nach der Empathie. Wo könnte eine Beziehung zwischen Ihrer Beobachtung von anderen und dieser Aufgabe liegen?

Vorschlag: Wenn Sie wenig empathisches Verhalten und wenig Facetten bei anderen erkennen, so wird sich das auch auf Ihre Selbstwahrnehmung beziehen. Anders ausgedrückt: Wer wenig an anderen wahrnimmt, spürt sich auch selbst nicht ausreichend.

## Was Sie innerhalb von sechs Monaten tun können

Gefühle und Bedürfnisse liegen eng beieinander, man muss sie nur verbinden. Wenn Sie wütend sind, haben Sie vielleicht das Bedürfnis, mal laut zu schreien oder in einen Boxsack zu schlagen. Weil Sie ein vernünftig sozialisierter Mensch sind, unterdrücken Sie dieses Bedürfnis in vielen Situationen. Das könnte eine gute Entscheidung sein – Sie haben Ihre Impulse unter Kontrolle.

Mein Vater geht zum Brüllen in den Keller. Da meine Mutter das trotzdem hört, geht es nicht ganz an ihr vorbei. Sie reagiert darauf emotional. Es macht sie traurig. Sie hat aber gelernt, aus der Situation rauszugehen, sodass sie das Brüllen nicht mehr hört. Sie verschiebt Ihre Aufmerksamkeit. So funktioniert das. Wenn wir die Aufmerksamkeit von etwas ablenken, was uns ärgert und frustriert und auf etwas Anderes richten, tun wir uns viel Gutes. Sagen Sie nicht, dass das nicht geht.

Es ist Ihre Entscheidung. Es hilft, wenn alle Stricke reißen, zum Beispiel 300 Mal ein bestimmtes Wort zu sagen – und zwar laut.

Je tiefer Sie mit anderen Menschen in Kontakt stehen, desto mehr gilt es, Gefühle angemessen zu regulieren. Es muss sich für Sie »richtig« anfühlen. Mitgefühl ist keine falsche Rücksichtnahme, sondern eine Facette von Empathie. Mitgefühl zeigt sich daran, dass Sie die Gefühle anderer in Ihre eigenen Reaktionen einbeziehen können. Sie passen Ihr Handeln an und gestalten es für Ihr Gegenüber angemessen. Dabei ist es die (emotionale) Kunst, einen Handlungsimpuls in der Gefühlswelt ausfindig zu machen, der Ihnen, dem Gegenüber und vielleicht auch einem höheren Prinzip dient. Auf diese Art und Weise befreien Sie sich vom automatischen Agieren und steuern Ihre Handlungen bewusster.

Wenn Sie tief in sich hineinfühlen, wird jede Situation eine Abfolge von Emotionen in Ihnen erzeugen, beispielsweise erst Wut, dann Trauer. Sie werden Bedürfnisse wahrnehmen – und spüren, wie Sie ihnen bewusst folgen oder auch nicht.

Wenn Sie nicht genügend in sich hineinfühlen, kann es dagegen sein, dass Ihr eigenes Bewertungsschema verlorengeht. Sie merken dann nicht mehr, was in einer Situation gut und angemessen wäre. Viele Menschen entscheiden sich zu handeln, ohne den eigenen Bedürfnissen nachzufühlen. Sie verhalten sich wie auf Knopfdruck – in ähnlichen Situationen immer gleich. Die Ursache sind die emotionalen Markierungen. Wenn Sie diese aus Ihrer allzu engen Verbindung lösen, erweitern Sie Ihre Möglichkeiten und erhöhen Ihre Empathie.

Suchen Sie dazu in den nächsten sechs Wochen gezielt nach Situationen, die Sie automatisch handeln und Ihre Emotionen übergehen lassen. Legen Sie sich eine Kaffeebohne in die Jackentasche, sodass Sie jederzeit und schnell zugreifen können. Drücken Sie die Bohne zwischen zwei Fingern so fest Sie können, wenn Sie wieder in einer Situation sind, die Sie automatisch handeln lässt.

Und dann nehmen Sie sich selbst wahr – in (möglichst) allen acht Schritten der Wahrnehmung des Kopf-Yogas (siehe auch Abbildung 12):

1. Was ist die Situation, wenn ich sie von außen betrachte?
2. Was ist mein erstes Gefühl?
3. Was mein zweites?

4. Welches Bedürfnis entsteht in mir?
5. Mit welchem Gefühl verbindet es sich?
6. Was geht mir durch den Kopf?
7. Wie handle ich schließlich (nicht)?
8. Wie könnte ich handeln, wenn ich mir selbst treu bleibe, bei allem Mitgefühl für andere?

Das ist eine sehr anspruchsvolle Übung. Deshalb habe ich »möglichst« dazu geschrieben, denn vier oder fünf Schritte davon sind auch schon eine Leistung. Menschen, die in der Lage sind, alle diese Schritte in der Situation selbst so zu trennen und zu fühlen, sind in ihrer Persönlichkeitsentwicklung normalerweise sehr weit. Sie sind wie Yogis, die ihren Körper verbiegen können.

Wenn Sie auch nur ein oder zwei Aspekte zu fassen bekommen, so ist das schon ein großer Schritt, sofern Sie diese Form von Reflexion nicht gewohnt sind. Es ist wie ein erster »Herabschauender Hund« – eine Übung aus dem Yoga, ein Anfang.

Wenn Sie dann geübter sind, gehen Sie einen Schritt weiter oder, um genauer zu sein, tiefer.

Abbildung 12: Anleitung zum Kopf-Yoga

Oft werde ich gefragt, wie das praktisch gehen soll, weil diese Selbstkonzentration in einem Gespräch oder Meeting ja bedeuten würde, eine Zeitlang zu schweigen und nicht sofort eine Antwort zu geben. Und wenn schon! Es geht nicht darum, schnell zu reagieren, sondern angemessen. Im Zweifel sagen Sie Ihrem Gegenüber, dass Sie etwas Zeit brauchen, nachdenken müssen oder was auch immer.

Die acht Schritte der Wahrnehmung bringen die Bewegung in den Kopf, den dieser Mindshift braucht. Sie dehnen damit Ihre Gedanken. Sie machen sich Aspekte bewusst, die oft sofort in ein Handeln zusammenfließen. Sie schulen vor allem Ihre Selbstempathie und werden so auch emotional intelligenter. Deshalb können Sie sie gar nicht oft genug wiederholen.

## Was Sie im Team tun können

Sie möchten in der Gruppe Probleme lösen, Ideen entwickeln oder den gemeinsamen Standort zu einem Thema reflektieren? Kopf-Yoga in der Gruppe bedeutet, sich ganzheitlich zu besinnen und die Gedanken fließen zu lassen. Setzen Sie sich im Kreis auf den Boden. In der Mitte liegt eine Frage, die Sie beschäftigt. Die kann zum Beispiel lauten »Wie geben wir uns besseres Feedback?«. Auf die Fragestellung müssen sich alle gemeinsam committen. Nun schließen alle die Augen. Gut wäre es, wenn ein geschulter Coach Sie in eine kleine Trance versetze könnte. Wenn alle Yoga-Erfahrung haben, geht es auch ohne professionelle Anleitung.

Eine Person übernimmt die Rolle des Aufzeichners. Sie soll sich wortgetreue Notizen machen. Alternativ wird das Gespräch aufgezeichnet und am Ende transkribiert. Legen Sie eine Timebox von 45 bis 60 Minuten fest und sechs Regeln:

- Gefühle sind erlaubt.
- Was in einem hochsteigt, darf ausgesprochen werden.
- Schweigen ist erwünscht.
- Kein Dazwischenreden.
- Keine Kommentierung vorheriger Gedanken.
- Keine Bewertung.

Nach einigen Minuten Stille, beginnt nun ein freies Assoziieren. Der Erste, der einen Gedanken zum Thema hat, formuliert ihn. Der Nächste kann nun daran anknüpfen oder aber etwas Anderes sagen.

Auf diese Art und Weise entsteht ein Gedanken-Puzzle. Jeder Teilnehmer erhält im Anschluss ein Transkript des Gespräches oder eine Kopie der Aufzeichnungen und streicht die für ihn relevantesten Gedanken an. Diese werden dann in einem weiteren Termin diskutiert und weiterentwickelt. Dabei darf sich die ursprüngliche Fragestellung neuen Erkenntnissen anpassen.

These

Wir müssen Denken & Fühlen verbinden, um *empathischer* zu werden

sich selbst verstehen!

begreifen, dass Denken, Fühlen und Handeln eine Einheit bilden

emotionale Markierungen aus der Kindheit erkennen

Frage

Wie verbindet man das Herz mit dem Kopf?

MINDSHIFT

Kopf-Yogi

sich und andere wahrnehmen

BEOBACHTEN

Praxis

Was kann ich tun, um meine Wahrnehmung zu schulen?

8 Schritte der Wahrnehmung

auch 3 – 4 sind ein Anfang

oder 1 – 2

Innehalten

RAUS AUS DEM AUTOPILOTEN

## 12. **Intuitionsschärfer:** Ihr Bauchgefühl auf den neuesten Stand bringen

**Worum es geht:**
Vieles, was wir für Intuition halten, ist nur vordigitales Bauchgefühl.
Echte Intuition dagegen ignorieren wir oft.

**Der Mindshift:**
Erkennen Sie Ihr vordigitales Bauchgefühl, und lernen Sie dieses von
Intuition zu unterscheiden.

**Das ist für Sie drin:**
Sie schärfen Ihre Intuition und aktualisieren veraltetes Denken.

»Unter Intuition versteht man die Fähigkeit gewisser Leute,
eine Situation in Sekundenschnelle falsch zu beurteilen.«

*Friedrich Dürrenmatt*

Britta nestelte mit den Fingern an ihrem iPhone. »Ich habe ein schlechtes Bauchgefühl«, resümierte sie die Eindrücke aus ihrem Vorstellungsgespräch. »Wenn die jetzt schon so penibel sind, dann ist doch was faul. Und wie der Herr Meyer mich angeschaut hat, so durchdringend. Bestimmt ist das Arbeitsklima furchtbar.«

Ich kenne derlei Bauchgefühle und noch viele andere. Man kann ihnen leicht nachsagen, dass sie richtig waren, wenn man ihnen folgt. Und wenn nicht, hat man es immer schon gewusst. Am Ende gibt es eine 50/50-Chance – also ist es Zufall und keine Intuition.

Ich brachte Britta dazu, noch einmal über das Jobangebot nachzudenken. Sie könne ja jederzeit kündigen, wenn es nicht passen sollte. Meine Erfahrung sei einfach, dass der erste Moment sehr täuschen könne. Das ist in der Tat so. Wir neigen dazu, das, was wir bisher kennen gelernt haben, mit dem aktuellen Geschehen abzugleichen. Das nennt sich Verfügbarkeitsheuristik. Weiterhin schließen wir von einem Merkmal auf das andere. »Penibel«, eine Übertreibung von »genau sein« bringt Britta zum Beispiel in Verbindung mit einem schlechten Arbeitsklima. Solche Interpretationen beruhen auf Ängsten oder generalisierenden Erfahrungen.

Den Job anzunehmen, wurde die beste Entscheidung, die Britta ja getroffen hatte. Die Firma ermöglichte ihr, über sich selbst hinauszuwachsen und ihre Persönlichkeit zu entfalten. Das Bauchgefühl war also trügerisch gewesen. Es war in Wahrheit nur die Ahnung einer »heißen Herdplatte« gewesen. Wenn Menschen spüren, dass Sie aus Ihrer Komfortzone geholt werden, schlägt das vermeintliche Bauchgefühl Alarm.

Als ich an dem vielleicht dreijährigen Mädchen im Plastikreifen vorbeischwamm, fühlte ich, was sie dachte: »Ich will auch ohne Ring schwimmen wie diese Frau.« Die Mutter der Kleinen lag auf ihrer Liege. Niemand sonst war am Pool. Ich stieg aus dem Becken und ging unter die Dusche. Doch ein Gefühl von Unruhe ließ mich zurückgehen. Das Mädchen schlug wild mit den Armen und ging unter. Es hatte zuvor den Ring abgestreift und war ins Wasser gesprungen. Ich holte die Kleine wieder an die Wasseroberfläche. Sekunden später war auch die Mutter da. Mein Bauchgefühl war richtig gewesen.

Zwei Situationen, zwei Bauchgefühle.

## Wie Intuitionen entstehen

Die meisten setzen Intuition mit Bauchgefühl gleich, das will ich auch tun. Der Psychoanalytiker Eric Berne definierte Intuition so: »Eine Intuition ist Wissen, das auf Erfahrung beruht und durch direkten Kontakt mit dem Wahrgenommenen erworben wird, ohne dass der intuitiv Wahrnehmende sich oder anderen genau erklären kann, wie er zu der Schlussfolgerung gekommen ist.«

Intuition ist die Ahnung, die uns im Moment handeln und das »Richtige« tun lässt. In manchen Momenten ist sie ganz unmittelbar spürbar. In vielen anderen ist sie schwerer zugänglich. Sobald Denken ins Spiel kommt, das unsere ersten Impulse überlagert, kann Intuition untergehen im Verstand. Berne sagte auch, dass Intuition verloren ist, sobald man anfängt zu denken. Es kann aber auch andersrum sein. Wenn man Intuition versteht, lässt sie sich leichter greifen und schärfen.

Wo liegt Intuition? Welcher Bereich des Gehirns ist für sie zuständig? Im Gehirn spielen verschiedene Bereiche zusammen, wenn Intuition geschieht – sie lässt sich also nicht eindeutig zuordnen. Es ist wie in einem Orchester: Ein Bereich mag zeitweise die erste Geige spielen, aber die Musik machen alle zusammen.

Die Idee zweier getrennter kognitiver Systeme, wie sie der Nobelpreisträger Daniel Kahnemann hatte, der von einem System 1 für schnelles, unter anderem intuitives Denken und einem System 2 für langsames Denken sprach, ist dann auch mehr ein Denkmodell als eine physiologische Tatsache. In Wirklichkeit stehen die Systeme im Austausch miteinander.

Ich unterscheide verschiedene Intuitionen:

**Evolutionäre Intuition** beruht auf im Gehirn angelegten Faustregeln, so genannten Heuristiken. Sie erleichtert uns die vielen Entscheidungen des Lebens und spart Gehirnkapazität. Wir wissen schon von weitem, wenn wir auf ein griechisches Restaurant zugehen, allein aufgrund der Farben und Schriften. Wir erkennen, wenn das Wetter umschlägt oder sich eine Erkältung ankündigt. Ob wir uns in einem Umfeld wohlfühlen, merken wir, wenn wir bei uns selbst sind durch unser Gefühl. Die Flugbahn eines Balls können wir automatisch und blitzschnell berechnen. Es ist diese ganzheitliche Intuition, die alle Sinne einschließt. Mit erlerntem Wissen hat sie nichts zu tun.

Evolutionäre Intuition produziert aber auch Faustregeln, die ebenso nutzen, wie in die Irre führen können. Die Verfügbarkeitsheuristik etwa, eine dieser Faustregeln, hat viele Vorteile, aber auch Nachteile. Sie verführt dazu, sich für etwas zu entscheiden, was man bereits kennt. Das ist gut, wenn wir so automatisch den richtigen Weg finden. Und schlecht, wenn wir auf dieser Basis einen völlig überlaufenen Beruf wählen. Computer sind zu solchen Faustregeln, die schnelle Entscheidungen ermöglichen, nicht in der Lage.

**Gewachsene Intuition** beruht auf Erfahrungen, die Sie in Ihrem Arbeitskontext gemacht haben. Es ist die Intuition, die Berne meinte. Sie bezieht sich allerdings weniger auf inhaltlich-thematische Erfahrungen, als vielmehr auf menschliche und motorisch-kinästhetische. Ein Zollfahnder erkennt nach vielen Jahren ohne nachzudenken, wen er »anhalten« muss. Ein Therapeut erahnt nach Hunderten Klienten und Tausenden Sitzungen das Problem hinter dem Problem. Ein Pilot kann in Notsituationen automatisch handeln. Ein Finanzexperte liegt nach vielen Jahren an der Börse dagegen nicht notwendigerweise besser mit seiner Einschätzung als ein informierter Laie. Es gibt viele Belege dafür, dass eine Laienentscheidung für Aktien- und Fondskauf der Expertenempfehlung oft sogar überlegen ist. Ob eine Werbemaßnahme greifen wird oder nicht, ist auch nicht unbedingt an Erfahrung gekoppelt.

Gewachsene Intuition zeigt sich also vor allem da, wo es um menschliche und motorische Erfahrung geht. Was bei uns so an Inhalten im Kopf herumspukt, ist jedoch oft nur zeitweise relevant und schnell veraltet. Gewachsene Intuition erstreckt sich auch auf die Selbstkenntnis. So berichtet der Psychologe Gerd Grigerenzer in seinem Buch *Bauchentscheidungen* von einem Freund, der Pro- und Contra-Argumente dafür sammelte, welche von zwei Frauen er heiraten sollte. Am Ende zeigte die Liste auf eine bestimmte Person. Dennoch wusste der Freund, dass es diese nicht sein würde. Er kannte sich einfach selbst und wusste, was er brauchte – ohne dies benennen zu können. Computer können das nicht. Sie würden eine Frau nach gegebenen Kriterien wählen.

Es gibt noch eine weitere Intuition, die eher ein sechster Sinn ist. Diese möchte ich **spirituelle Intuition** nennen. Sie fällt nicht vom Himmel, sondern ist eine Folge besonderer Sensibilität und einer Verbundenheit mit Natur und Universum. In uns sind die Spuren unserer Vorfahren und die Ahnungen von Zukunft. Wenn wir ganz genau in uns hineinhorchen, merken wir, dass es nur einen zeitlichen Zustand gibt, das Jetzt. In diesem zeitlichen Zustand wird Intuition möglich, denn wir denken nicht an Gestern und nicht an Morgen. Unsere Sinne sind in alle Richtungen geöffnet. Der sechste Sinn ist nur von wenigen Menschen wirklich spürbar, denn ehe er sich zeigen kann, wird er schon überlagert vom rationalen Denken. Wenn Sie die Intuition des sechsten Sinns schulen möchten, sollten Sie sich darin üben, Situationen, die

Natur und andere Menschen einfach nur zu beobachten. Sie sollten aufhören, nach Intuition zu suchen, und dafür anfangen, sich und ihre Umgebung tief wahrzunehmen.

*Betrachten Sie Ihre Intuitionen als Orchester, in dem die jeweilige Situation, der Moment, der Dirigent ist. Spüren Sie den allerersten Moment und nehmen Sie den Übergang in den Verstand wahr. So vergessen Sie den ersten Impuls nicht, was andernfalls leicht geschehen kann. Sehr oft ist dieser erste Impuls der »richtige«, vor allem wenn es um emotionale Dinge geht.*

Oft stoßen auch Emotionen die Intuition an. Freude macht den Wunsch zum Vater des Gedankens, Angst vor Veränderung initiiert manch inneren Alarm.

Manche Intuition verwandelt sich eben auch ins Vorurteil oder in einen Stereotypen, wie das Eingangszitat von Dürrenmatt zum Ausdruck bringt. Der Gärtner ist im wahren Leben eben nicht immer der Mörder. Es ist also nicht ganz so einfach zu unterscheiden. Wir spüren Ahnungen, aber wir wissen nicht immer, wo sie herkommen – aus dem Herzen, dem Bauch oder dem Kopf.

## Wie Intuition Zeitebenen zeigt

Intuition greift auf Erinnerungen zurück, sucht nach Wiedererkennung, verbindet sich mit früheren Erfahrungen. Intuition tangiert:

- die Gegenwart, in der sie von uns eine Entscheidung verlangt,
- die Vergangenheit, indem sie auf Erfahrungen zurückgreift, einschließlich der Erfahrungen unserer Spezies als Mensch und früherer Generationen,
- die Zukunft, indem sie diese vorfühlt und prägt.

Sie sehen also, dass verschiedene zeitliche Ebenen in der Intuition stecken und wie sehr die Vergangenheit die Zukunft bestimmt, da sie unser Erfahrungsspeicher ist. Intuition beruht dabei auf viel mehr als unserer ureigenen Vergangenheitserfahrung. Es gibt auch vererbte Anteile. Immer jedoch betreffen sie die emotional-motorische Seite und

Kommunikationserfahrungen. Diese können nicht veralten. Ganz anders als inhaltliches Wissen. Diese Unterscheidung ist von erheblicher Bedeutung für unser Thema. Erst wenn wir diese treffen können, ermöglicht das eine Schärfung von Intuition. Sie können dann auch besser erkennen, worauf Sie hören sollten – und worauf besser nicht.

## Weshalb veraltetes Erfahrungswissen keine Intuition ist

Karin saß wie ein Häufchen Elend vor mir. Sie, die gestandene Erfolgsfrau mit ihrer langen Referenzliste: rascher Aufstieg im Vertrieb, schnelle Karriere als Marketingleiterin in Pharmakonzernen.

Karin hatte viele Jahre richtig gute Arbeit geleistet. Sie hatte internationale Werbemaßnahmen konzipiert, erfolgreiche Produkte entwickelt, gelauncht und zu bedeutenden Umsatzträgern gemacht. Expertise im Fach war ihr immer wichtig gewesen. Sie als Führungskraft sah sich in der Verantwortung, alles zu wissen und auf dieser fachlich-sachlichen Basis entscheiden zu müssen und zu können.

Immer hatte sich Karin »intuitiv« für etwas entschieden. Für diese oder jene Werbekampagne. Für diesen oder jenen Produktnamen oder für diese oder jene Art der Kundenansprache. Natürlich ließ sie Marktforschung betreiben, aber im Zweifel hatte sie ihr »Bauchgefühl« votieren lassen, keine Zahl. Jedenfalls dachte sie das, in Wirklichkeit war es ihr Erfahrungswissen.

Zwar hatte Karin immer ihre Mitarbeiter in Entscheidungen eingebunden, aber am Ende war sie die oberste Expertin geblieben. Gab es zwei Meinungen, war es ihre, die den Ausschlag gab. In den letzten Jahren jedoch war fast alles anders geworden. Das Internet hatte die Kunden und Märkte nah herangezoomt. Erfolge von Maßnahmen waren sofort sicht- und messbar. Fast alles, was Karin früher aus dem Bauch und Kraft ihrer Position entschieden hatte, ließ sich nun berechnen. Datenanalysten mischten überall mit. Was an sie herangetragen wurde, konnte sie oft überhaupt nicht mehr verstehen. Wie war das entstanden? Was war davon zu halten? Und was machte sie denn jetzt mit ihrer Intuition? Es gab doch keine Anwendungsbereiche mehr! Karins Selbstwertgefühl sank in dem Maße, in dem sie ihre Inkompetenz spürte.

Sie hatte das Gefühl, den Anschluss zu verlieren. Vor allem aber begann sie, an ihrer Intuition zu zweifeln. Als sie sich in einem Fall mit ihrer Meinung (die sie Intuition nannte) durchgesetzt und nicht auf die Empfehlung der Analysten gehört hatte, hatte ihr das einen Rüffel der Geschäftsleitung eingebracht. Sie hätte Marktchancen vertan.

Das alles verunsicherte sie sehr. Was war sie noch wert, wenn Computer ihren Job machten? Konnte sie nicht mehr mithalten? War ihre Intuition nichts als ein großer Irrtum?

Geschichten dieser Art werden auch Sie kennen. In allen Abteilungen ziehen die Data-Scientisten ein und beeinflussen die Art, wie Entscheidungen getroffen werden.

In der Personalabteilung gilt nicht mehr (nur) die »Nase« des Personalreferenten als maßgeblich, sondern das Ergebnis einer Datenanalyse. Systeme wie IBM Watson können binnen Sekunden aus 3 000 Zeichen Bewerbungstext eine umfassende Persönlichkeitsanalyse erstellen. Mit Sprachsoftware wie Precire kann in 15 Minuten die Passgenauigkeit eines Bewerbers für einen Job ermittelt werden. Dafür musste er zuvor nur 15 Minuten lang einem Roboter von seinem letzten Sonntagserlebnis erzählen. Dazu gibt es unterschiedliche Meinungen. Manche sagen, der Computer sei treffsicherer als die Intuition eines Personalers. Aber selbst wenn die Kritiker recht haben – und die Software ist im Moment vor allem ein Werbeversprechen –, wird sich das mit verbesserten Algorithmen ändern. Die Richtung ist klar.

Als Karin verstand, dass ihr Denken ein Update brauchte, veränderte sich ihr Verhalten nach und nach. Sie begann sich nicht mehr so sehr als Oberexpertin, sondern als Moderatorin und Kommunikatorin zu sehen, die ihr Team unterstützt und den Informationsfluss fördert.

## Wie Intuition und Komplexität zusammenhängen

Viele Menschen halten etwas für Intuition, was keine ist. Es ist wie im Eingangsbeispiel oft Angst, die das »komische Gefühl« auslöst.

Die gewachsene Intuition ist in erster Linie Erfahrungsfühlen; sie verbindet also den Verstand mit dem Herz. Dieses Erfahrungsfühlen kann leicht mit Bedürfnissen verwechselt werden. Dann konzentrieren wir uns auf unsere Macht und unseren Einfluss oder den Selbstschutz.

Wir instrumentalisieren das Bauchgefühl also, um unseren Bedürfnissen zu dienen. Doch mit zunehmender Komplexität ist das immer weniger haltbar wie Karins Beispiel zeigt. Es gibt einen direkten Zusammenhang zwischen Komplexität und der zunehmenden Bedeutung evolutionärer, gewachsener und spiritueller Intuition.

Da sich dieser nicht auf den ersten Blick erschließt, möchte ich ihn Ihnen einmal historisch darlegen: Am Anfang des Industriezeitalters waren weite Teile der Arbeitswelt einfach. Arbeiter ließen sich für Tätigkeiten in wenigen Stunden oder Tagen anlernen. Die Maschinen veränderten sich und mit ihnen die Anforderungen an menschliche Arbeit.

Durch die Optimierung von Abläufen und einer immer besseren Auslastung ließ sich noch mehr herausholen. Es erwies sich als effizient, wenn sich ein Arbeiter auf einen Handgriff spezialisierte. Vorausplanung als integrativer Bestandteil des Arbeitsprozesses half, den Einsatz weiter zu optimieren.

Der Ingenieur Frederick Winslow Taylor etablierte Anfang des 19. Jahrhunderts das »Scientific Management«. Dabei trennte er erstmals planerische und ausführende, damals meist noch handwerkliche Arbeit. Intuition war kein Thema.

Je besser die Maschinen wurden, desto mehr stieg der Anteil an Tätigkeiten, die spezifisches Know-how verlangten. Als es immer komplizierter wurde, wuchs so der Bedarf an Experten für die Überwachung der Arbeit und die Planung. Die zunehmende Optimierung von Prozessen verselbstständigte sich unter dem Begriff »Taylorismus«. Mit den ursprünglichen Ideen Taylors hatte das dann nur noch wenig zu tun.

Mit den Jahrzehnten nahm der Anteil einfacher Tätigkeiten immer weiter ab, bis sich das Verhältnis irgendwann umdrehte. Es wurde komplizierter. Kompliziert ist etwas, das sich nur mit Erfahrungswissen analysieren lässt. Kompliziertes ist lernbar, aber es braucht seine Zeit. Kompliziertes ist planbar, es lässt sich berechnen. Es ist beherrschbar. Intuition macht es überflüssig. Schließlich brachte das Internet neue Wellen der Technologisierung. Zunächst spielten diese der Effektivität zu, später der Innovation im Sinne des Fortschritts.

Neue Geschäftsmodelle drängten auf den Markt und bedrohten Unternehmen. Der Anteil des Komplexen stieg immer weiter – wie Karins

Beispiel zeigt. Und plötzlich wurde deutlich, dass im Komplexen Intuition wieder nützlich wird.

*Stellen Sie sich das in Farben vor: Einfach ist beige, kompliziert blau und komplex rot. Wem Sie Ihr eigenes Umfeld reflektieren, wie verteilen sich die Farben da im Moment? Und wie sah es vor zehn Jahren aus? Wie wird es sich in zehn Jahren weiter verändert haben?*

Kausalitäten, also Ursache-Wirkungszusammenhänge, sind in komplexen Systemen nicht mehr zu finden. Was die Henne und was das Ei ist, lässt sich nicht vorausdenken. Das geht maximal über Ex-post-Analysen, also im Nachhinein.

Nach vorn geht es fast nur noch experimentell, mit minimaler Planung, wobei die verschiedenen Arten von Intuition eine zentrale Rolle spielen. Diese sind es, die uns vom Roboter unterscheiden! Diese machen den Unterschied zum neuronalen Netz!

Und hier entsteht der Zusammenhang zwischen der zunehmenden Komplexität und dem aus diesem Grund nötigen Mindshift: Nicht das eigene Herrschaftswissen steht hier mehr im Fokus, sondern das gemeinsame Fortbewegen, Ausprobieren, Nutzen der Intuitionen. In einem komplexen Umfeld hilft uns die Erfahrung von gestern nur in Form von Intuition. Wenn komplexe Zustände zunehmen, ist Intuition also mehr gefragt denn je. Was tue ich? Was ist jetzt richtig? Was sagt mir meine Intuition? Hören Sie genau in sich hinein. Und wenn Sie es nicht immer unterscheiden können, üben Sie. Es ist überlebensnotwendig, diesen geheimnisvollen, so urmenschlichen Sinn wiederzuentdecken.

## Was Sie innerhalb von fünf Minuten tun können

Intuition ist eng verbunden mit Selbstwahrnehmung. Deshalb hilft alles, was dieser Selbstwahrnehmung dient. Meditationen bringen uns die Achtsamkeit für die eigenen Gefühle, Gedanken und Bewusstseinsströme nahe. Wenn Sie sich jeden Tag fünf Minuten hinsetzen und sich einfach nur wahrnehmen, ist es das Beste, was Sie für sich tun können.

Auf zwei Formen von Meditation habe ich im vorherigen Mindshift

»Kopf-Yogi« bereits hingewiesen (siehe Seite 162). Hier noch eine weitere Möglichkeit, die vor allem darauf hinausläuft, die Sinne und damit die Wahrnehmung zu schärfen:

- Was hören Sie, was riechen Sie, was spüren Sie auf Ihrer Haut, und was sehen Sie im entspannten Zustand mit geschlossenen Augen?
- Welche Bilder entstehen? Lassen Sie die vorbeiziehenden Gedanken an morgen, an gestern und an die Arbeit los wie Luftballons, die in den Himmel steigen.

## Was Sie innerhalb von sechs Wochen tun können

Wenn Sie sechs Wochen dranbleiben und immer wieder meditieren, werden Sie einen Riesenschritt weiterkommen. Nach sechs Monaten sollte es so sein, dass Sie die Meditation regelrecht brauchen.

Eine etwas umfassendere, kognitive Übung kann Ihre Praxis begleiten: Erstellen Sie eine Tabelle mit vier Spalten. Schreiben Sie die Begriffe einfach, kompliziert, komplex und chaotisch in den jeweiligen Kopf der Spalte (siehe Beispiel in Abbildung 13). Vielleicht nutzen Sie dazu eine Whiteboard-Folie oder ein Flipchart-Blatt. Halten Sie Post-its bereit.

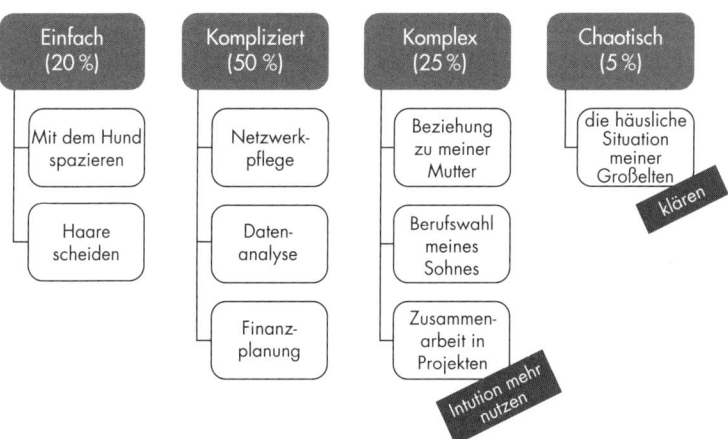

Abbildung 13: Intuitionsschärfer

Gehen Sie Ihr Leben durch, zerlegen Sie es in seine Bestandteile, und unterscheiden Sie dabei einfach, kompliziert, komplex und chaotisch. Chaotisch bedeutet, dass etwas keinem der drei anderen Zustände zuzuordnen ist. Hier muss man schnell handeln. Es gilt, einen einfachen, komplizierten oder komplexen Zustand zu erzeugen. Ein chaotischer Zustand kann beispielsweise durch eine plötzliche Krankheit entstehen oder während eines Jobwechsels. Wenn Sie Prozente zu vergeben hätten, welcher Bereich wäre wie groß? Schreiben Sie es in Ihre Tabelle.

Nun fragen Sie sich, wie und in welcher Form Sie in diesen Bereichen Ihre Intuition schärfen können. Legen Sie dabei meine Definitionen zugrunde. Beachten Sie also, dass sich Intuition nicht auf inhaltliches Wissen beziehen kann, sondern nur auf Emotionen, Kommunikationen (verbale und nonverbale) und motorische Aspekte – also auf alles, was der Computer nicht kann.

Gäbe es Gründe, anders darauf zu schauen? Wo könnten Sie Intuition stärker nutzen? Und wo haben Sie sich vielleicht bisher zu sehr auf etwas verlassen, das Sie bis zu diesem Mindshift für Bauchgefühl gehalten haben?

Wenn Sie viel mit komplizierten Dingen zu tun haben, kann es sein, dass Intuition in wesentlichen Aspekten der Kommunikation verlorengegangen ist. Fragen Sie sich, wenn Sie auf alle Ihre komplizierten Dinge blicken: Wo ist das Einfache, das Emotionale, das Gefühl? Dort suchen Sie die Intuition.

Wenn Ihre Analyse ergibt, dass Sie viel mit komplexen Dingen zu tun haben, wie gehen Sie damit um? Wie können Sie Ihren Umgang intuitiver gestalten? Wie können Sie mehr von der Intuition anderer profitieren? Und die von Ihrer? Und nicht zuletzt: Wie können Sie mehr Erfahrungen sammeln, um die Basis für Intuition zu verbessern?

Wenn Ihre Analyse zeigt, dass die Grenzziehung schwierig ist, stellen Sie sich die gleichen Fragen. Welchen Teil Ihrer Aufgaben können Sie planen und strukturiert angehen, wo bräuchten Sie ein intuitiveres Vorgehen?

In Abbildung 13 habe ich das Beispiel »Berufswahl meines Sohnes« als komplex aufgeführt. Dieses Thema hat allerdings zirka 50 Prozent komplizierte und 50 Prozent komplexe Bereiche. Kompliziert ist die Übersicht über all die beruflichen Möglichkeiten, die es im In- und

Ausland gibt. Komplex sind die Variablen, die bei der Berufswahl eine Rolle spielen: Persönlichkeit, Interessen, Region, die Entwicklung des Arbeitsmarktes …

Experten, die viel in dem Feld tätig sind, können Expertise mit Intuition verbinden. Jemand mit langjähriger Praxis sollte eine Menge gewachsene Intuition mitbringen.

### Wie Sie die Übung ausbauen können

Nehmen Sie sich einen Bereich vor, in dem Sie intuitiver werden wollen. Überlegen Sie sich, was Sie dafür tun können. Es kann gelten, Dinge zu verstärken, etwa mehr zu beobachten, Fragen zu stellen, Feedback einzuholen oder Erfahrungen zu suchen oder Vorverurteilungen zu unterlassen.

Frameworks aus dem agilen Kontext, beispielsweise das »Personal Kanban«, können Sie bei der Schärfung unterstützen. Dabei erarbeiten Sie erst einmal konkrete Aufgaben und schieben diese in ein »Waiting«. Dann starten Sie in die erste »Iteration« und nehmen sich das, was Sie in dieser Woche oder an diesem Tag tun möchten, in das »To do«. Es wandert dann ins »Doing« und schließlich ins »Done« und ins »Archiv«. Sie können dazu mit einem Whiteboard arbeiten. So ein Board lässt sich aber auch online, etwa bei Trello bearbeiten. Was bis dahin unübersichtlich schien, wird so überschaubar. Sie können sich auf wenige Dinge ganz und gar konzentrieren. Das ist gut für Ihre Intuition.

### Was Sie im Team tun können

Die gleiche Übung eignet sich auch für Gruppen, die Ihren Arbeitskontext einmal mit anderen Augen betrachten wollen. Auch die Nutzung eines Kanban-Boards ist ideal für ein Team, das gemeinsam an etwas arbeiten möchte.

Darüber hinaus empfehle ich Gruppen, Intuition bei Entscheidungen stärker einzubinden. Wenn Sie in der Gruppe etwas diskutieren und eine Entscheidung ansteht, rate ich, nicht mündlich zu diskutieren, sondern den allerersten Impuls aufschreiben oder sogar aufmalen zu lassen. Anschließend kann das Blatt weggelegt und über das Thema diskutiert werden. Worauf einigen Sie sich? Bevor Sie das tun, sollten noch mal alle ersten Impulse eingebracht und mit Blick auf das zwischenzeitliche Ergebnis betrachtet werden. Oft zeigt sich dann, dass sich in der Diskussion starke Meinungen durchgesetzt haben. Die wertvollen ersten Impulse sollten Sie jetzt als gleichwertig betrachten und keineswegs herabwürdigen.

# These

Erfahrungswissen bezieht sich nur auf menschliche Kommunikationserfahrungen – nicht auf Fachwissen

# Frage

Angst/ Bedürfnis nicht als Intuition interpretieren

Wie entwickle ich ein neues Intuitionsverständnis?

Intuitionen unterscheiden

Komplexität der Kommunikation annehmen

menschliches Erfahrungswissen aufbauen

MINDSHIFT

Intuitionsschärfer

# Praxis

Wie werde ich in diesem Sinne intuitiver?

erkennen, was kompliziert und was komplex ist

KOMPLIZIERTES BRAUCHT FACHWISSEN

KOMPLEXES BRAUCHT INTUITION

# 13. **Vereinfacher:** Weg mit den Details

**Worum es geht:**
Die alte Arbeitswelt belohnte Detailwissen. Sie schätzte menschen-erschaffene Logik, die sich durch Komplexes fräste. Doch all die Formeln und Berechnungen führten keineswegs zu besseren Entscheidungen. Es waren schlicht zu viele Details, selbst für Computer.

**Der Mindshift:**
Versuchen Sie erst gar nicht, Komplexes mit dem Verstand zu durch-dringen. Folgen Sie lieber einfachen Faustregeln.

**Das ist für Sie drin:**
Sie schulen Ihre Entscheidungsfähigkeit, Ihr abstraktes Denken und Ihre kognitive Flexibilität.

> »Auch eine schwere Tür hat nur einen kleinen Schlüssel nötig.«
>
> *Charles Dickens*

Felix sah nicht glücklich aus, als er über seinen Excel-Arbeitsblättern saß und die Kriterien seiner Entscheidung in Elementarteilchengröße zerlegte. Kaum war er im neuen Job angekommen, musste er auch schon eine berufliche Entscheidung treffen. Eine große Firma, ein attraktiver Arbeitgeber für Informatiker, hatte ihm einen anspruchsvollen Job an-geboten, der sonst kaum zugänglich für Bewerber ohne Promotion wie ihn war.

Eigentlich ein Sechser im Lotto, dachte ich als sein Coach. Doch dort, wo er jetzt war, konnte er seinen Interessen nachgehen. Außerdem gab es nette Kollegen. Er fand viele Gründe. Sie alle wogen schwer.

»Ich wünschte, *Sie* würden mir die Entscheidung abnehmen«, sagte er. Um Himmels willen! Damals, das war vor etwa fünfzehn Jahren, war das für mich undenkbar. Es passte überhaupt nicht zu meinem Ethos. Natürlich musste der Coachee selbst entscheiden! Ich war aber auch der Meinung, dass es besser war, solche Alternativen gründlich zu durchdenken und sauber zu analysieren. Nicht weil man da viel Neues entdeckt. Nein, ich meinte, dann würde die Intuition sich schon von selbst melden. Ein Denkfehler.

### Haben Sie auch Angst, Fehler zu machen?

Wir entscheiden alle unterschiedlich. Die einen schnell und intuitiv, die anderen langsam und analytisch alles durchdenkend. Wenn sich allerdings Angst mit dem Glaubenssatz »Alles muss perfekt sein« verbindet, was im Arbeitskontext oft geschieht, schlägt das Pegel immer in Richtung »langsam« um. Bloß keine Fehler machen! Das bezieht sich dann nicht nur auf Entscheidungen, sondern generell auf Vorgehensweisen. Ob es um ein Konzept geht oder die Bearbeitung von E-Mails. Ob die Entwicklung eines neuen Produkts ansteht oder die Prüfung einer Tabelle oder eines Proofs für den Druck. Die Genauigkeit ragt dann in Bereiche, die niemandem einen Mehrwert bringen. Im Gegenteil: In diesen innovativen Zeiten hat derjenige die Nase vorn, der schnell etwas Neues auf den Markt bringt. Produkte kommen minimal funktionsfähig daher. Und Fehler sind einkalkuliert.

Ich veröffentliche beispielsweise oft Blogs, die noch nicht perfekt ausgearbeitet sind. An der ersten Resonanz merke ich dann oft schon, ob ein Artikel funktioniert oder nicht. Im ersteren Fall lege ich nach, im letzteren ändere ich auch schon mal grundlegender etwas. Das machen viele Internet-Start-ups ganz genauso. Aber der deutschen Perfektionsmentalität widerspricht das sehr.

#### Perfekte sind depressiver
Studien zum Einkaufsverhalten zeigen, dass so genannte Maximizer, die mit einer langen Suche die beste Wahl treffen wollen, unglücklicher mit dieser Entscheidung sind als Satisficer, die sich schnell

für etwas entscheiden, was gut genug ist. Maximierer zeigen mehr Depressionen, Perfektionismus, Reue und Selbstvorwürfe. Zufriedenheitssucher sind optimistischer und haben eine höhere Lebenszufriedenheit.

## Die deutsche Gründlichkeit hemmt

Felix hatte scharfes Geschütz aufgefahren. Seine Entscheidungskriterien umfassten zehn Excel-Arbeitsblätter, die so kleinteilig waren, dass sie mich völlig überforderten. So waren verschiedene Karriereplanungen für den Rest seines Lebens entstanden. Und da lag noch einiges vor ihm. Felix war 32 Jahre alt.

»Was geht in Ihnen vor?«, fragte ich ihn. »Da ist Gleichstand, ein Patt. Ich habe nicht genügend Details bedacht«, erwiderte er. »Ich meine, was fühlen Sie?«, setzte ich nach. »So kann ich keine richtige Entscheidung treffen«, erwiderte er. »Wie fühlt sich das an?«, insistierte ich.

Er ging darauf nicht ein. Ich kannte das schon. Je detailorientierter die Person, desto weniger Bezug hat sie zu ihren Emotionen. Denn diese starke Detailorientierung beruht immer auf Angst. Die möchten Menschen nicht wahrhaben, also verdrängen sie sie. Ihre Grundannahme ist, dass Entscheidungen und Herausforderungen mit rationalem Perfektionismus beherrschbar werden. So suchen sie Hilfe im Verstand und nicht im Gefühl, das der Schlüssel wäre, um Dinge loszulassen (und damit auch entscheiden zu können).

Felix und ich stellten fest, dass es drei mögliche Entscheidungen gebe: die Entscheidung, im jetzigen Job zu bleiben, die Entscheidung zu wechseln und die Entscheidung, die Probezeit abzuwarten, um dann die eigenen Prioritäten noch einmal neu zu bewerten.

Wir arbeiteten mit der Stühle-Technik, die zurück zur Intuition führen kann. Jeder Stuhl repräsentiert dabei das Szenario nach getroffener Entscheidung, und der Klient setzt sich nacheinander auf seine Zukunft und fühlt sich ein. Bei Felix funktionierte das nicht. Die Stühle lösten rein gar nichts aus.

Ich habe viel mit Informatikern gearbeitet. Im Sinne des traditionellen IQs haben diese oft eine höhere Intelligenz, ähnlich wie Physiker oder Mathematiker. Einige aber verlieren sich so hoffnungslos in Details, dass sie darin ertrinken. Sie sind es gewohnt, einer Sache Aufmerksamkeit zu schenken (dem fachlichen Thema) und einer anderen nicht – den zwischenmenschlichen Beziehungen und Emotionen. Und wenn ich dem einen all meine Kraft widme, fehlt sie mir für das andere. Wenn ich mich bemühe, alle Rechtschreibfehler in einem 500-Seiten-Buch zu beseitigen, werde ich nicht gleichzeitig und mit dem gleichen Output auf die große Linie und die Leserführung achten können. Letzteres ist indes das, was Computer nicht können, die Rechtschreibkorrektur dürfte aber über kurz oder lang fast vollständig automatisiert werden können. Details sind also auch eher »digitalisierbar«.

*Wie detailorientiert sind Sie? Was hat das mit Ihrer
Aufmerksamkeit zu tun?*

Diese Denkweise passt allerdings nicht zu unserer Erziehung. Wir werden früh für Detailorientierung belohnt, dafür also, dass wir unsere Aufmerksamkeit auf jene, leicht digitalisierbare Genauigkeit richten. Die Bewertungsraster für schulische Klassenarbeiten sind so gestrickt, dass in einer Interpretation beispielsweise fünf verschiedene Aspekte genannt werden müssen, um eine bestimmte Punktzahl zu erreichen. Was konkret erwähnt werden muss, ist zudem inhaltlich vorgegeben. Damit erzieht unser Bildungssystem zu Anpassung, nicht aber zum Quer- und Freidenken. Das widerspricht dem, was die Arbeitswelt unter den Zeichen der Digitalisierung fordert.

## Wenn etwas nie gut genug ist

Die Angst zu versagen, steckt fast immer hinter einer übergroßen Genauigkeit. Wer denkt, dass er nie gut genug ist (und das in seiner Erziehung auch ständig gehört hat), wappnet sich so mit Perfektionismus, dass er Kritik vorbeugt.

Perfektionisten fällt es schwer, sich in einer Welt zu orientieren, die diese Fehler-Sicherheit nicht mehr bieten kann und will. In der Details weniger gefragt sind. In der Fehler gewünscht werden. In der es richtig und falsch nicht mehr wirklich gibt, Kommunikation eine tragende Rolle spielt. Und diese ist vielleicht klug, argumentativ und interessant – aber eben nie detailorientiert. Das menschliche Gehirn kann das ja gar nicht verarbeiten. Die Informationen müssen wie Appetithappen sein, sonst schmecken sie nicht.

An dieser Aufgabe mühte sich ein Professor für Betriebswirtschaft regelrecht ab. Er schaffte es einfach nicht, Details loszulassen. So fragte er mich, wie er mit wenigen Worten vor einem Gremium ausdrücken könne, was sein Spezialgebiet sei. Sein Wald war so dicht mit Bäumen, dass er darin nicht mehr spazieren gehen konnte. Das große Ganze war verschwunden. Es wiederzuentdecken, ist eine wichtige Aufgabe, aber kniffliger als manche Matheformel.

## Details verhindern abstraktes Denken

Das »Gedächtnisgenie« Solomon Schereschewski, der von 1886 bis 1958 lebte, konnte nichts vergessen. Er erinnerte sich an alles, auch an Dinge, die wirklich völlig überflüssig waren. Obwohl oder weil sein Kopf so vollgestopft war, hatte er Schwierigkeiten, Gesichter wiederzuerkennen oder Texte zusammenzufassen. Er konnte auch kaum abstrahieren. Es ging ihm ein wenig wie dem erwähnten Professor, und glücklich war er auch nicht.

Dieses Phänomen beobachte ich häufig bei Menschen, die an Details hängen. Sie sehen die einfachen Formen nicht mehr, können das Wesentliche nicht erkennen und sind eigentlich nie zufrieden. Vor allem aber können sie nur schwer mithalten bei den Anforderungen an einfache Abstraktion, die durch eine zunehmend komplexe Arbeitswelt entstehen. Je mehr Menschen an Details orientiert sind oder von ihrem Umfeld zur Detailorientierung geführt werden – wer will das trennen? –, desto weniger können sie das Wesentliche erkennen, dieses deuten und entsprechend vereinfachen. Sie können nur noch darstellen, aber nicht (mehr) interpretieren.

Oft habe ich mich gewundert, warum detailverliebte Menschen ausgerechnet mich als Coach ausgewählt haben. Ich habe eine Vermutung: Es ist meine Fähigkeit zu abstrahieren und dabei auf sehr viele Details zu verzichten. Das hat viel mit Übung zu tun. Die Mindmaps am Ende der Mindshifts sind eine Möglichkeit, sich damit zu versuchen – immer mit dem Blick auf »Weniger ist mehr«.

## Warum Heuristiken sehr hilfreich sind

Unser Kopf ist auf weniger statt auf mehr ausgerichtet – mit Heuristiken und Bias schafft er überall Abkürzungen durchs Denken.

Durch Daniel Kahnemanns Bestseller *Schnelles Denken, langsames Denken* war ich – wie viele andere auch – auf die negativen Wirkungen von Heuristiken fixiert. Erfolgreiche populäre Bücher wie *Die Kunst des klaren Denkens* trimmten mich weiter in eine ähnliche Richtung: Denk logischer, erkenn deine Denk-Grenzen und überwind sie. Es galt, Unzulänglichkeiten des Gehirns in den Griff zu bekommen, etwa durch rationales Denken, das sich in komplizierten Berechnungen und Verfahren spiegelt.

Als jedoch die Computer immer besser und sicherer in ihren Analysen wurden, kehrte sich diese Sicht um. Könnten Heuristiken nicht auch sehr sinnvoll sein? Sind sie nicht etwas Ur-Menschliches, ein Unterscheidungsmerkmal zum Computer? Sollte all die Rechnerei, die ganze Analytik und Logik, die sich im Laufe der Industrie-Menschwerdung aufgebaut hatte, am Ende gar nicht so wichtig, ja zweitrangig sein?

## Nutzen Sie Faustregeln als Chance

Gerd Gigerenzer hat die Forschungen von Kahnemann in ein anderes Licht gerückt. Mit seinen Forscherteams fand er Belege für die Überlegenheit der Heuristiken, also der Faustregeln, gegenüber Formeln und analytischen Berechnungen. Heuristiken sind also nicht nur schlecht und gefährlich, sie sind oft algorithmisch logischen Verfahren überlegen. Das liegt vor allem an einem: Sie orientieren sich nicht an Details, sondern an einfachen Strukturen.

Das gilt auch für ihre Brüder, die Fehler. Der Begriff »Bias« beinhaltet bereits eine Bewertung. Ein Fehler ist falsch. Aber ein Bias dient dem gleichen Zweck wie eine Heuristik: Er macht Menschen auch in komplexen Situationen handlungsfähig. Der Rückschaufehler etwa:

Mit Blick auf die Vergangenheit sehen wir vieles ganz anders und nachweislich oft falsch.

Als meine Mutter heiratete, entzündete sich ihr Kleid. Einer der Hochzeitsgäste rettete sie. Aber ein gutes Omen war das nicht: Fünf Jahre später ließ sie sich scheiden. Mein Vater verschwand nach Griechenland, ich habe ihn vier Jahrzehnte nicht gesehen. Doch die Geschichte vom brennenden Kleid begleitete mich. Wer hatte den Brand gelöscht? Mein Vater durfte es aus der Perspektive meiner Mutter nicht sein. Also brauchte es einen Helden. Das war mein Onkel. Er wurde zum Retter. Jedenfalls in der Erinnerung, die meine Mutter mit »Ich täusche mich nie« absicherte.

Erinnern Sie sich an 9/11? Wo waren Sie da? Die meisten von uns meinen, es ganz genau zu wissen. Das nennt sich Blitzlichterinnerung: Emotionale Ereignisse schneiden sich in unser Gedächtnis. Doch einige lagen völlig falsch. George W. Bush schilderte detailliert, wie er die Bilder des Einschlags während des Besuchs einer Schule im Fernsehen gesehen habe. Doch zu dem Zeitpunkt, als er dort war, gab es gar keine direkte Übertragung. Er hatte zwei zeitlich auseinanderliegende Ereignisse zusammengeführt.

## Gestalten Sie Wirklichkeit

Das Gehirn vereinfacht Komplexes und konstruiert sich dabei auch noch seine Welt, wie sie ihm gefällt. Das ist auch eine Chance: Man kann die vermeintliche Wahrheit so gestalten, dass sie für einen selbst Sinn ergibt. Die Fähigkeit, Details auszublenden, lässt uns traumatische Erlebnisse überwinden und mit schwierigen Lebenssituationen besser klarkommen. Das ist nicht rational. Es lässt ganz viele Details außer Acht. Aber es ist eine wunderbare Fähigkeit zur Vereinfachung, die Menschen beherrschen, aber Computer nicht.

Deshalb ist der Begriff »Bias« ein wenig aus dem Denken jener Zeit in den 1980er Jahren zu verstehen, in dem er entstanden ist: Als Daniel Kahnemann und Anders Tversky forschten, wollten sie nachweisen, dass der Mensch eben nicht rational ist. Es ging noch nicht darum zu zeigen, dass genau das der Vorteil in der digitalisierten Welt sein könnte.

Mein Kunde Felix hatte eine rationale Abwägung von Pro und Contra mit der Gewichtung von Gründen vorgenommen. Sein Vorgehen war orientiert an Benjamin Franklins »moralischer Algebra«: Stelle die Vorteile den Nachteilen gegenüber, gewichte und ermittle die jeweilige Summe. Franklin hätte wohl gesagt: »Und dann handle danach«. Doch das ist in komplexen Umgebungen kein sinnvoller Weg zur Entscheidung.

*Wenn Sie über Ihre letzte Entscheidung nachdenken, wie sind Sie vorgegangen? Waren viele oder wenige Details beteiligt, und wie wirkte sich das auf Ihre Zufriedenheit aus?*

»Gut genug« ist oft besser als ewig nach dem Optimalen zu suchen und es nie zu finden. Geht es um Fähigkeiten, die durch Erfahrung wachsen, schneiden vielfach Menschen am besten ab, die ein mittleres Kenntnisniveau haben. Auch da gilt also wieder: Weniger ist mehr.

### Weniger perfekt entscheiden

Einige Methoden helfen dem »Weniger ist mehr« besonders auf die Sprünge, so zum Beispiel Entscheidungen im Konsent. Ziel des Konsents ist es, jenes Argument zu finden, gegen das kein besseres vorgebracht werden kann. Die Entscheidung kann dann auch nicht belächelt werden, weil jeder selbst dazu beigetragen hat – und sei es nur, weil er oder sie es nicht besser wusste. Im Konsent gehen Sie bewusst eine Abkürzung, um den oft großen Drang nach »höher, besser, weiter« auszutricksen.

## Handeln Sie nach dem Weniger-ist-mehr-Prinzip

Faustregeln greifen die wichtigste Information heraus und lassen den Rest außer Acht.

Das Phänomen »Weniger ist mehr« erklärt auch die so genannte »Rekognitionsheuristik«, eine Faustregel, welche die bekanntere Variante der unbekannteren vorzieht. Wenn ich etwas schon mal gehört habe, kann ich mir leichter erschließen, was ich nicht weiß. Gibt es mehr Coaches oder Counselors in Deutschland? Auch wenn sie keinen blassen Schimmer haben, was ein Counselor ist, haben Sie diese Frage richtig beantwortet, wenn Sie auf den Coach getippt haben. Die Sache ist einfach: Vom Coach haben Sie öfter gehört. Berater wie ich kennen aber auch den Counselor. Sie könnten dann bei der Frage schwanken, denn in anderen Ländern ist dieser sehr viel verbreiteter. Ihr Detailwissen könnte ihnen somit ein Schnippchen schlagen.

Experten haben viele komplexe Formeln entwickelt, die etwas berechnen sollen, das nicht berechenbar ist. Einige dieser Formeln stammen aus der Finanzökonomie. Sie sollen die Portfolioentwicklung berechnen oder die Wahrscheinlichkeit für steigende oder fallende Kurse. Gerade die Aktienwelt zeigt aber eindrücklich, wie wenig solche Berechnungen helfen. Bei der Geldanlage sind regelmäßig Laien erfolgreicher.

Seitdem ich mich von meiner Finanzberatung getrennt habe und mein Depot selbst verwalte, entwickelt es sich besser. Das liegt nicht an meinem Wissen, ich habe ein mittleres Kenntnisniveau. Im Vergleich mit Menschen mit hoher Detailorientierung weiß ich viel weniger. Aber das Weniger-ist-mehr zahlt sich anders aus: Ich kaufe einfach möglichst unterschiedliche Aktien und setze vor allem die, deren Namen mir vertraut vorkommt und deren Produkte ich kenne. Mit dieser einfachen Faustregel schlage nicht nur ich oft die Portfolios von Experten. Ohne Details.

Auch in anderen Feldern genügen oft ein, zwei Informationen, um bessere Entscheidungen zu treffen als bei einer vollständigen Analyse. Geht es um Vorausschau und ein komplexes Umfeld, dann ist weniger auf jeden Fall mehr.

## Schulen Sie das Zuhören, nicht das Reden

Weniger ist mehr gilt auch für die Kommunikation. Wenn wir anderen zuhören, so ist das am angenehmsten, wenn Informationen gefiltert sind. Wir nehmen mehr wahr, wenn wir weniger hören. Das ist für manche Experten sehr schwer zu begreifen. Sie sind mit einem Anspruch auf inhaltliche Vollständigkeit sozialisiert worden.

Das spiegelt sich bei einigen auch in der Art und Weise wider, wie sie ihren Lebenslauf in Vorstellungsgesprächen erzählen: Jede Station wird ausführlich dargelegt. Dass das für den Zuhörer sehr langweilig ist, wird selten erkannt. Aber die Idee vom »vollständigen Lebenslauf« ist bei einigen stark im Kopf verankert. Dabei bleibt eine kluge Auswahl sehr viel besser beim Zuhörer haften.

Je mehr Informationen auf uns einströmen, desto mehr gehen verloren. Begrenzen Sie daher beim Reden die Informationsmenge, bauen Sie Ihre Rede systematisch auf, kommen Sie vom Allgemeinen zum Speziellen. Beginnen Sie bei den Zusammenhängen und bringen Sie dann Beispiele. Übrigens sind auch Computer nicht unbegrenzt belastbar. Kognitionswissenschaftler konnten einem neuronalen Netz grammatische Regeln besser beibringen, indem sie den Speicher zunächst begrenzten und dann sukzessive erweiterten. In diesem Punkt verbindet uns also etwas mit den Rechnern.

Wenn mir heute noch mal jemand wie Felix begegnen würde, würde ich ihm sagen: »Schmeiß die Tabelle weg, und entscheid dich für die Firma mit dem großen Namen.« Wenn er dann fragt: »Warum?«, sage ich: »Weil es mir meine Intuition sagt.« Wenn er dann fragt, woher ich denn wisse, dass meine Intuition richtig sei, erwidere ich, dass ich gar nichts wisse. Und dass das viel besser sei als viel Wissen, wenn man sich entscheiden soll.

### Was Sie innerhalb von fünf Minuten tun können

Lassen Sie den Text auf sich wirken und vergessen Sie die Details. Denken Sie morgen früh noch mal an meine Worte und formulieren Sie in einem Satz, was Ihnen aus diesem Kapitel in Erinnerung geblieben ist. Gestalten Sie diesen Satz dramaturgisch wirkungsvoll, inszenieren Sie ihn, zum Beispiel, indem Sie ihn tanzen. Ich bin nicht verrückt, ich meine das ernst. Probieren Sie es mal aus. Vielleicht singen Sie auch: »Vergiss die Details, hör auf, so genau zu sein«. Sie sollten viel Spaß haben und die Details dieser Übung nicht so genau nehmen.

### Was Sie innerhalb von sechs Wochen tun können

Faustregeln sind Voraussetzung für jede Entscheidung. Sie führen zum Detaildenken, aber sie helfen uns auch, davon wieder wegzukommen.

Abbildung 14: Faustregeln bei der Restaurantauswahl

Vor allem die Faustregeln der »Marke Eigenbau« stecken voller Anleitungen, sich das Leben schwerer zu machen. Die Abbildung 14 zeigt ein Beispiel für die »Restaurantauswahl«. Möglicherweise würde es einfacher und schneller gehen, wenn »Außenterrasse und Restaurant« gegoogelt oder einfach eine Frage bei Facebook im Freundeskreis gestellt würde. Manche Faustregeln zwingen uns viel unnötige Detailarbeit auf.

Wenn Sie Ihre Faustregeln aufdecken, können Sie sich selbst besser kennen lernen und überlegen, ob Ihre Regeln überhaupt sinnvoll sind. Sammeln Sie dafür Ihre Faustregeln über mehrere Tage.

Vor allem die Detailverliebten unter Ihnen sind mit dieser Übung angesprochen, denn sie könnte überflüssigen Zeitaufwand aufdecken.

Am besten orientieren Sie sich an einer typischen Woche. Welche Entscheidungen standen da an? Was taten Sie, als Sie sich für einen Restaurantbesuch entschieden hatten? Ich kenne Menschen, die so lange nach Internetbewertungen suchen, bis das Restaurant geschlossen ist. Ihre Faustregel lautete: Recherchiere alle Restaurants im Umkreis, ermittle die Top-Bewerteten und lies dann jeweils die ersten zehn Rezensionen. Urlaubsbuchungen können ähnlich aufwendig sein. Ein Bekannter von mir suchte sechs Wochen nach der besten Unterkunft.

Immer, wenn er dachte, sie gefunden zu haben, war sie ausgebucht. Er kam zu spät.

Wissen Sie, wie ich es mache? Ich gehe durch die Straßen, lass mich inspirieren und wenn ich vor einem Restaurant stehe, google ich es kurz. Buche ich Hotels, so schaue ich bei Facebook nach, wer von meinen Freunden bereits an dem Ort war, den ich besuchen möchte.

Wie entscheiden Sie sich, ein Buch zu einem bestimmten Thema zu kaufen? Manche folgen der Faustregel, das Buch mit den meisten und besten Bewertungen zu kaufen. Doch wer viele Bewertungen hat, hat oft einfach viele Freunde aktiviert, erst recht, wenn alle Bewertungen gut sind. Das sollten Sie überdenken. Deshalb kenne ich Leser, die vor allem nach Büchern fahnden, die auffällig viele gute und schlechte Bewertungen haben. Da kann man dann davon ausgehen, dass es keine Fakes sind – und dass ein Buch polarisiert, was meist nicht schlecht ist.

Weitere Beispiele für Faustregeln:

- **Wie beantworten Sie E-Mails?** Gehen Sie alle durch? Haben Sie den Anspruch, vollständig zu sein und jedem zu antworten? Das könnte Sie ganz schön viel Zeit kosten – zu viel vielleicht. Möglicherweise sollten Sie auch Ihre Faustregel für die Bearbeitung dieses Buches ändern.
- **Schreiben Sie Texte?** Wenn ja, wie? Manche gehen bei der Recherche unendlich ins Detail. Sie handeln nach der Devise: Erst alles verstehen und dann nach einem vorgegebenen Muster strukturieren. Ginge es auch anders? Könnte man mit der Struktur beginnen? Oder mit einer Idee, die beim Spazierengehen kommt?
- **Wie lernen Sie?** Besuchen Sie einen Kurs, buchen Sie einen Trainer, oder probieren Sie einfach aus?
- **Die Liebe** … auch sie folgt Faustregeln. Wie oft sie mit jemandem dem Kaffee trinken, bevor Sie ihn oder sie zu sich einladen zum Beispiel. Oder wann der erste Kuss fällig ist und was danach kommt.

Wenn Sie einen ordentlichen Fundus an Faustregeln haben, untersuchen Sie sie:

- Wie komplex sind sie?
- Haben sie zu viele Details?
- Was könnten Sie mal anders – viel einfacher – versuchen?

Vielleicht entdecken Sie auch, dass Sie ganz unterschiedliche Faustregeln anwenden und immer wieder ändern, einfach intuitiv, und damit zufrieden sind. Dann Glückwunsch für Sie. Wahrscheinlich sind Sie nicht allzu detailorientiert und ziemlich flexibel. Sie haben die Zukunftskompetenzen schon.

### Was Sie im Team tun können

Auch Teams haben ihre eigenen Faustregeln. Sich diese bewusst zu machen, hilft dabei, sie zu verändern. So folgte das Team von Klaus bei den Meetings der Faustregel »Alle müssen zustimmen«, wenn eine Entscheidung anstand.

Aber warum? Es gibt Situationen, da ist es besser, wenn einer entscheidet oder widerspricht. Faustregeln spiegeln Gewohnheiten und Denkweisen wider. Sie sind dann oft zu einfach. Die einfachsten lassen sich in eine Wenn-dann-Beziehung setzen. Ein Beispiel:

• Immer, wenn vom Vorstand ein Auftrag kommt, nehmen wir diesen als Priorität 1 sofort an.

Diese Faustregel könnte neu gedeutet werden, etwa:

• Immer, wenn vom Vorstand ein Auftrag kommt, lassen wir unseren verantwortlichen Product Owner über die Priorität entscheiden.

# These

Details verstopfen unseren Kopf und nutzen oft gar nichts

# Frage

Warum tun wir das und wie können wir es ändern?

gelernte Aufmerksamkeit aufs Unwesentliche

Glaube ans Rationale

MINDSHIFT

Vereinfacher

Angst vor Fehlern

MENSCH ≠ COMPUTER

ABER

Wer sich zu viel merken kann, verliert seine Intuition

# Praxis

TEAM

wenn-dann-Regeln finden

Wie kann ich mir das Leben deutlich ver-einfachen?

entspannt vergessen

weniger merken, dafür aber bildhafter

FAUSTREGELN ENTDECKEN UND VERKLEINERN

# 14. **Glücksbringer:** Den Grund finden, aus dem Sie morgens aufstehen

**Worum es geht:**
Die alten Griechen hatten die Götter. Einige von uns haben eine Religion. Viele aber driften sinnentfremdet vor sich hin. Das ist schwierig, denn die Arbeitswelt der Zukunft wird uns mehr Freiheiten bescheren, als wir je hatten. Dafür müssen wir uns selbst führen und den eigenen Rahmen ausgestalten können.

**Der Mindshift:**
Lernen Sie, dass Sie gestalten können, wenn Sie das wollen. Nutzen Sie Ihre Freiräume. Es gibt mehr, als Sie denken.

**Das ist für Sie drin:**
Dieser Mindshift bringt Ihnen die Sinnorientierung, die die Zukunft der Arbeit braucht.

> Es gibt keinen Weg zum Glück.
> Glücklichsein ist der Weg.
> *Buddha*

Wissen Sie, warum Sie morgens aufstehen? Ist es die Pflicht, die ruft? Oder ein wirklich guter Grund, ein Lebenssinn? Wir Deutschen sind sehr pflichtbewusst. Wir stehen auch dann auf, wenn wir keinen Sinn sehen – einfach, weil der Wecker klingelt. Glücklich macht uns das nicht. Es wappnet uns auch nicht für eine Zukunft, in der wir weniger von außen gesteuert sein werden, sondern uns von innen und aus uns selbst führen müssen. Natürlich wird es weiterhin äußere Verpflichtungen geben. Bis auf weiteres werden die Kinder wohl morgens zur Schule gehen und Fitnesskurse in Fitnessstudios stattfinden. Aber auch die Bildung verlagert sich in die Zeitlosigkeit des Internets. Apps bieten Fitnesskurse zu Hause. Das alles läuft darauf hinaus, dass wir uns selbst mehr steuern, eine Disziplin von innen entwickeln müssen. Und das fällt erheblich leichter, wenn wir wissen, warum wir etwas tun – für uns und andere.

Dazu brauchen wir einen Sinn im Leben, wie auch immer dieser geartet ist. Menschen streben intuitiv nach Stimmigkeit, nach Kohärenz – Sinn kann diese herstellen.

Alles ist möglich, sofern wir uns entscheiden, daran zu glauben und es uns zufrieden macht. Es kann ein höherer Sinn sein oder auch ein ganz praktischer. Sinnsuchern empfehle ich immer zwei Bücher: Hermann Hesses *Morgenlandfahrt* und Viktor Frankls *... trotzdem Ja zum Leben sagen*. Die Bücher könnten unterschiedlicher nicht sein, aber sie zeigen zwei Möglichkeiten der Sinnfindung – im Spirituellen, auch Unkonkreten und im Leben an sich. Und dieses bietet die unterschiedlichsten Ansätze und Möglichkeiten. Sinn darf sich im Laufe des Lebens auch verändern. Reife Menschen werden ganz automatisch in anderen Dingen Sinn finden als junge. Der eigene Sinn hilft, sich selbst einen Rahmen zu stecken und diesen ausfüllen zu können.

Das ist jedoch kein einfacher Schritt, denn die meisten Menschen verlassen sich auf einen Rahmen, den andere ihnen gesteckt haben. Sie sind also fremdbestimmt, agieren im Pflichtmodus oder handeln automatisch. Vielleicht folgen Sie dem Sinn von anderen, vielleicht gar keinem. Selbstbestimmung beginnt da, wo Sie Ihrem eigenen Sinn folgen.

*Was ist Ihr Sinn? Schreiben Sie für sich einmal »Sinn ...« auf und vervollständigen Sie den Satzstamm. Was lesen Sie daraus?*

## Wie Sinnbewusstsein Pflichtbewusstsein ersetzt

Wenn es keine festen Arbeitszeiten mehr gibt (die Wahrscheinlichkeit ist groß), wir von überall alles machen können, wir uns Jobs suchen, die uns Freude machen und »New Work« Wirklichkeit wird, spätestens dann funktioniert der Pflichtmodus nicht mehr. Spätestens dann braucht es statt Pflicht- eben Sinnbewusstheit. Ohne Sinn gibt es vielleicht ein hedonistisches Hochgefühl, aber nicht tief empfundenes Glück.

Vielleicht kennen Sie Langzeitarbeitslose in Ihrem Umfeld. Die meisten von ihnen wissen nicht, warum sie morgens aufstehen. Deshalb verbringen sie viel Zeit vor dem Fernseher und mit wenig sinnvollen Tätigkeiten.

Manche prophezeien eine weiter sinkende Wochenarbeitszeit. Der Anteil an Home-Office-Arbeit nimmt ohnehin zu. In Schweden experimentieren Unternehmen mit der 30-Stunden-Woche. Einige Unternehmen geben gar keine Arbeitszeit mehr vor. In manchen modernen Unternehmen ist nicht mal der Urlaub vorgeschrieben.

Wenn Roboter einen Großteil der Tätigkeiten erledigen können, was tun wir dann? Selbst wenn wir nicht alle arbeitslos werden würden, so ist doch eines klar: Die Arbeit wird ganz anders aussehen. Sie wird viel mehr mit Kommunikation, mit Menschen und schöpferischen Leistungen zu tun haben als je zuvor. Wenn die Prognosen recht behalten und die Zukunft der Arbeit die Befreiung von sinnlosen Tätigkeiten bedeutet, ist das eine Riesenchance. Aber eben auch eine ganz schöne Umstellung – von Fremdsteuerung auf Selbstführung. Mit so viel Freiheit umzugehen, müssen viele Menschen sicher erst lernen.

*Was ist der Grund, aus dem Sie morgens aufstehen?*
*Und wenn es nicht die Arbeit wäre – was wäre es dann?*

## Wie Ihnen das Ikigai Orientierung gibt

Sinnsuche ist ganz schön komplex. Sinn gibt es nicht zu kaufen, er ist immer Produkt eigener Gedanken. Da hilft es, wenn wir ein Ordnungssystem für diese Gedanken haben, einen Rahmen, den wir frei gestalten und ausfüllen können.

Das Modell, das ich dafür ausgewählt habe, ist das Ikigai (siehe Abbildung 15). Ihr Ikigai ist der Grund, aus dem Sie morgens aufstehen, denn es sollte nicht nur der Wecker sein.

Ikigai stammt aus dem Japanischen. Jeder Mensch hat es, man muss nur das richtige und zu einem selbst passende finden. Wer es gefunden hat, ist gesund, zufrieden und kann hundert Jahre alt werden. Bekannt gemacht hat das Konzept die Autorin Francesc Miralles.

Für die Perfektionistenseele scheint es eine komplizierte Angelegenheit zu sein, das Ikigai zu finden. Vielleicht ist es kein Zufall, dass

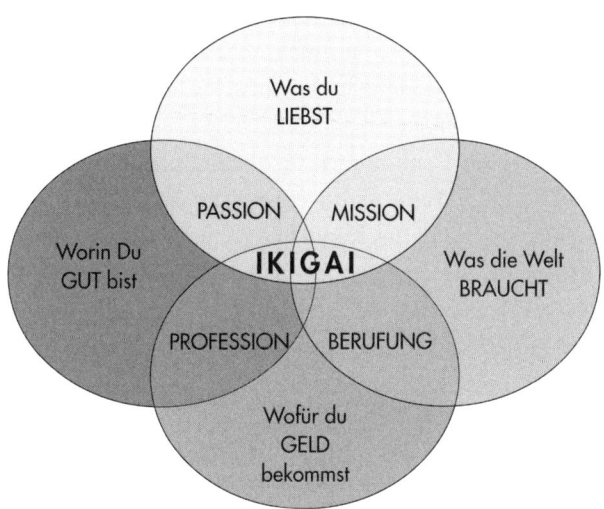

Abbildung 15: Ikigai-Modell

die deutsche Sprache kein solches Wort kennt. Im Ikigai steckt sehr viel, wofür wir eine Menge anderer Worte brauchen: Passion, Mission, Talent, Berufung, Sinn und auch Existenzsicherung. Neben Sinn kommen hier also auch die persönlichen Talente ins Spiel und damit der Gedanke, dass deren Nutzung zum Sinn beiträgt. Menschen, die ihren Begabungen folgen, können sich selbst und anderen den größten Wert stiften. Damit beinhaltet das Wort auch die griechische Arete – das Beste zu werden, das man sein kann.

Nach dem Ikigai zu leben, passt also gut zur neuen Arbeitswelt. Auch aus einem weiteren Grund: Ziel ist nicht, mit seinen Fähigkeiten lediglich einer Beschäftigung nachzugehen, sondern auch damit Geld zu verdienen. Das ist ein Thema, das von manchem Sinnsucher ausgeblendet wird. Sie suchen ihren Sinn da, wo keine ökonomische Grundlage ist – und klagen dann. Das führt zu Unzufriedenheit. Dabei steckt dahinter ein Denkfehler: Man geht davon aus, dass die Berufung für einen selbst nach Wunschbedingungen gestaltet werden müsste. Das klammert den Kontext aus. In Wahrheit gilt es, aus den gegebenen Bedingungen das zu machen, was zu einem passt. Das bezieht den Kontext ein. Das Ikigai berücksichtigt diesen wichtigen Aspekt.

Es zwingt einen deshalb dazu, in verschiedene Richtungen zu denken und dabei Ideen zu entwickeln. Auch umgekehrt: Wer viel Geld verdient, aber nicht zufrieden ist und nicht seine Stärken lebt, ist ebenso angehalten nachzudenken.

Das Ikigai ist ein Denkrahmen für die berufliche Orientierung in der Digitalisierung. Wenn Sie in einer Branche arbeiten, die durch Technologie und verändertes Kundenverhalten disruptiv erfasst wurde oder werden wird, dann gilt es, diese Aspekte spätestens beim Blick auf »wofür du Geld bekommst« einzubeziehen.

Die Digitalisierung hat beispielsweise den Journalismus fundamental verändert. Lernten Journalisten früher erst recherchieren und schreiben und erschlossen sich über die Texte Inhalte, ist es heute oft andersrum. In vielen Medienzweigen lässt sich außerdem mit Schreiben kein Geld mehr verdienen. Aber immer noch meinen einige, hier ihren Sinn gefunden zu haben, und vegetieren lieber am Existenzminimum, als sich zu verändern. Glücklich sind viele damit nicht, das Sinnempfinden schwindet. Im Sinne des ganzheitlichen Frameworks Ikigai fehlt hier etwas, um den Kreis zu schließen. Die Passion und Mission, vielleicht auch die Berufung bekämen einen neuen Sinn, wenn alle Aspekte mitgedacht werden würden.

## Warum das Ikigai Ihr Sowohl-als-auch aktiviert

Im Ikigai muss alles zusammenkommen, das eine sich zum anderen fügen. Es geht um ein Sowohl-als-auch und nicht um ein Entweder-oder. Wer sein Ikigai gefunden hat, weiß, was er liebt, kennt seine Passion und folgt dem, was er gern macht. Er hat daraus eine Profession entwickelt, eine klare Mission formuliert und eine Berufung gefunden, die Geld bringt. Wenn eines davon fehlt, ist es kein Ikigai.

Mir gefällt diese Idee im Unterschied zu vielen anderen Konzepten für Sinnorientierung aufgrund ihrer Ganzheitlichkeit. Zu oft habe ich eine Schieflage erlebt, wenn nur nach innen geschaut wurde, also auf die Passion, oder nur auf das Außen, also das Geld.

## Mit Ikigai Selbstführung lernen

Wir gehen leichtfertig davon aus, dass wir alle in unserer vollen Kraft stehen und nur einen kleinen Schups oder ein paar Tipps benötigen, um etwas in unserem Leben zu verändern.

Das stimmt nicht. Viele müssen erst eine vollständige Persönlichkeit werden, bevor sie ein Ikigai finden können. Das bedeutet, sie müssen nach eigenen Maßstäben handeln und sich von innen heraus führen können. Das ist ein entwicklungspsychologischer Schritt, den weniger als die Hälfte der Erwachsenen gemacht haben. Der Grund ist die Prägung durch Bildung und Arbeitswelt, die diesen Schritt nicht bedingungslos fördert. Wenn vor allem Anpassung belohnt wird, ist die automatische Folge, dass die Persönlichkeit nicht wachsen kann oder sogar verloren geht. Es fällt Menschen dann schwer, wirklich eigene Gedanken zu entwickeln, Entscheidungen zu fällen und sich selbst zu den eigenen Zielen und Visionen zu führen.

**Selbstführung** bedeutet, sich selbst zu führen. Sie müssen sich dafür selbst einen Rahmen stecken können. Viele Menschen haben das nie gelernt. Sie brauchen andere, die ihnen sagen, was zu tun ist. Das liegt an der fehlenden inneren Orientierung, die dann automatisch Entscheidungsschwierigkeiten nach sich zieht. Das macht sich besonders bei Themen bemerkbar, die mit der eigenen Lebensgestaltung zu tun haben. Oft wird nach Mustern oder Best Practice gesucht. Man orientiert sich an anderen, will so sein wie X oder Y, kommt aber in der Praxis keinen Schritt weiter. Denn X oder Y ist eben jemand anderes!

Wenn Sie ein Mensch mit klaren Wertvorstellungen und eigenen Maßstäben sind, können Sie sich am Ikigai-Modell vermutlich wunderbar orientieren. Seine Struktur gibt Ihnen ein Framework, einen Rahmen, innerhalb dessen freie Gestaltung möglich wird.

Wenn Sie sich aber nicht ganz klar über sich selbst sind, könnten Sie dazu neigen, sich an anderen zu orientieren, um etwas nachzumachen.

Sie könnten vielleicht Fantasie genug für die Ausarbeitung besitzen, aber Schwierigkeiten haben, diese dann in Handlung zu übersetzen. Sie kommen nicht weiter und drehen sich im Kreis. Es ist dann wahrscheinlich noch zu früh, auf ein Ikigai zu setzen. In diesem Fall gilt es, einen Schritt zurückzugehen und Ihre Individualität zu stärken. Die Frage »Wer bin ich?« ist möglicherweise auch nicht beantwortet. All das kommt vor dem Ikigai.

## Was Sie innerhalb von fünf Minuten tun können

Was ist der Grund, weswegen Sie heute Morgen aufgestanden sind? Schreiben Sie ihn auf. Reflektieren Sie, was Sie aufgeschrieben haben, und treffen Sie eine Entscheidung, warum Sie morgen aufstehen werden.

Sollte der Grund gewesen sein, dass der Wecker geklingelt hat, dann sollte es morgen nicht der Wecker sein, sondern etwas, auf das Sie sich wirklich freuen. Haben Sie nichts, auf das Sie sich wirklich freuen können, empfehle ich Ihnen, noch einmal den zweiten Teil des Kapitels zu lesen. Möglicherweise müssen Sie einen Schritt zurückgehen – oder in das Kapitel 16 »Stärkennavigator« wechseln.

## Was Sie innerhalb von sechs Wochen tun können

In sechs Wochen können Sie Ihr Ikigai so ausarbeiten, dass es Sie weiter durch Ihr Leben leitet. Vielleicht sagen Sie, dass Sie dazu keine sechs Wochen brauchen, aber ich empfehle Ihnen dennoch, sich diese Zeit zu nehmen.

Vielleicht schaffen Sie den ersten Durchlauf in einer halben Stunde, aber das Ergebnis wird nichts sein, das stark genug ist, Sie für einen längeren Zeitraum zu führen. Denken Sie daran, dieser Mindshift heißt »Glücksbringer« und nicht »Ikigai«. Es geht nicht darum, das Thema effizient abzuarbeiten. Das wäre »alte Welt«. Es geht darum, dass Sie ein Ziel erreichen. Das ist effektiv. Und es geht darum, dass Sie eine Orientierung bekommen. Das ist sinnvoll.

Auch hier bewährt sich das iterative Arbeiten und Denken. Behandeln Sie alle Aspekte des Ikigais wie Items in einem Backlog. Items sind Bestandteile eines Produkts. Ein Backlog ist eine Liste mit den Items.

Nehmen Sie sich in die erste Iteration, die gerne eine oder zwei Wochen dauern darf, also das Item, das Sie am meisten anspricht. Sie können in der oberen Hälfte der Blume anfangen, also bei der Frage zu Ihrer persönlichen Leidenschaft »Was liebst du?« (siehe Abbildung 15).

Von dort aus gehen Sie zur Passion und Mission. Sie können aber auch anfangen mit »Worin du gut bist«. Niemals jedoch sollten Sie starten mit »Wofür du Geld brauchst«.

Ein Item ist dann fertig, wenn Sie damit zufrieden sind und Sie das Gefühl haben, es könnte sich in die anderen Items fügen. Natürlich können Sie auch schon mal weiterdenken.

Sprache, Denken und Handeln liegen sehr nah beieinander. Worte können aktivierend sein, aber auch blockieren. Wenn Sie nicht eins mit Ihren Worten sind, können Sie diese auch schlechter für Ihre Kommunikation nutzen. Ich selbst habe Monate gebraucht, um meine Mission »Svenja Hofert bewegt Menschen, Teams und Organisationen« auf Papier zu bringen. Es gab viele Vorläufer. Doch irgendetwas fehlte immer. Der Satz hört sich vielleicht einfach an, war aber eine schwierige Geburt. Das sind einfache Sätze immer!

Wichtig ist auch: Es muss von Ihnen kommen. Niemand anders kann Worte für Sie finden, höchstens Vorschläge machen.

Zum iterativen Arbeiten gehört es, dass Sie Ihr Ergebnis als vorläufig ansehen und jederzeit verbessern oder erneuen können. Dazu gehört auch, dass Sie sich Feedback von »Stakeholdern« holen. Das können Kollegen oder Freunde sein.

Für die Arbeit mit dem Ikigai ist es übrigens völlig unerheblich, ob Sie angestellt oder selbstständig sind. Wenn Sie fertig mit Ihrem Ikigai sind, überlegen Sie sich, wie Sie es für sich selbst ansprechend aufbereiten können. Eine grafische Gestaltung kann helfen, dass Sie Ihr Ikigai auch wirklich verinnerlichen und verfolgen. Die Blume ist ein Vorschlag, es kann aber auch ganz anders aussehen. Je mehr eigene Kreativität darin steckt, desto besser. Ein Bild gibt visuelle Orientierung und verankert sich besser im Kopf.

## Was Sie im Team tun können

Wenn Sie mit anderen zusammen am jeweils eigenen Ikigai arbeiten, macht es noch mal mehr Freude. Es hilft, zu einem guten Ergebnis zu kommen. Und es öffnet für eine vertrauensvolle Zusammenarbeit. Deshalb – logisch – ist diese Übung nur dort sinnvoll, wo Offenheit belohnt und nicht bestraft wird.

Den Erstentwurf sollten Sie immer allein machen, der Feinschliff bietet sich für Tandemarbeit an. Dabei sollte der Partner Coaching-Fragen stellen und Impulse geben, aber keine »Meinung« kundtun.

Wenn jeder im Team sein eigenes Ikigai einbringt und aufhängt, können sich auch die anderen informieren. So lernen Sie sich gegenseitig viel tiefer und besser kennen. Deshalb kann das Ikigai auch ein schönes Workshop-Thema sein. Allerdings setzt dies ein reflektiertes Team voraus und eine erhebliche Selbstkenntnis. Ist diese nicht vorhanden, empfehle ich auch hier, das Stärkenthema vorzuziehen (siehe 16. Kapitel »Stärkennavigator«).

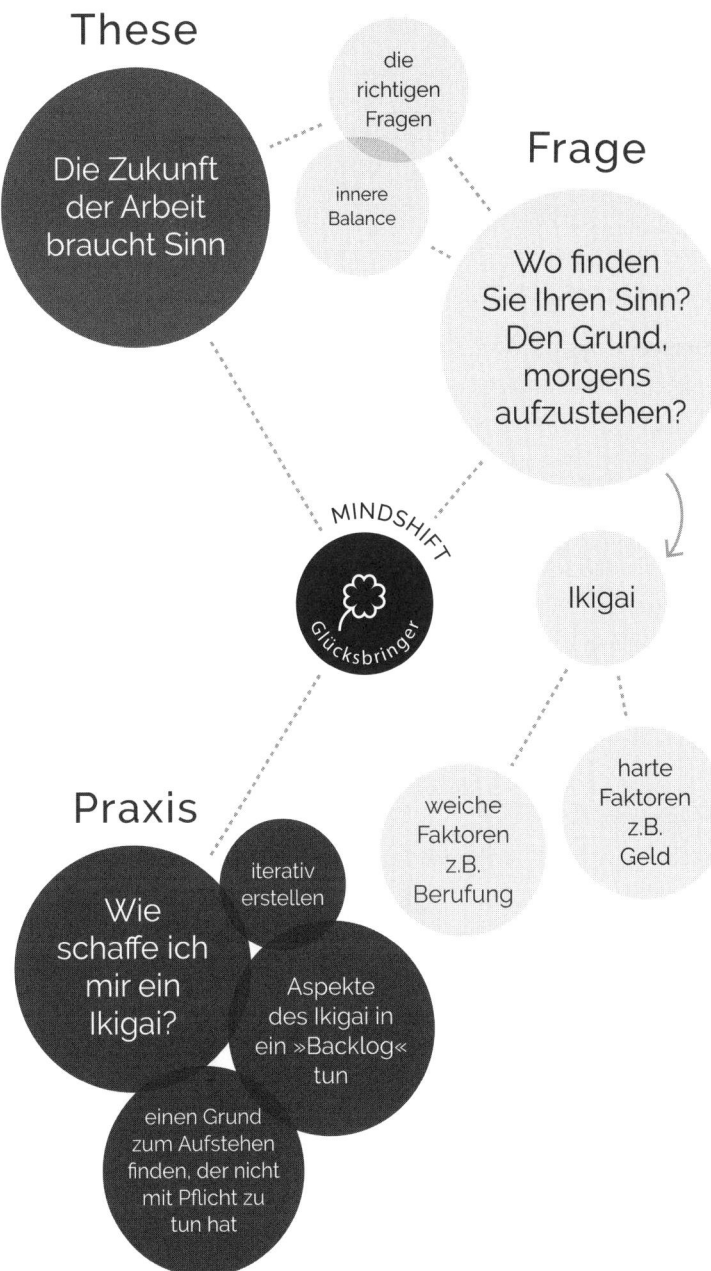

These

Die Zukunft der Arbeit braucht Sinn

die richtigen Fragen

innere Balance

Frage

Wo finden Sie Ihren Sinn? Den Grund, morgens aufzustehen?

MINDSHIFT

Glücksbringer

Ikigai

harte Faktoren z.B. Geld

weiche Faktoren z.B. Berufung

Praxis

Wie schaffe ich mir ein Ikigai?

iterativ erstellen

Aspekte des Ikigai in ein »Backlog« tun

einen Grund zum Aufstehen finden, der nicht mit Pflicht zu tun hat

# 15. **Kernfinder:** Grenzen erkennen und ziehen

**Worum es geht:**
Die Zukunft fordert von uns die Fähigkeit, sich abgrenzen und an Werten ausrichten zu können.

**Der Mindshift:**
Damit das gelingen kann, brauchen Sie Klarheit darüber, welche Werte Orientierung geben. Daraus lassen sich Handlungs- und Lebensprinzipien ableiten.

**Das ist für Sie drin:**
Sie lernen, sich abzugrenzen, was ein wesentlicher Aspekt einer reifer Persönlichkeit ist und Voraussetzung für eigene Entscheidungen.

> »Stress hat, wer ›ja‹ sagt und ›nein‹ meint.«
>
> *Anja Förster und Peter Kreuz*

Sandras Gesicht strahlte in der Sonne. Ich hatte sie zwei Jahre nicht gesehen. Nun hatten wir uns zum Kaffeetrinken verabredet. Ich hatte mir Sorgen um sie gemacht, denn als wir uns das letzte Mal gesehen hatten, ging es ihr nicht gut. Ihre Jobsuche war ohne Erfolg geblieben, ihr Freund hatte sie verlassen und gesundheitlich war sie auch angeschlagen. Sie hatte sich abgeschottet. Selbst auf Facebook, wo sie immer aktiv gewesen war, war es still geworden.

Wie ich nun erfuhr, hatte sie sich zuerst in eine psychosomatische Klinik begeben und dann eine lange Reise unternommen. Sie erzählte mir, dass sie endlich ihren »inneren Kern« wahrnehmen könne. Den

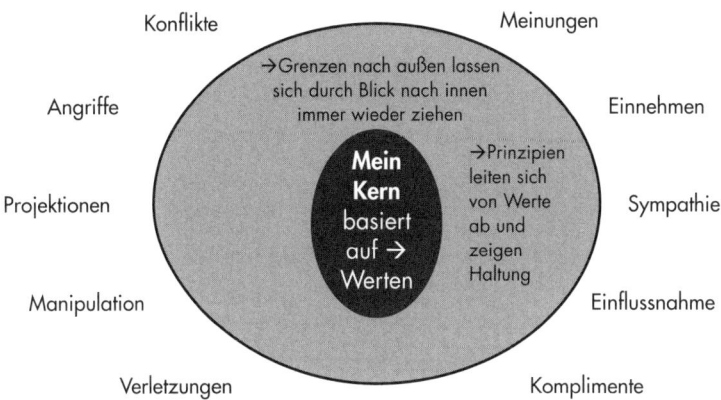

Abbildung 16: Das Pfirsich-Modell – seinen inneren Kern finden

Begriff kannte sie von mir. Ich habe mit meinem Kollegen Thorsten das »Pfirsichmodell« entwickelt (siehe Abbildung 16).

In der Mitte des Modells ist der Kern, der die persönlichen Werte umfasst. Aus diesem Kern entwickeln sich Handlungs- und Lebensprinzipien. Das bedeutet, ich habe einen Rahmen für das, woran ich mein Leben und die großen und kleinen Entscheidungen des Alltags ausrichte. Den Kern zu finden, bedeutet, seine eigene Persönlichkeit auszubilden und Haltung zu entwickeln. Deshalb habe ich diesen Mindshift Kernfinder genannt.

*Welche Gedanken und Fragen haben Sie, wenn Sie auf den Pfirsich in Abbildung 16 schauen? Schreiben Sie sie auf.*

Das Fruchtfleisch um den Kern herum schützt Sie vor den Grenzübertritten anderer. Damit sind sowohl scheinbar positive als auch negative gemeint, Schmeicheleien genauso wie Manipulation. Wenn wir umworben werden, dieses eine Mal doch noch mal die Arbeit der Kollegin zu übernehmen, so tastet sich dadurch auch jemand an unsere Grenzen heran. Sag ich dann »ja«, obwohl ich »nein« meine? Im letzteren Fall spricht das für einen zu »weichen« Kern. Das ist zwar nett, aber auf Dauer wird es Stress auslösen.

Wenn wir manipuliert werden, indem uns jemand absichtlich ein destruktives Feedback gibt, um sich selbst zu erhöhen, so kann sich ein Mensch mit einem starken inneren Kern davon abgrenzen. Wer innerlich zu weich ist, zweifelt am Ende an sich selbst.

*Haben Sie einen harten oder einen weichen Kern – oder etwas dazwischen? Wann ist es so, wann anders?*

Ein Mensch, der sich immer wieder auf seinen Kern besinnen und sich damit auch abgrenzen kann, kann in fast jeder Situation Haltung bewahren. Je mehr wir mit unterschiedlichen Menschen zu tun haben, desto bewegter unser Leben wird und wir Schutzräume der Heimat und des Arbeitsplatzes verlassen, desto wichtiger wird das. Ein Mensch mit einem starken inneren Kern wird nicht »ja« sagen, wenn er »nein« meint. Er wird sich auch nicht einlullen oder vereinnahmen lassen. In einer Gruppe kann er einen eigenen Standpunkt einnehmen. Er wird auch eher seinem Gewissen folgen, wenn er eine moralische Entscheidung zu treffen hat. Manch Wirtschaftsskandal wäre nicht geschehen, wenn mehr Menschen mit starker Persönlichkeit, also festem inneren Kern, am Werk gewesen wären.

## Eigene Werte befreien von Altlasten

Sandra spürte ihren inneren Kern, indem sie souveräner mit Situationen umging, weniger an sich zweifelte und sich abgrenzen konnte. Das war ein längerer Prozess mit Höhen und Tiefen und vielen Gesprächen gewesen. Wenn wir nicht genügend gestärkt worden sind, gehen wir leicht beeinflussbar ins Berufsleben. Wir folgen keinen eigenen Werten, sondern suchen nach Orientierung von außen.

Sehr viele Menschen schleppen die Seelenlasten ihrer Ahnen und deren Wertesysteme mit sich herum. Im Beruf leben wir nämlich die Werteprägungen unserer Kindheit und Jugend. Die Beziehung zu anderen spiegelt so lange auch die Wertesysteme unserer Familie, bis wir den inneren Kern für uns selbst gefunden haben. Gefühle spielen dabei eine wichtige Rolle, denn Werte sind immer emotional aufgeladen.

»Die meisten Menschen wollen an diese Themen nicht ran«, sagte Sandra. »Sie wollen sich nicht fragen, warum sie sich so oder so verhalten. Aber wenn einer wüsste, wie unglaublich befreiend es sich danach anfühlt, würde er ganz sicher anders entscheiden. Ich wünschte, ich könnte dieses Gefühl mit anderen teilen. Es ist großartig.«

## Wie Sie Werte wandeln können

Wer einen Schritt nach vorn möchte, muss vorher oft einen Schritt zurückgehen. »Was hat meine Herkunft, die familiäre Prägung mit meiner Haltung zu tun?«, mögen Sie sich fragen.

Wenn Sie die Biografie der Sängerin Madonna lesen, so wird immer wieder deutlich, dass ihr Leben vor allem der Verarbeitung des frühen Todes ihrer Mutter diente. Sie entwickelte daraus den Wert »Gesundheit« und daraus das Prinzip »Bewahre den Körper, konserviere ihn«. Das Beispiel zeigt, dass Werte förderlich und hinderlich zugleich sein können. Oft verändert sich das im Laufe des Lebens: Was anfangs nützt, kann später hindern. Der Wertekern kann also auch zu fest sein. Dann sind Werte nicht wie Samen, die aufgeben, sondern wie Zäune, hinter denen wir nichts mehr sehen. Hierin liegt ein wesentlicher Grund für Stagnation. Wer sich davon befreien will, muss anfangen, über die Zäune nachzudenken. Denn diese lassen einen Schatten entstehen, der zeitweise Schutz gibt, aber auch Wachstum verhindert.

Ich kenne keinen einzigen Menschen, der ohne Reflexion seiner Familiengeschichte und Vergangenheit zu mehr Lebenssinn und Glück gekommen wäre. Und nur wenige, die sich nicht mindestens mit einer Zaunseite in ihrem Leben aussöhnen mussten, um ihren Kern zu stärken. Die perfekten Eltern, die fehlerfreie Erziehung gibt es so wenig wie das perfekte Leben. Gerade die Generationen Babyboomer (geboren ab 1955) und X (geboren ab 1965) wurden von ihren Eltern nicht zu einer freien, starken und autonomen Persönlichkeit erzogen, sondern zu Anpassung, Fleiß, Pflichterfüllung und Leistungsgehorsam. In einer Wertehierarchie hat man uns vor allem rangniedere, funktionale Werte gelehrt. Wir sind weniger zur Freiheit, Selbstbestimmung und Autonomie erzogen worden. Weiterhin dominierte Regel- und weniger Prinzipienorientierung. Regeln und Prinzipien leiten sich aus Werten ab. Regeln sind Vorschriften. Sie lassen keine Interpretation zu. Es gilt:

Befolgen oder Nicht-Befolgen, Prinzipien hingegen stecken Orientierungsrahmen. Sie lassen Spielraum im Denken und Verhalten.

Um den Unterschied an einem Beispiel zu verdeutlichen: Der bekannte Hedgefonds-Manager Ray Dalio folgt dem Wert »radikale Transparenz«. Als Prinzip bezeichnet er, dass alle Mitarbeiter in seinem Unternehmen alles offen aussprechen müssen. Damit das gewährt ist, installiert er sogar Kameras in Besprechungsräumen. Es gibt also keinen Denkrahmen, sondern nur eine Vorgabe. Dalio verwechselt damit Haltung mit Sturheit und Prinzipien mit Regeln. Sein Wert »radikale Transparenz« hat Vorschriftencharakter und ist somit eine Regel.

### Was sind Werte?

Werte sind Handlungsimpulse. Sie lassen sich auch als Wünsche verstehen, etwas zu tun. Sind es nicht nur Worte, dann geben sie dem Leben also Richtung. Sie entstehen schon früh, meist in der Kindheit oder Jugend durch einschneidende Erlebnisse. Wenn etwas geschehen ist, das uns den »Wert« auch durch ein tiefes emotionales Erlebnis erkennen lässt, brennen sie sich besonders ein. Werte beinhalten immer starke Wertungen über das, was gut, also erstrebenswert ist.

Dabei lassen sie sich hierarchisch ordnen. Der Philosoph Otfried Höffe unterscheidet funktionale Werte wie Fleiß, Disziplin und Zuverlässigkeit von pragmatischen Werten wie Besonnenheit, Gesundheit, Rechtssicherheit und Wohlstand sowie moralischen Werten wie Mitleid und Wohltätigkeit.

Funktionale Werte stellen die unterste Ebene dar. Sie regeln die Frage, wie ich mich richtig verhalte. Pragmatische Werte sind höherwertig als funktionale, da sie zusätzlich den Blick auf den persönlichen und gegenseitigen Nutzen im Kontext richten. Moralische Werte beinhalten zusätzlich eine übergeordnete Wertung von dem, was ein höheres Gut ist. Der Kontextbezug ist also noch größer.

Beispiele: Fleißig (funktional) bin ich, weil es sich so gehört. Dahinter steckt der Grundgedanke der Anpassung an Regeln. Besonnen (pragmatisch) verhalte ich mich, weil es mir und den anderen nutzt. Mitleid zeige ich (moralisch), weil es mir, den anderen und auch der

Gesellschaft hilft. Funktionale Werte sind also häufiger regelgebunden, pragmatische und erst recht moralische folgen eher Prinzipien.

Werte können sich in Ihrem Leben in erster und zweiter Ordnung zeigen. In erster Ordnung werden die angestrebten Werte in konkrete Handlung umgesetzt, in zweiter Ordnung werden sie unterdrückt. Letzteres führt zu einer Unzufriedenheit mit dem Leben und sich selbst. Wer sich im Job gegen seine Werte verhalten muss, gerät in einen inneren Konflikt.

Kann es einen Wertewandel geben? Ja, dieses Buch beruht ja genau auf diesem Gedanken. Ein solcher Wandel kann sich auf unterschiedliche Art und Weise zeigen: als komplementärer Wertewandel, als Metamorphose und als Umdeutung.

Der komplementäre Wertewandel kann unecht oder oberflächlich sein, wenn jemand plötzlich ganz andere Werte verkörpert. Das kann zum Beispiel einer erzwungenen Anpassung an neue Verhältnisse geschuldet sein. Es ist dann kein echter Wertewandel.

Er kann aber auch durch ein einschneidendes Erlebnis und Erkenntnis ausgelöst sein. Wer seine Einstellung in die gegensätzliche Richtung ändert, tut dies gewöhnlich auf der funktionalen Ebene. Beispiel: Aus dem Wert »unkonventionell-unangepasst« wird »konventionell-angepasst«. Wir alle kennen vormals rebellische Typen, die sich den Konventionen der Arbeitswelt angepasst haben und plötzlich brave Spießbürger geworden sind.

Metamorphose bedeutet, dass ein Wert sein Aussehen wechselt. Toleranz im Jahr 2019 – als funktionaler Wert – sieht anders aus als Toleranz 1956.

Weiterhin gibt es Umdeutungen: Ein Wert verändert sein Erscheinungsbild komplett. Neugier ist für viele Menschen inzwischen verbunden mit Interesse an Neuem und lebenslangem Lernen. Noch vor zwei, drei Jahrzehnten war dieser Wert vor allem auf das voyeuristische Nachbarschaftsinteresse ausgerichtet. Heute ist Neugier viel mehr. Der Wert ist also zusätzlich auch in der Hierarchie aufgestiegen: vom funktionalen, aber tabuisierten persönlichen Wert (»Sei nicht so neugierig«) zum pragmatischen Wert.

## Einen eigenen Wertmaßstab setzen

Was oder wer ist Ihr Maßstab? Die Veranstaltungen selbsternannter Sinn-bringer sind voll. Viele locken Verzweifelte an, die Reflexion bräuchten und keine Heilsversprechen. Selbstdarsteller, die bei YouTube & Co. um Aufmerksamkeit heischen, versprechen schnelle, leichte und einfache Lösungen. Doch wenn Sie sich den Kasten zu »Was sind Werte?« durch-lesen, werden Sie spüren, dass jede Veränderung höchst persönlich ist.

Manche Heilsversprecher sagen, »Was ich kann, kannst du auch«, koppeln das oft an ein freies, selbstständiges Leben und Geldverdienen. Doch was diese Leute können, können Sie eben nicht, weil es gar nichts mit Ihnen zu tun hat – mit Ihren Werten und Ihrer Persönlichkeit. Sie sind nicht so narzisstisch, nicht so selbstverliebt und auch sonst ein ei-gener Mensch. Entwickeln Sie eine eigene Haltung, die sich an Ihren Werten orientiert. Wenn Sie diese als Samen begreifen und das poten-zielle Wachstum sehen, bringt Sie das am Ende sehr viel weiter.

## Wie aus dem Kern Ihre Haltung entsteht

Einst lauschte ich einer Vortragsreihe über »Haltung«. Es war lehrreich für mich, wie jeder der fünf Redner, die jeweils 20 Minuten füllten, etwas Anderes damit verband. Einige hielten konsequentes Festhalten an eigenen Überzeugungen für Haltung. Sie präsentierten Haltung als in Stein gemeißeltes So-ist-es-richtig-Denken. Sie äußerten also Werte auf funktionaler Ebene und verkauften Sie im Richtig-falsch-Modus. »Ich habe noch nie auf Berater gehört.« Oder: »Meinungen von ande-ren haben mich nie interessiert.« Die Herausforderungen der Zukunft meinten sie mit einer »klaren Haltung«, etwa als Bekenntnis zum Pro-grammierunterricht für alle Schüler, zu untermauern. Das ist für mich keine Haltung, die auf moralischen Werten fußt. Das ist Starrsinn.

Nur ein Vortragender redete über das, was Haltung aus meiner Sicht wirklich ausmacht. Er erzählte, dass er sich jeden Tag, ja oft jede Stunde, neu an seinem »Guten« ausrichten müsse. Dass er Werten folge, daraus Prinzipien entwickelt habe, die für ihn wie kleine Denkrahmen seien. Dass er manche dieser Prinzipien aber auch immer wieder verändere, wenn sie sich als nicht hilfreich erwiesen haben. Sie seien ständige Begleiter. Integer zu sein, war ihm wichtig. Unbestechlich im direkten und übertragenen Sinn, im Dienst der Gemeinschaft handelnd.

Menschen als »Subjekte« zu sehen, sei für ihn selbstverständlich. Ob Taxifahrer, Rezeptionist oder Unternehmerkollege: Alles seien Menschen, die dieselbe Freundlichkeit verdienten. Ein weiteres Prinzip war, neuen Ideen immer mit Interesse zu begegnen. Und ein anderes, dass nichts in Stein gemeißelt sei – außer die Dinosaurier in den Steinen von Ica, aber die seien ja sowieso eine Fälschung. Im Unterschied zu den anderen Rednern richtete er sein Handeln zunächst an moralischen Werten aus. Werte auf der funktionalen Ebene – Höflichkeit etwa – ergaben sich als Konsequenz daraus.

*Sortieren Sie das einmal für sich. Wo erkennen Sie selbst bei anderen Haltung? Wenn Sie das bisher anders gesehen haben als ich, wo genau liegt der Unterschied? Denken Sie an Samen und Wachstum, an Kern und Grenze.*

Erkennen Sie den Unterschied? Dieser eine Redner wusste, woran er sich ausrichtete. Ihm war klar, dass er sich selbst entscheiden kann, welchen Werten er in seinem Leben folgt. Er brauchte niemanden, dem er hinterherläuft. Die Orientierung kam aus ihm ganz allein.

Er wusste, dass es an ihm liegt, die Welt zu gestalten. Das ist ein großer Unterschied zu den Rednern, die annahmen, etwas sei richtig oder falsch. Ohne Grautöne.

Wir sollten wissen, warum wir diesem oder jenem Werten folgen. Dass alle Schüler programmieren lernen, ist sicher keine schlechte Idee. Die Frage ist aber, warum das im Sinne der Gesellschaft ist. Eine gute Argumentation baut darauf auf. Sie wird deshalb immer auch Zwischentöne zulassen.

## Warum Persönlichkeit mit moralischen Werten wächst

Für mich ist Persönlichkeitsbildung wichtiger als »Programmieren für alle«, obwohl ich einen verpflichtenden Programmierunterricht nicht ablehne. Betrachte ich die Werte in ihrer Hierarchie, so bleibt »Programmieren für alle« aber ein funktionaler Wert auf der Ebene einer

Regel. Persönlichkeitsbildung dagegen ist ein moralischer Wert. Sie schafft den Boden, auf dem alles andere wachsen kann. Einen Boden, der freie Entscheidungen möglich macht.

Mehr Persönlichkeitsbildung wird zur Folge haben, dass Menschen lernfreudiger werden. Sie wird dafür sorgen, dass alle Menschen die Chance bekommen, am Gesellschaftsleben teilzuhaben.

Wenn Sie an Politiker mit Haltung denken, dann fällt Ihnen womöglich Barack Obama als eher starke und Donald Trump als eher sture Persönlichkeit ein. An diesen beiden wird auch der Unterschied zwischen den Kern-Werten deutlich. Der eine orientiert sich am Kontext, am übergeordneten Wohl der Menschen, der andere bedient seine Wähler, aber vor allem sich selbst. Der eine reflektiert offen, der andere gar nicht. Starrsinn hat etwas Verführerisches für schwache Persönlichkeiten. Er entlastet vom Selbstdenken. Das ist der Grund, aus dem Menschen, die Werte verordnen, Gefolgschaft finden. Sie entlasten davon, sich mit Werten zu beschäftigen.

*Wenn Sie diesen Abschnitt reflektieren: Welche Persönlichkeiten bewundern Sie? Wer aus dem öffentlichen und privaten Leben ist für Sie Vorbild? Was macht die Haltung dieser Personen aus? Wo ziehen Sie die Grenzlinie zwischen stur und stark?*

Sie werden jetzt vielleicht auch verstehen, warum ich diesen Hebel mit Blick auf die Zukunft der Arbeit für so wichtig halte, vielleicht ist er der wichtigste im ganzen Buch. Denn nur wer eine werteorientierte Haltung hat, wird unsere Zukunft in einer Form mitgestalten, die die Interessen aller berücksichtigt. Wir leben in einer globalen Welt; wir sind gegenseitig verantwortlich. Wir brauchen grenzübergreifende Kooperation. Alles andere baut Fronten auf anstatt ab.

### Lernen Sie, Grenzen zu ziehen

Um Haltung zu entwickeln, müssen Sie sich abgrenzen können. Das bedeutet, Sie können einen Kreis um sich ziehen und damit Grenzen sehen und markieren. In Ihren Kreis können Sie andere einladen. Aus diesem Kreis können Sie »Störer« aber auch rauswerfen. Wenn Ihr Kreis

Grenzen hat, dann haben Sie kooperative Beziehungen, weil Sie auch die Grenzen der anderen berücksichtigen. Wenn Sie Grenzen haben, dann freuen Sie sich über Rückmeldungen und Perspektiven anderer, weil Sie diese auch als solche sehen können – und nicht etwa als Angriff werten.

Vergleichen Sie es mit Landesgrenzen: Innerhalb eines Landes herrscht eine Kultur und Prägung, die den Einwohnern Identität verleiht. Es gibt eine gemeinsame Sprache, die verbindet. Einen Boden, der Heimat, Zugehörigkeit und Vertrautheit schafft. Grenzen formen die kulturelle Identität. Diese ist Teil der Persönlichkeit – aber nicht der einzige. Vieles kann Heimat geben, die Familie, Freunde, der Glaube.

## Was Sie innerhalb von fünf Minuten tun können

In einer Welt voller Möglichkeiten haben wir die Wahl – auch zwischen den Werten und wie wir sie interpretieren. Die erste Frage, die ich Ihnen stelle, lautet deshalb:

1. Werte erster Ordnung: An welchen Werten richten Sie sich aktiv handelnd aus?
2. Werte zweiter Ordnung: Welche Werte halten Sie für gut, aber leben sie nicht? Was sind also ungelebte Wunschvorstellungen?
3. Wenn Sie ein Land mit Grenzen wären, welche Werte würden in Ihrem Land dann gelten?

Zeichnen Sie dieses Lebens-Land und malen Sie die Werte ein. Kennzeichnen Sie sie jeweils mit einem Luftballon oder einem Stern, einer Sonne oder den Wolken im Horizont, je nachdem welche Rolle sie in Ihrem Lebens-Land spielen.

Indem Sie Bilder in sich abspeichern, verankern Sie die Werte besser. So bin ich sicher, dass dieses Thema Ihnen nicht mehr so schnell aus dem Kopf gehen wird.

## Was Sie innerhalb von sechs Wochen tun können

**Erster Teil der Übung** Ein Mittel, um Haltung bewusst zu gestalten, liegt darin, sich Werte bewusst zu machen und daraus Lebens- und

Entscheidungsprinzipien abzuleiten. Wir folgen dem Wert Menschlichkeit, wenn wir dem Prinzip folgen, allen Menschen freundlich und wohlwollend zu begegnen. Wir folgen dem Wert Gemeinschaftssinn, wenn wir das Prinzip »Entscheidungen im Sinne aller treffen« leben.

Arbeiten Sie weiter mit Ihrem Lebens-Land. Verschönern Sie die Skizze und verändern Sie sie so, dass nach und nach ein Bild entsteht. Gehen Sie die Fragen aus der Fünf-Minuten-Übung wieder und wieder durch. Unterscheiden Sie vor allem die erste von der zweiten Ordnung. Verstehen Sie, warum Sie die Werte zweiter Ordnung für sich erkennen, aber nicht leben.

Ich selbst hatte ein Pseudo-Ökologie-Bewusstsein. Mir haben ökologische Prinzipien »gefallen«, aber ich habe Aluminium-Kaffeekapseln gekauft. Es war eher ein Stammtischwert, bis ich diesen Wert mit Handeln verknüpft habe.

Sicher geht Ihnen jetzt so einiges im Kopf herum. Und wahrscheinlich legen Sie auch das eine oder andere ad acta, was Ihnen bis gerade eben noch als Wert erschien.

Wenn Sie die Werte geordnet und Ihr Bild gezeichnet haben, frage ich Sie: Welche Lebensprinzipien lassen sich daraus für Sie ableiten?

Ich meine damit eben nicht Regeln, sondern Denkrahmen für Ihre Entscheidungen. Schreiben Sie diese auf – nicht mehr als fünf oder sechs. Das ist der Kodex Ihres Lebens-Landes.

**Zweiter Teil der Übung** Der zweite Teil der Übung vertieft den ersten und ist optional. Vielleicht beschäftigen Sie sich erst später damit, je nachdem wie einfach oder komplex Ihnen der erste Teil erschien. Das wird sehr viel mit Ihren Erfahrungen zu tun haben. Je vertrauter Ihnen das Thema ist, desto eher werden Sie in diesem Abschnitt landen.

Wir wollen uns die Werte und die davon abgeleitete Prinzipien jetzt mal genauer anschauen. Dafür beginnen wir ganz oben, suchen also nach dem übergeordneten und für alle Handlungen sowie die eigene Zufriedenheit wichtigen Leitwert. Was ist Sonne und Licht für Sie? Was führt Sie durch das Leben? Woran orientieren Sie sich auf einer höheren Ebene? Was ist das Gute für Sie? Wonach recken Sie sich wie eine Pflanze nach dem Licht?

So betrachtet kann dieser Leitwert niemals etwas sein, das grausam, brutal, rücksichtlos oder egoistisch ist. Das Gute kann das Göttliche sein, das Ihnen (weitere) Orientierung gibt, wenn Sie ein gläubiger Mensch sind. Es kann aber auch etwas vollkommen Irdisches sein. Für mich ist es deshalb irrelevant, wem und was Sie genau folgen. Auch Atheisten, die gar keine Götter sehen wollen, haben etwas, dem Sie folgen, beispielsweise dem Glauben an den Genuss im irdischen Leben und die Erfüllung in einer Lebensaufgabe. Eins ist jedenfalls sicher: Wenn das Gute auch anderen Menschen Gutes bringt, ist es befriedigender für alle.

Abbildung 17 soll Ihnen Orientierung geben. Sie ordnet Ihre Werte und Lebensprinzipien nach einem einfachen System, das auf Gedanken der positiven Psychologie beruht, die sich wiederum auf antike Philosophien beruft. In der Abbildung erkennen Sie zwei Pole: Der eine beschreibt die hedonistische Tendenz, der andere die eudänomistische Die Hedonisten riefen die Lust und Bedürfnisbefriedigung als höchstes Lebensziel aus. Die Eudämonisten setzten den Akzent auf Persönlichkeitsentwicklung, Beziehungen zu anderen, Autonomie, Alltagsbewältigung und das Erreichen von Lebenszielen unter Nutzung der in einem angelegten Potenziale.

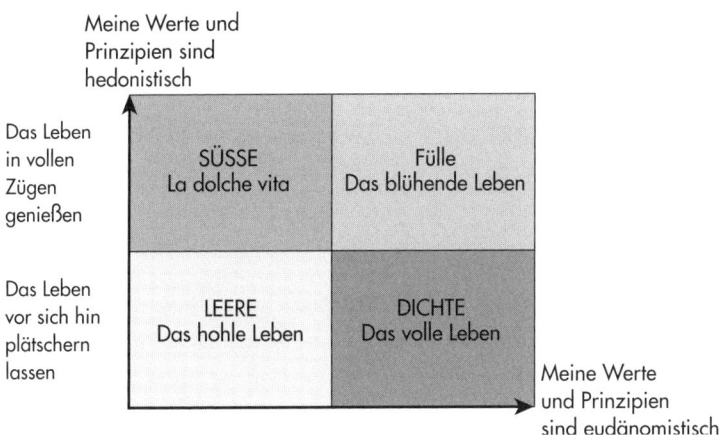

Abbildung 17: Kernfinder für Lebenswerte

Verleitet das eigene Gute zur kurzfristigen Lustbefriedigung, so ist es süß, oft überzuckert. Wer allein die eigene Glücksmaximierung im Sinn hat, bereut dies nicht selten (spätestens) am Ende des Lebens. Dieses Streben nennt man Hedonismus, was griechisch dem »Vergnügen und der Lust folgend« bedeutet.

Verleitet das Gute zur Selbstentfaltung, ist es Eudänomie. Das ist schwer übersetzbar, es bedeutet so etwas wie einen »guten Dämon« haben. Dazu muss man wissen, dass der Dämon nicht immer »teuflich« war. Bei den Griechen steckte vielmehr der Gedanke dahinter, dass jeder Mensch von Geburt an einen Begleiter hat, einen Geist – hier also einen guten Geist.

Wenn Sie einen solchen guten Geist haben, dann nutzen Sie Ihre Tugenden und Ihre eigenen Stärken zum Wohle aller. Möglicherweise ohne dabei an Ihren Genuss zu denken. Dann ist das Leben voll, aber nicht süß.

Wenigen gelingt es, beides zu verbinden. Gelingt es Ihnen, entsteht Fülle, ein blühendes Leben. Gelingt Ihnen weder das eine noch das andere, folgt Leere, ein hohles Leben. Wer ein hohles Leben führt, gestaltet nicht, sondern lässt sich gestalten.

Wenn Sie einige Ihnen bekannte Persönlichkeiten mit dem Modell verorten, werden Sie verstehen, wo die Unterschiede liegen und warum diese so viel mit Haltung zu tun haben.

Wo sehen Sie sich selbst? Machen Sie einen Punkt in der Grafik, der Ihren Standort kennzeichnet. Fragen Sie sich dazu:

- Was macht das Leben für Sie selbst lebenswert und sinnvoll?
- Was macht Ihr Leben für andere lebenswert und sinnvoll?
- Was macht Ihr Leben in der Koexistenz mit allen anderen auf dieser Welt lebenswert und sinnvoll?

Bringen Sie dies dann mit Ihren Lebensprinzipien überein. »Ich genieße das Leben in vollen Zügen« wäre typisch für den Dolce-Vita-Typ. »Ich möchte das Beste aus mir machen«, für den Dichte-Menschen.

Wer im Feld der Leere dümpelt, folgt in der Regel keinen gelebten Werten, die über das rein Funktionale hinausgehen. Die Haltung ist also eine passive im Unterschied zu einer aktiven bei den anderen drei Grundtypen »Süße«, »Dichte« und »Fülle«. Sie erkennen hier auch sogleich, was das mit dem Pfirsichkern der Persönlichkeit zu tun hat: In der Leere gibt es keinen Kern, keine Grenzen.

Hinter Hedonismus und Eudänomie stehen jeweils zwei Vorstellungen vom Guten, das Sie gerne auch als das Sinnhafte bezeichnen können. Bei der hedonistischen Idee steht der Gedanke dahinter »Das Gute ist das Leben selbst«, bei der eudänomistischen ist es mehr »Das Gute ist unsere Wertstiftung auf dieser Welt«. Das sind grundlegend unterschiedliche Weltvorstellungen, die auch Ihre Haltung zu Veränderungen durch die Digitalisierung beeinflussen. Wer sich im Quadrat der Leere oder Süße befindet, strebt nicht danach, dass er selbst oder die Menschheit sich weiterentwickelt. Was ihm oder ihr vielleicht aber weniger bewusst ist: Er verzichtet dabei auch auf eigenes Glück.

Nachdem Sie Ihren Standort skizziert haben, fragen Sie sich, wo Sie gerne stehen möchten. Was wollen Sie dafür tun? Wie können Sie Ihr Leben und Ihre Haltung verändern? Wie kann Ihnen das durch den Denkrahmen der Werte und Prinzipien gelingen? Was wäre für Sie im Moment die größte Stellschraube, der stärkste Hebel? Schreiben Sie es auf!

### Was Sie im Team tun können

Die gleiche Übung lässt sich auch für Ihr Team abwandeln. Fragen Sie sich, an welchen Werten Sie sich ausrichten. Gewichten Sie diese. Bringen Sie sie in eine Ordnung gemäß der Wertehierarchie: Welche funktionalen, pragmatischen und moralischen Werte gelten für Sie? Und welche sollen verstärkt gelten?

Wo ziehen Sie Ihre Grenzen? Was bedeutet das für Ihr konkretes Handeln? Leiten Sie Handlungsprinzipien ab.

# These

Nur wer Grenzen ziehen kann, ist für die Zukunft gewappnet

NEINSAGEN!

# Frage

Wie gelingt diese Grenz-ziehung?

Grenzen ziehen

Werte-Hirarchie

Pfirsich-Modell

WARUM KÖNNEN WIR UNS OFT NICHT ABGRENZEN?
> REFLEXION DER BIOGRAFIE

MINDSHIFT

Kernfinder

# Praxis

Haltung

Wie den inneren Kern finden und stärken?

Werte in Hierarchie bringen

Prinzipien aus Werten ableiten

1. FUNKTIONAL
2. PRAGMATISCH
3. MORALISCH

# 16. **Stärkennavigator:** Finden Sie heraus, was in Ihnen steckt

**Worum es geht:**
Stärken zeichneten uns früher als Experten aus oder unterstrichen eine fachliche Kompetenz. Sie waren ein statisches Zielbild, kein dynamisches Entwicklungsfeld. In Zukunft muss sich diese Sicht verändern.

**Der Mindshift:**
Wenn wir Stärken als dynamische Entwicklungsfelder erkennen, werden wir viel mehr lernen.

**Das ist für Sie drin:**
Im besten Fall erneuern Sie Ihr Selbstbild, um sich mit mehr Lust weiterzuentwickeln.

> Ich habe keine besondere Begabung,
> sondern bin nur leidenschaftlich neugierig.
>
> *Albert Einstein*

Google ist innerhalb kurzer Zeit zu einem Sprachengenie geworden. Es kann mit »Google Translate« Texte treffgenau übersetzen. Sogar die Graustufen und Feinheiten der Sprache werden mittlerweile erkannt. Das ermöglicht es Menschen auf der ganzen Welt, in vielen Sprachen zu kommunizieren, ohne diese selbst zu beherrschen.

Die mündliche Kommunikation wird nachziehen. Während ich rede, wird auch gleich simultan übersetzt werden. Informationen lassen sich dann viel leichter über den Globus tragen. Das alles geht rasend schnell. Die Grenzen lagen bis vor kurzem noch in der idiomatischen Übersetzung von Texten. Redewendungen konnten nicht wirklich sinnvoll transferiert werden. Immer noch sind Humor und Zwischentöne schwer zu erfassen, sodass es ein Post-Editing braucht. Dies ist aber immer weniger aufwendig. Der Mensch wird anderswo gebraucht – nämlich dort, wo es um Beziehung, Miteinander und interkulturelle Verständigung geht.

Damit sinkt die Bedeutung von Fachwissen, denn diesen Part übernimmt Technologie. Sprachtalente im bisherigen Sinn wird man weniger brauchen. Sie werden ausgewechselt gegen Kommunikationstalente, die Methoden anwenden können. Es wird um Feinheiten gehen, Nuancierungen, Nonverbales. Fakten und damit Inhalte verlieren an Wert, auch weil sich die Fakten laufend ändern. Methoden gewinnen dagegen an Wert, weil sie helfen, die aktuellen Inhalte anzuwenden. So braucht niemand die genauen Zahlen über den Bildungsstand der Weltbevölkerung auswendig zu lernen, aber er oder sie muss wissen, wie er an solche Zahlen gelangt und sie auswertet. Damit verschiebt sich das Verständnis von Stärken entscheidend.

### Stärken beim Zukunftslernen

Der 2017 verstorbene schwedische Arzt und Gesundheitsforscher Hans Gösta Rosling hat sein Leben mit Statistiken verbracht und mit *Factfulness* einen Bestseller gelandet. In seinem Lebenswerk zeigt er, dass wir die Welt völlig falsch betrachten. Wir sehen sie schlechter, als sie ist, überschätzen Armut, unterschätzen Bildung und Fortschritt. Ein Grund dafür ist die rasante Veränderung. Was wir gestern in der Schule gelernt haben, ist heute schon nicht mehr gültig. Das gilt in nahezu allen Bereichen, vor allem aber dort, wo sich Menschen eine Meinung bilden und ihre Interaktionen und Handlungen darauf basierend gestalten.

Würden wir Lernen mehr als die Fähigkeit begreifen, Wissen immer wieder selbst zu aktualisieren, wären wir für die Zukunft einfach viel besser gewappnet. So ist es wichtiger, sich das Vermögen anzueignen, aktuelle Zahlen zu recherchieren, als die Zahlen selbst zu kennen. Weiterhin ist es wichtiger, diese Zahlen beurteilen und sie auswerten zu können – oder auch die Auswertungen selbst zu beurteilen. Dafür bräuchten wir neben einer kritischen Grundhaltung Kenntnisse in Statistik. Diese zählen zu den Methodenkenntnissen. In Zukunft werden solche Methodenkompetenzen Fachwissen überall dort schlagen, wo sich die eigentlichen Inhalte schnell selbst überholen.

## Warum wir drei Stärkenarten brauchen

Frage ich nach Stärken, die die Zukunft der Arbeit betreffen, verschätzen sich viele. Sie potenzieren einfach die vorhandenen Stärken. Sie denken beispielsweise, in Zukunft müsse man noch mehr Sprachen sprechen, also nicht mehr zwei, sondern fünf. Ich glaube, das wäre für den Einzelnen nicht schlecht, aber für die meisten geht es eher in eine ganz andere Richtung.

Ich möchte im Folgenden drei Stärkentypen unterscheiden, die den aktuellen Entwicklungen auf ganz unterschiedliche Art und Weise Rechnung tragen:

- Charakterstärken, die die Persönlichkeit allgemein stärken,
- Talentstärken, die die Persönlichkeit individuell stärken,
- Zukunftsstärken, mit denen sich die Arbeitswelt gestalten lässt.

### Charakterstärken

Alle Stärken brauchen Persönlichkeit. Eine Stärkenspezies hilft aber dabei, einen guten Boden für alles andere zu bereiten. Sie legt die Basis, auf denen die anderen Stärken viel leichter wachsen.

Charakterstärken fördern die psychische Gesundheit. Sie prägen Tugenden aus, die Kooperation und gesellschaftliches Zusammenleben verbessern. Tugenden sind dabei so etwas wie übergeordnete Stärken, die jeder haben sollte.

Sechs Tugenden tauchen in den historischen und zeitgenössischen Schriften aus verschiedensten Kulturen immer wieder auf. Sie sind zeitlos und gelten kulturell übergreifend: Weisheit, Mut, Menschlichkeit, Gerechtigkeit, Mäßigung und Transzendenz. Alle Tugenden werden von Stärken mit Leben gefüllt. Die Tugend »Weisheit« kann so auf unterschiedliche Art und Weise entstehen – über Kreativität, Neugierde, Liebe zum Lernen, Urteilsvermögen und auch Weitsicht, oder aus einer Mischung davon. Menschlichkeit entsteht durch Liebe zu sich selbst und anderen, soziale Intelligenz oder Freundschaft.

Charakterstärken bilden also Tugenden und führen zu mehr Lebenszufriedenheit. Vor allem Neugier, Dankbarkeit, Hoffnung, die Fähigkeit, zu lieben und geliebt zu werden, sowie Tatendrang korrelieren über viele Studien der positiven Psychologie hinweg am stärksten mit Lebenszufriedenheit.

Alle Charakterstärken haben zwei Seiten und damit ein Gegenteil – und kennen schwächende Übertreibungen. Das Gegenteil der Charakterstärke »Neugier« ist desinteressiertes Dümpeln, die Übertreibung des Gegenteils von Neugier Veränderungsverweigerung.

Aber auch die gesunden Ausprägungen können ins Negative »kippen«. So kann es ein Zuviel an Neugier geben. Ich kenne Menschen, die am Tag fünf Bücher lesen, acht Studiengänge absolviert haben und auf der Suche nach immer mehr Wissen nie zur Ruhe kommen.

*Welche Charakterstärken nehmen Sie bei sich wahr?*
*Welche sind in Balance, welche sind zeitweise übertrieben?*

### Talentstärken

Stärken im Sinne von Talenten unterscheiden Sie von anderen und formen Ihre Identität. Sie verleihen Ihnen ein Gefühl von Identität (»Das kann ich wirklich«), Freude (»Das mache ich gern«) und Lebenszufriedenheit (»Das gibt mir Sinn«). Fragen Sie sich dafür nicht »Was kann ich?«, sondern »Worin möchte ich immer besser werden«.

*Worin möchten Sie immer besser werden? Was sagt Ihr Bauch, Ihr Herz,*
*Ihr Kopf zu dieser Frage? Sind es unterschiedliche Dinge? Was davon*
*leitet Sie wirklich?*

Viele stellen sich die falschen Fragen. Sie absolvieren IQ- und Persönlichkeitstests oder lassen sich vom Umfeld einschätzen. Das alles kann zeitweise hilfreich sein, aber auch hinderlich. Die große Frage, worin wir besser werden wollen, beantworten wir damit nicht. Viele suchen weiterhin nach etwas »Bleibendem« und einem festen Zustand. Dabei sind Talentstärken ebenso wie alle anderen Stärken im ständigen Fluss.

Ich war lange auf der Suche nach meinen Stärken und dachte immer wieder, sie gefunden zu haben. Ich entdeckte neue Seiten an mir und bemerkte, wie das, was mir früher als Schwäche erschien, sich zur Stärke wandelte. Mir fiel auch auf, wie ich durch den Spiegel von anderen auf mich selbst schaute. Diese schrieben mir Eigenschaften zu, und ich nahm diese an, auch wenn es sich nicht passend anfühlte. Dabei habe ich bei mir und bei anderen eines festgestellt: Es hilft wenig, wie andere einen »einschätzen« im Sinne von Bewerten. Es braucht Feedback, das auf Fortschritt und Entwicklung ausgerichtet ist.

Wenn Sie Ihre Talentstärken entdecken möchten, sind Fragen, die den Weg in den Mittelpunkt stellen, und nicht das Wort oft sehr viel hilfreicher. Welchen Fragen folgen Sie?

Meine Antworten sind diese:

1. Mich leitet die Frage, warum Menschen geworden sind, wie sie sind.
2. Mich inspiriert die Frage, was ich tun kann, damit Menschen ihre Potenziale im Sinne des eigenen Guten verwenden.
3. Mich treibt die Frage, wie ich mich selbst verbessern kann, um meine Gaben so einzusetzen, dass ich mir selbst und den anderen Sinn gebe. Das ließe sich als Selbstoptimierung bezeichnen.

*Stellen Sie sich dieselben Fragen wie ich und schreiben Sie Ihre Antworten auf.*

Fragen navigieren uns durchs Leben. Sie treiben die Entwicklung von Stärken viel mehr als alles andere.

### Zukunftsstärken

»Google Translate« zeigt, wo es in der künftigen Arbeitswelt hingehen wird. Software übernimmt die Vorarbeit, der Mensch sorgt für die Anwendung, den Feinschliff und den Transfer in sein Umfeld.

So brauchen wir auch in der künftigen Arbeitswelt Sprachtalente und Analytiker, nur benötigen diese eben andere – eher methodische – Fertigkeiten und Fähigkeiten. Sie sollten in der Lage sein, mit Experten über die Optimierung des Einsatzes sowie kreative und ethische Fragen zu sprechen. Sie sollten Feinheiten erkennen, die der Computer übersieht, etwa Humor. Sie sollten bewerten, einschätzen, verändern und verbinden.

Gefragt ist eine differenzierte Kommunikationsfähigkeit, die Empathie, Intuition und Kreativität einschließt. Kooperation wird immer wichtiger, und diese ist eine Folge wertschätzender Kommunikation. Schauen Sie hierzu noch mal auf die Abbildung 1 auf Seite 13, dort finden Sie die Fähigkeiten, die 2020 gesucht sein werden. Ihre Zukunftsstärken helfen, diese Skills auszuprägen.

Denken Sie einmal an Ihr eigenes Umfeld, wenn Sie an Zukunftsstärken denken. Was beobachten Sie da? Merken Sie diese Veränderungen auch? Sehen Sie auch die Herausforderungen, die damit einhergehen? Es sind immer kommunikative. Das ist ein ganz schöner »Switch«. Ging es bisher um inhaltsbezogene Fachkompetenz, ist jetzt Schnittstellen- und damit Methoden- und Beziehungskompetenz erfolgsrelevant. Der Aus- und Aufbau dieser Zukunftsstärken verlangt starke Persönlichkeiten, die sich an Werten orientieren.

Starke Persönlichkeiten fordern und fördern Freiheit. Autoritäre Persönlichkeiten haben Angst vor Freiheit, der eigenen und der von anderen – so betrachtet sind es schwache, weil ängstliche Persönlichkeiten. Das wusste schon der Psychoanalytiker Erich Fromm. Eine offene Kommunikation gefährdet die Unfreiheit und damit die Entwicklung von freiheitsfördernden Charakter- und Talentstärken.

*Denken Sie einmal an Persönlichkeiten in Ihrem Umfeld, die Sie als stark empfinden. Schreiben Sie drei Dinge auf, die Sie an diesen Persönlichkeiten als Stärke bemerken.*

Wenn wir von Stärken sprechen, die unsere Arbeit in Zukunft verlangen wird, so bauen diese auf einer starken Persönlichkeit auf,

- weil sie kommunikative Stärken leichter entwickeln kann,
- weil sie von sich aus kooperativ ist,
- weil sie eigene und fremde Freiheit fördert.

*Wie ausgeprägt ist diese Art von Stärke bei Ihnen? Was würden Sie gerne »stärken«? Welche Ideen haben Sie dazu?*

Schauen Sie noch mal auf die drei vorgestellten Stärkenarten. Der Ausbau der Zukunftsstärken ist Ihr Lebensprojekt. Ihre Talentstärken wachsen an der Qualität der Lebensfrage, die Sie sich stellen. Die Charakterstärken aber sind der Boden, auf denen alles viel besser wachsen kann.

## Was Sie innerhalb von fünf Minuten tun können

Lebensfragen sind die Fragen, die Sie zu Ihren Talentstärken führen. Sie lassen Sie handeln – und zwar ohne dass irgendeine Belohnung für Sie dabei herausspringt.

Forschende Lebensfragen beginnen oft mit einem »Warum«, handlungsorientierte mit einem »Wie«. Wie-Fragen sind produktiver. So ist es sinnvoll ein »Warum« in ein »Wie« zu transformieren.

Kleine Fragen betreffen Sie und Ihr unmittelbares Umfeld in der Gegenwart und der näheren Zukunft. Große Fragen gehen darüber hinaus. Sie können forschend, schöpferisch oder disruptiv sein.

Damit Sie auf Ihre eigene Lebensfrage kommen, kann es hilfreich sein, sich die Fragen zu verdeutlichen, die sich bekannte Persönlichkeiten vermutlich gestellt haben:

- Steve Jobs leitete die Frage, wie er die weltweit innovativsten, einfachsten und perfektesten Technikprodukte schaffen könnte.
- Nelson Mandela leitete die Frage, wie er die Apartheit besiegen könnte.
- Hannah Arendt leitete die Frage, warum sich gewöhnliche Leute an den nationalsozialistischen Verbrechen beteiligt haben.
- Carl Gustav Jung leitete die Frage nach den spirituell-kulturellen Prägungen der Vergangenheit auf die Psyche.
- Den Psychologen Martin Seligman leitet die Frage nach den Faktoren und Bedingungen für ein glückliches Leben.

Auch weniger bekannte Persönlichkeiten leiten Fragen, einige Beispiele für produktive Wie-Lebensfragen:

- Wie kann ich ein glückliches und gesundes Leben führen?
- Wie können introvertierte Menschen als Unternehmer erfolgreich sein?
- Wie kann ich benachteiligte Menschen stärken?

Stellen Sie sich nach dieser Einleitung jetzt eine Uhr und schreiben Sie fünf Minuten lang alle Lebensfragen auf, die Ihnen einfallen.

Hat es nicht geklappt? Dann probieren Sie es an einem anderen Tag wieder. Klappt es dann immer noch nicht, schieben Sie die Sechs-

Wochen-Übung vor – und kehren Sie dann wieder zurück. Es kann sein, dass Sie Ihre Frage noch finden müssen.

*Wenn Sie Fragen suchen, suchen Sie dort, wo Sie anderen Menschen Wert stiften. Nur solche Fragen werden Ihnen treue Begleiter sein. Alle anderen gehen sofort wieder, wenn Sie sie erreicht haben, sie entfachen lediglich ein Strohfreuer. »Wie werde ich reich?« ist deshalb weniger nachhaltig als »Wie schaffe ich es, dazu beizutragen, dass es allen Menschen bessergeht?«*

### Was Sie innerhalb von sechs Wochen tun können

Welche Frage leitet Sie? Wie ausgeprägt sind Ihre Zukunftsstärken? Welches sind Ihre Talentstärken? Und wie gut kann all das dank ausgeprägter Charakterstärken wachsen?

Die Abbildung 18 gibt Ihnen Orientierung beim folgenden Stärkennavigieren.

Mit der Leitfrage haben Sie sich in der Fünf-Minuten-Übung schon beschäftigt. Schauen Sie sich nun Ihre Charakterstärken genauer an. Sie können dazu einen kostenlosen Test bei www.viacharacter.org absolvieren. Lesen Sie auf der Website alle 24 Stärken durch und achten Sie zuerst besonders auf jene, die zu mehr Lebenszufriedenheit führen, also die Charakterstärken Neugier, Dankbarkeit, Hoffnung, die Fähigkeit, zu lieben und geliebt zu werden, und Tatendrang.

Legen Sie dann Ihr Augenmerk auf Stärken, die einen Mindshift fördern, vor allem Tatendrang und Neugier. Dankbarkeit lässt uns respektvoll zu uns selbst und anderen sein. Hoffnung hilft, an das Gute zu glauben, anstatt schwarzzusehen.

Beschäftigen Sie sich danach, am besten an einem anderen Tag, mit Ihren Talentstärken. Das knüpft an die Fünf-Minuten-Übung an, in der Sie Ihrer Leitfrage auf die Spur gekommen sind. In diesem Stärken-Abschnitt könnte Sie auch der von mir entwickelte StärkenNavigator auf Ideen bringen. Den Test finden Sie online auf unserer Seite unter www.worklifestyle.net. Der StärkenNavigator ist ein Kommunikations- und kein Diagnoseinstrument. Er soll Ihnen helfen, passende Begriffe zu finden und darüber zu reflektieren.

Abbildung 18: Stärken navigieren

Kombiniert mit der Lebensfrage wird es leichter. Nehmen wir Steve Jobs: Seine Wie-Frage verband sich mit Stärken wie »Fokus« und »Designblick«. Er hat es verstanden, sich auf die richtigen Dinge zu konzentrieren, und dabei sein gutes Auge genutzt.

Reflektieren Sie im Anschluss Ihre Zukunftsstärken. Was hilft Ihnen dabei, die veränderte Arbeitswelt nicht nur zu »überleben«, sondern auch aktiv zu gestalten? Stellen Sie sich dazu vor, wie sich Ihr Arbeitsreich entwickeln wird. Wenn Sie keine Idee haben, googeln Sie. Zu jeder Branche finden sich Digitalisierungsprognosen im Internet, beispielsweise zu »Digitalisierung Baumarkt« oder »Digitalisierung Tierfutterindustrie«. Wenn Sie auf Deutsch nichts finden, googeln Sie auf Englisch und nutzen Sie Google Translate.

Schreiben Sie dann alle Stärken auf, die Ihnen einfallen. Sortieren Sie danach, ob diese Stärken die Veränderungen unterstützen oder sie obsolet machen. Falls sie sie überflüssig machen: Wie können Sie sie erweitern, ausbauen oder mit anderen ergänzen?

## Was Sie im Team tun können

Zusammen sind wir stärker, intelligenter, können größere Herausforderungen bewältigen, haben mehr Spaß. Das Stärkennavigieren funktioniert auch im Team. Sie können dazu ebenfalls die drei Stufen anwenden: Charakterstärken, Talentstärken und Zukunftsstärken. Blicken Sie dabei aber nicht auf den Einzelnen, sondern auf das Team, also auf gemeinsam genutzte Stärken, beispielsweise im Kundenkontakt.

Ich mache oft die Erfahrung, dass Teams vielleicht divers in Sachen Geschlecht, Ethnie oder sexueller Orientierung sind, aber psychologisch homogen. Das ist schade, denn mit der Heterogenität steigt auch die Leistungsfähigkeit.

Auch hier zeigt sich die Kraft der Frage. Welcher Frage folgen Sie als Team? Dafür hilft es natürlich auch, die Stärken (und Lebensfragen) der einzelnen Teammitglieder zu kennen.

Machen Sie die Stärken sichtbar. Besprechen Sie aber auch, was fehlt und frischen Wind in die bisherige Stärkenkonstellation bringen könnte.

# These

Stärken sind in Zukunft andere – und viel dynamischer

# Frage

Was sind denn diese Stärken der Zunkunft?

Freude Sinn Können

3 Stärken-arten

MINDSHIFT

Stärkennavigator

1. CHARAKTERSTÄRKEN
2. TALENTSTÄRKEN
3. ZUKUNFTSSTÄRKEN

# Praxis

Wie finde ich die Stärken, zu denen ich finden will?

die Frage des Lebens finden

CHARAKTER

Was erdet mich?

sich die richtigen Fragen stellen

Was kann ein Computer nicht?

Worin will ich besser werden?

ZUKUNFT

TALENT

# 17. **Mindsetter:** Andere Einstellungen entwickeln

**Worum es geht:**
In der alten Arbeitswelt richteten wir die Aufmerksamkeit auf Toolset und Skillset. Es ging darum, die Dinge zu bedienen und anzuwenden. Mindset, also die Einstellung der Psyche, dagegen fand kaum Beachtung

**Der Mindshift:**
Das Mindset schafft neue Möglichkeiten, wenn wir den Blick auf Skills und Tools verändern. Es lohnt sich, die bisherigen Einstellungen neu zu justieren.

**Das ist für Sie drin:**
Wenn Sie Ihren Blick mehr auf das Mindset richten, erhöht das Ihre Employability und Ihre kognitive Flexibilität.

> Die größte Gefahr besteht nicht darin,
> dass wir uns zu hohe Ziele setzen und sie nicht erreichen,
> sondern dass wir uns zu niedrige Ziele setzen und sie erreichen.
> *Michelangelo*

Stellen Sie sich folgende Szene vor. Der jugendliche Hans schlägt mit einem Hammer einen Nagel in die Wand. Zufällig gerät sein Finger zwischen Hammer und Wand. Statt des Nagels hat der Hammer den Zeigefinger erwischt. Autsch! Hans bläst auf den schmerzenden Finger. Was ist schiefgelaufen? Lag es am Tool, also dem Werkzeug? Sind Hans' mangelnde Fertigkeiten und Fähigkeiten Schuld, fehlte es ihm also an Skills? Oder war es seine Einstellung, die nicht zum Hämmern passte? Höchstwahrscheinlich tippen Sie auf die Skills. Auch einfache

Tätigkeiten können schiefgehen. Möglich, dass Hans motorisch ungeschickt ist. Vielleicht auch ungeübt.

Könnte es sein, dass auch die Einstellung eine Rolle spielte? Das erscheint Ihnen – vermute ich – wohl weniger wahrscheinlich.

Lassen Sie uns weitergehen mit unserem Gedankenspiel. Ich frage Sie: Lebt Hans 2019 oder 2039? Und was würde das ändern?

Lebt Hans 2019, so gehört das Nagel-in-die-Wand-Schlagen noch zum normalen Repertoire an Tätigkeiten, für die wir meist keinen Handwerker rufen und auch keinen Roboter einsetzen. 2039 mag das aber schon ganz anders aussehen. Dann könnte eine automatische Haushaltshilfe Handwerkstätigkeiten erledigen. Es könnte auch sein, dass es keine Nägel mehr gibt, weil Bilder auf eine neue Art und Weise befestigt oder auf die Wände projiziert werden.

Gesetzt es wäre so, könnte es sein, dass Hans mit einer ganz anderen Einstellung und anderen Skills als heute Nägel bearbeitet. Möglicherweise hämmert er im Rahmen eines Kurses »So arbeiteten wir früher«. Vielleicht reaktiviert er gerade die eigene Fingerfertigkeit. Es könnte sogar sein, dass er diese das erste Mal handwerklich verwendet. Dann ginge es nicht um geschickt oder ungeschickt, sondern darum, sich in einem ungewohnten Feld zu erproben. Nicht die Anwendung stünde im Mittelpunkt, sondern experimentelle Selbsterfahrung. Es ginge nicht um das Ergebnis, sondern um den Prozess. »So war es also damals. Man konnte sich auf die Finger hauen. Haben wir es gut, dass sowas heute nicht mehr zum Alltag gehört.« Ein solcher Gedanke würde einem ganz anderen Mindset entspringen. Und darauf will ich hinaus. Egal, was wir tun, unser Mindset prägt alles.

## Wie das Mindset alles bestimmt

*Mind* beschreibt den Geist, die Psyche, das Denken und die Logik des Handelns, die sich daraus ergibt. Versuchen Sie das einmal nachzuvollziehen, betrachten Sie dabei Denken, Fühlen und Handeln (zu dem ich immer auch die Entscheidung zum Nicht-Handeln zähle) gemeinsam.

Dass Denken und Fühlen zusammengehört, zeigt auch das betagte Zitat an: Ich denke, also bin ich. Man könnte auch sagen: Ich fühle mich und kann das verbalisieren. Handeln ergibt sich aus dem Denken. Ich kann zwar denken, ohne zu handeln. Aber wenn ich etwas nicht denken kann,

kann ich auch nicht handeln. Selbst wenn ich etwas nachmache, muss ich mich dazu entscheiden. »Aber Frau Hofert, was ist mit Traumwandlern?«, werde ich manchmal gefragt. Auch Traumwandler denken, nur mit dem Unbewussten, das übrigens auch im wachen Zustand ganz schön aktiv ist.

*Reflektieren Sie einmal, wie in Ihrem Leben Mindset, Skillset und Toolset zueinander stehen und standen. Welche Tools und Skills haben Sie angewendet? Mit welchem Mindset? Sie können Tools beispielsweise »richtig« anwenden wollen und effizient. Oder zielgerichtet und effektiv. Vielleicht auch unterschiedlich je nach Gegebenheit und Situation, also flexibel.*

Man kann nicht nur nicht nicht kommunizieren, man kann auch nicht nicht denken. Doch was einer denkt und welche Einstellung zu welcher Logik führt, entzieht sich unserer Beobachtung. Verhalten lässt sich beobachten, Fähigkeiten bewerten, aber das Mindset zieht die Fäden immer im Verborgenen. Nur anhand eines Ergebnisses wie »Nagel in der Wand« lässt es sich erahnen, aber auch nicht sicher. Das Mindset ist abwärts-, aber nicht aufwärtskompatibel. Es kann weniger zeigen, als es zu produzieren fähig wäre, aber niemals mehr.

Das verwendete Tool steht immer am Ende der Verwertungskette. Es ist austauschbar. Was bei seiner Anwendung herauskommt, hängt neben dem Mindset auch vom Skillset ab. Alle Köche verwenden einen Herd und Küchengeräte zum Kochen, aber das Ergebnis hängt an den Fähigkeiten (Skills) und der psychischen Einstellung, mit dem sie angewendet werden. Ein Koch mit einem kreativen oder experimentellen Mindset wird völlig andere Ergebnisse vollbringen als ein Kantinenkoch.

Das Mindset prägt Sterneküche oder Hausmannskost. Hier zeigt sich auch die Abwärtskompatibilität: Weniger geht fast immer, aber Mehr hat Grenzen. Das ist so ähnlich wie bei der Intelligenz. Es gibt Genies mit einem IQ von 130, die LKW fahren, aber keine Professoren mit einem IQ von 90.

*Was bedeutet das für Ihre Arbeits- und Lebenspraxis? Wo erkennen Sie selbst in Ihrem Umfeld die Grenzen von Tools? Was prägt Ihr Mindset? Und was könnte es sonst noch prägen?*

## Das Experten-Mindset hat ausgedient

Ein einfaches Tool erfordert schnell lernbare Skills und ein Mindset, welches die korrekte Anwendung in den Mittelpunkt stellt. Das Mindset des Menschen muss auf den richtigen Handgriff ausgerichtet sein. Es fragt sich effizienzorientiert: »Wie arbeite ich richtig mit diesem Tool?« Das Ergebnis ist zum Beispiel eine Analyse. Mit der Effektivitätsbrille verschiebt sich der Fokus: »Wie kann ich noch besser mein Ziel erreichen?« Der Effizienzblick sucht Best Practice und Anleitung. Der Effektivitätsblick verlangt Good Practice und Ergebnisse. Das Ergebnis ist beispielsweise eine Empfehlung. Das eine verlangt mehr Fachkenntnisse, das andere mehr Zielorientierung.

Die Anforderung an Expertise steigt mit der Kompliziertheit. Es sollen Elektrokabel im Flugzeug verlegt werden? Das verlangt einen Experten, in dem Fall einen Elektrotechniker, der CAD-Programme anwenden kann. Der unterstützende Kommunikationsaufwand ist einfach und zielgerichtet: Er muss mit Handwerkern sprechen und diese anleiten können und sich mit wenigen, weitgehend gleichgesinnten Kollegen abstimmen. Sein Mindset stellt sich auf eine effiziente Vorgehensweise ein. Möchte er Ziele erreichen und den Weg dorthin optimieren, dann stellt sich sein Mindset auch auf eine effektive Vorgehensweise ein. Effektivitätsunterstützende Tools müssen her, etwa die »Key Performance Indikatoren« zur Messung von Ergebnissen.

## Das flexible Mindset gewinnt an Boden

Allein die Komplexität der Kommunikation macht unserem Experten gelegentlich zu schaffen – je menschlich-heterogener sein Umfeld ist, umso mehr. Was, wenn immer mehr Personen an einem Projekt arbeiten, der Anteil inhaltlicher Arbeit abnimmt und der Kommunikationsaufwand steigt, wie es aktuell der Fall ist? Dann verlagert sich das Gewicht. Es kommt dann mehr und mehr auf ein Mindset an, mit dem diese Art von Kommunikation betrieben werden kann. Ein Mindset also, dass sich auf menschliche Faktoren in einem heterogenen Umfeld einstellen kann. Wer mit Menschen unterschiedlicher Kulturen und Prägungen zusammenarbeitet, schafft das nicht mit dem effizienz-

und effektivitätsgetriebenen Expertenblick. Dafür braucht es vielmehr ein flexibles Mindset, das sich auf den Moment, die Situation und den Menschen einstellen kann.

Es gibt Werkzeuge, die helfen, Komplexität zu reduzieren. Auch deren Anwendung erfordert ein flexibles Mindset, das begreift, worum es geht: nicht um die korrekte Anwendung und auch nicht um die Optimierung, sondern um den Umgang mit vielen zeitgleichen Informationen bei gleichzeitiger Akzeptanz der Unmöglichkeit, etwas allein zu beherrschen.

Während lange Zeit einfache Tools mit einfachen Skills und komplizierte Tools mit komplizierten Fähigkeiten harmonierten, löst sich dieser Zusammenhang nun auf. Für Komplexität brauchen wir wieder einfache Tools, für den Umgang damit mehr Wahrnehmungsfähigkeit, Vertrauen und Optimismus als Anwendungswissen.

Diese Verschiebung ist Ihnen vielleicht noch gar nicht aufgefallen. Jedenfalls erlebe ich oft, dass meine Zuhörer überrascht sind, wenn ich das so erkläre. Gleichzeitig ist es einleuchtend.

Wir agieren oft noch aus der Vorstellung eines Zusammenhangs zwischen Mindset und Tools. Er gibt Sicherheit. Er verschiebt aber auch die Verantwortung – eben auf ein Tool.

In Komplexität wirksame Tools sind einfacher, als es ihnen viele zugestehen wollen. Das schreckt oft ab, denn sie geben keine Sicherheit, dass etwas am Ende »richtig« ist, sondern schaffen »nur« Orientierung. Sie liefern Denkrahmen, keine Vorgaben. Diese Art von Tools anzuwenden, sind wir nicht gewohnt. Wir möchten sie gern wie einen Hammer verwenden und suchen nach einer Gebrauchsanweisung. Es fällt uns schwer, uns darauf einzustellen, dass es keine gibt.

## Wie das Mindset die Kommunikation bestimmt

GROW-Framework, ein Kommunikations-Tool aus dem Coaching, zeigt beispielhaft, wie das Mindset die Kommunikation bestimmt. Es soll dem Coaching-Prozess eine einfache Gesprächsstruktur geben:

- **Goal,** das Ziel: Was wollen Sie?
- **Reality,** was ist die Situation: Wo stehen Sie gerade?

- **Options,** die Möglichkeiten: Was können Sie tun?
- **Will,** das Wollen: Was werden Sie tun?

Diese Gesprächsstruktur ist hilfreich und definiert sinnvolle Schritte. Doch entscheidend für den Erfolg ist nicht die Anwendung selbst, sondern die Einstellung desjenigen, der sie nutzt, der beispielsweise aktiv zuhört und mit dem Gehörten empathisch umzugehen vermag. Jedes mit GROW geführte Gespräch wird anders aussehen. Das Ergebnis hängt nicht am Tool, es hängt an der Einstellung, dem Mindset, mit der es angewendet wird. Nur jemand, der die Komplexität von Kommunikation annimmt, wird damit gut umgehen können. Mit effizienzgetriebenem Blick kann ich mich von der Vorgabe »GROW« schlecht lösen. Mit effektivitätsorientierter Brille will ich bei mir und bei anderen ein Ergebnis. Aber erst, wenn ich nichts erwarte, sondern mich auf den Moment und meine Wahrnehmung verlasse, werde ich wirksam coachen können.

Die Einstellung unserer Psyche, unser Mindset also, muss für eine komplexe Umwelt also nicht nur effizient und effektiv, sondern zusätzlich auch flexibel sein. Wer nach dem Richtigen sucht, hat dabei genauso verloren wie derjenige, der vor lauter Zielerreichungsdrang nicht mehr genau hinschaut. Es geht also – wie so oft – um ein Sowohl-als-auch. Und darum zu verstehen, was verbal und nonverbal gesagt wird. Es gilt, Reaktionen zu erkennen und mit ihnen umgehen zu können. Das ist eine ziemlich komplexe Aufgabe, deren Komplexität selten als solche erkannt wird.

## Warum Selbstentwicklung das Mindset fördert

Das Mindset braucht also nicht die »richtige Einstellung«, sondern eine zu den Anforderungen passende. In einem komplexen Umfeld bedeutet das, dass Menschen in der Lage sein müssen, diese Komplexität mit ihrer Unplanbarkeit anzunehmen. Ihr Mindset muss sich im besten Sinn auf immer neue Situationen einstellen können.

Das beginnt mit der Selbstwahrnehmung. Eine hilfreiche Übung dazu ist, die eigenen Anteile in sich zu spüren. Stellen Sie sich diese vor wie eine Familie, die in Ihnen wohnt. Sie sind nicht nur eins, sie sind viele. Wenn Sie jetzt denken, dass Sie dann ja wahnsinnig seien, kann ich Sie beruhigen: Es ist normal, verschiedene Anteile zu haben. Je mehr Sie diese sehen und wahrnehmen können, desto gesünder sind Sie. Sie machen Ihren Persönlichkeitskern aus, über den wir bereits gesprochen haben (siehe 15. Kapitel »Kernfinder«). Psychisch kranke Menschen haben Anteile abgespalten – sie können die anderen Anteile nicht sehen und verleugnen sie. Genau das macht sie krank. Psychisch gesunde Menschen sehen ihre Anteile. Und je mehr sie sie annehmen, desto klarer werden sie im Kopf.

**Sie sind Ihre Teile**
Wenn Sie Coaching-Erfahrung haben, kommt Ihnen das vielleicht bekannt vor. Das »innere Team« vom Hamburger Kommunikationspsychologen Friedemann Schultz von Thun beruht auf dieser Methode sowie viele andere Ansätze auch. Die Arbeit mit Persönlichkeitsanteilen hat sich als sehr wirksam herausgestellt, da sie die Bewusstheit erhöht und das einengende »Richtig-Denken« auflösen kann.

Nennen wir diese Anteile Mini-Minds. Jedes Mini-Mind beinhaltet andere Möglichkeiten, sich Situationen des Lebens zu stellen und entsprechend zu denken und zu handeln. Zusammen wohnen sie im Möglichkeitenraum Ihres Kopfes. Stellen Sie sich diesen offen und hell vor. Durch eine Tür können immer neue Mini-Minds eintreten, aber Sie entscheiden, ob Sie ihnen Einlass gewähren wollen. Sie laden ein. Jedes Mini-Mind kennt andere Handlungsmöglichkeiten. Einige sind mutig, andere kreativ. Je nach Situation verändern sie ihre Gestalt und Position zueinander. Vielleicht helfen sie sich sogar gegenseitig.

### Was Sie innerhalb von fünf Minuten tun können

Zeichnen Sie Ihren Möglichkeitenraum. Platzieren Sie Ihre Persönlichkeitsanteile als Mini-Minds darin. Stellen Sie Ihre Mini-Minds auf dem Papier zunächst nebeneinander auf, falls sie gleichberechtigt sind, oder in der Reihenfolge ihrer Dominanz. Welche Denk- und Handlungseinstellungen sind für sie spezifisch? Schreiben Sie das dazu. Nehmen Sie einen nächsten Zettel und ordnen Sie die Mindsets so an, wie sie Ihnen nützlich sind. Spielen Sie damit, schieben Sie die Mini-Minds hin und her. Statt zu zeichnen, können Sie auch einfach Gegenstände nutzen.

## Was Sie innerhalb von sechs Wochen tun können

Nehmen Sie Ihre Skizze aus der Fünf-Minuten-Übung zur Hand und arbeiten Sie in den nächsten Wochen damit. Spielen Sie täglich erlebte Situationen durch und reflektieren Sie, an welcher Stelle welches Mini-Mind gewirkt hat. Möglicherweise entstehen neue Zeichnungen, vielleicht ein regelrechter »Comic«. Geben Sie den Mini-Minds ruhig Namen.

Angenommen, Sie entdecken in sich einen Besserwisser, einen Bezauberer, einen Durchsetzer und einen Faulpelz. Als Sie sich neulich mit einem Kollegen über die Veränderung in Ihrem Unternehmen – die der Kollege ablehnt und Sie befürworten – gestritten haben, kam der Besserwisser zuerst zutage, gefolgt vom Durchsetzer. Der Bezauberer blieb dagegen sitzen, wäre aber hilfreich gewesen, um den Kollegen zu überzeugen.

Stellen Sie sich Ihre Mini-Minds immer wieder in unterschiedlichen Positionen vor: sitzend auf einen Stuhl, liegend auf dem Boden, stehend und aus dem Fenster schauend.

Visionieren Sie Ihren Raum schön, groß und einladend. Wenn Sie keine eigene Vorstellung entwickeln können, denken Sie an Räume, in denen Sie gewesen sind und die angenehm und beruhigend für Sie waren. Gibt es keinen solchen Raum in Ihrem Gedächtnis, suchen Sie Räume im Internet, zum Beispiel mit dem Stichwort »Raum« bei Pixabay. Wichtig ist, dass es ein Raum ist, in dem Sie allein sind.

Sie können in Ihrem Raum neben erlebten Situationen auch Themen aufstellen, zum Beispiel »Meine Zukunft«. Suchen Sie dafür ein Symbol, zum Beispiel einen Hocker oder ein gemütliches Kissen. Es kann auch ein anderes Symbol sein, das aber neutral genug sein sollte, um mit Assoziationen überzogen zu werden. Stellen Sie sich vor, »Ihre Zukunft« oder ein anderes Thema ist jetzt da. Überlegen Sie, wie Ihre Anteile dazu Position beziehen. Wer sitzt da und schaut auf die Zukunft?

- Gibt es ein Mini-Mind, das Angst hat und deshalb lieber die Gedanken verdrängt?
- Gibt es ein Mini-Mind, das voller neugieriger Vorfreude ist?
- Gibt es ein kritisches Mini-Mind, das zur Vorsicht mahnt?
- Oder ein experimentierfreudiges, das neugierig betrachtet, was in der Mitte liegt?

Es hilft, wenn Sie den Mini-Minds nicht nur Namen, sondern auch ein Aussehen geben. Es dürfen Figuren sein, etwa aus den Disney-Filmen oder Schleich-Tiere, also die kleinen Plastikfiguren. Eine kleine Katze vielleicht?

**Ausbaustufe 1** Eine Ausbaumöglichkeit, wenn Ihnen das alles Spaß bringt, ist folgende: Bauen Sie den Raum »in echt« auf einem Tisch nach. Falls Sie Kinder haben, schauen Sie in deren Zimmern nach »Material«. Das Ganze sollte leicht sein, spielerisch und intuitiv. Schieben Sie die Figuren hin und her.

Erkennen Sie, wie Sie durch Veränderungen auch die Einstellung zu dem Thema variieren.

- Wenn die kleine Katze spielerisch auf das kleine Päckchen zugeht, so sind Sie das, wenn Sie etwas ausprobieren.
- Wenn Sie sich zu dem Angsthasen gesellt, dann kann dieser vielleicht leichter nach vorn gehen und ist nicht mehr gebannt von der Situation.

**Ausbaustufe 2** Sie können diese Übung, wenn Sie für Spiritualität offen sind, auch mit Krafttieren gestalten (wenn nicht, dann hören Sie hier einfach auf zu lesen).

Krafttier ist ein Begriff, der aus dem Schamanismus stammt. Die Annahme ist, dass jedes Tier eine bestimmte Energie verkörpert. Das ist nichts anderes als ein Anteil oder »Mini-Mind«. Die Begriffe sind ersetzbar. Entscheidend ist, womit Sie sich identifizieren können. Meine Erfahrung zeigt, dass Tiere sehr gut geeignet sind, weil wir intuitiv etwas mit ihnen verbinden, was bei allen Menschen ähnlich ist.

Ein paar Beispiele: Welche bringen Sie spontan mit dem Mindset in

Verbindung, das Ihrem Innern mehr Orientierung geben soll? Welches fehlt und könnte passen?

**Adler:** Freiheit, Überblick, eine Situation genau betrachten, scharfe Sinne.

**Ameise:** Geduld, Fleiß, Disziplin, Durchhaltevermögen.

**Bär:** Kraft, Power, Stärke, Ausdauer, Ruhe.

**Chamäleon:** Tarnung, Neuorientierung, Verwandelbarkeit.

**Delphin:** Intelligenz, Sensitivität, Neugier, Freundschaft, Liebe, Orientierung, Seh-Hör-Vermögen, Spiritualität, Weisheit.

**Drache:** Befreiung, Entfesselung, Erneuerung, Stärke, Inspiration und Reise.

**Elefant:** Weisheit, Größe, Hilfe, Unterstützung, Ruhe, Kraft, Erdung, Stabilität, Geduld, Besonnenheit, Zuhören, Abgrenzung.

**Esel:** Eigenwilligkeit, Feinfühligkeit, Gnade, Loslassen, Weisheit, Demut, Vertrauen auf die göttliche Führung, Zuversicht, Lastträger, Geduld.

**Eule:** Objektivität und Hellsichtigkeit, Weisheit, Erleuchtung, Urteilsvermögen, Magie.

**Fisch:** Intuition, Träume, Gefühle, Eingebung, das Unbewusste.

**Frosch:** Mut für neue Unternehmungen, Sprung wagen, Kreativität.

**Fuchs:** Klugheit, Selbsterkenntnis, Geschick.

**Gepard:** Konzentration, Leidenschaft, Schnelligkeit.

**Hund:** Treue, Schutz, Begleiter, Spürsinn, Liebe, Loyalität.

**Igel:** Schutz, Introvertiertheit.

**Katze:** Freiheit, Unabhängigkeit, Selbstbestimmung, Eigenwille.

**Löwe:** Autorität, Verteidigung, Stärke, Kraft, Macht, Führungsqualitäten, Mut, Durchsetzung.

**Maus:** Schnelligkeit, Flinkheit, Wachsamkeit, Cleverness.

**Pferd:** Power, Kraft, Energie, Lernen, Schönheit.

**Phönix:** Göttliche Inspiration, Auferstehung, Transformation, Wandlung, Erneuerung.

**Pinguin:** Kreativität, Leichtigkeit, Spiel, Spaß, Freude, Humor.

**Pfau:** Schönheit, Sichtbarkeit, selbstsicheres Auftreten, Auferstehung, Vision, Wachsamkeit.

**Schaf:** Unschuld, Sanftmut.

**Schmetterling:** Metamorphose, Transformation, Wandlung, Veränderung, Schönheit.

**Skorpion:** Befreiung, tiefe Einsichten, Auseinandersetzung mit den Schattenseiten.

**Tiger:** Ruhe, Gelassenheit, Intelligenz, Schnelligkeit.

**Wolf:** Mut, Loyalität, Stärke, Tapferkeit, Gemeinschaftssinn.

**Ziege:** Weiblichkeit, Fruchtbarkeit, Fürsorge, Hartnäckigkeit, Lebenskraft, Sturheit.

Stellen Sie sich mal Ihren Raum mit drei, vier Tieren vor, die Ihre Anteile verkörpern. Welche Energie entsteht dadurch? Aber auch: Welche Energie fehlt im Raum?

In meinem eigenen Zimmer gibt es einen Bären, der entspannt auf dem Sofa liegt und alle beobachtet. Es gibt ein wunderschönes Chamäleon, eine Katze, eine Eule und schillernde Fische. Was Sie verkörpern, weiß nur ich. Manchmal brauche ich die Kraft des Löwen, bisweilen die Leichtigkeit einer Möwe.

Entwickeln Sie Ihr Bild, gestalten Sie es aus und speichern Sie es in Ihrem Gedächtnis ab. Lassen Sie sich von Ihrem »Zoo« über einige Wochen begleiten und beobachten Sie, was geschieht. Holen Sie sich immer wieder bewusst die Energie dazu, die Ihnen gerade fehlt, um ein Ziel zu erreichen, eine Situation zu meistern oder die Sichtweise auf etwas zu verändern.

### Was Sie im Team tun können

Spielen Sie dieses Mindsetting in einer Gruppe, die auf neue Gedanken kommen will. Auch hier können Sie wunderbar mit Tieren und Figuren arbeiten. Nur geht es dieses Mal nicht um Persönlichkeitsanteile, sondern um die Anteile im Team. Die müssen gar nicht an eine Person gebunden sein.

Mit welchem Mindset wenden wir unsere Tools an? Wie denken wir darüber? Und was sehen wir nicht?

## Ausbaustufe

Eine Ausbaustufe könnte so aussehen: Erstellen Sie für einen halbtägigen Workshop Symbole für Minds, Skills und Tools, sodass diese sich gleichmäßig auf die beteiligten Personen verteilen. Erarbeiten Sie herausfordernde Aufgaben und Probleme für Ihr Team. Nun sollen sich immer je ein Mind, ein Skill und ein Tool zusammenfinden, um darüber zu diskutieren, wie das Zusammenspiel bei der entsprechenden Aufgabe aussieht. Welches Mindset passt? Welche Skills braucht es? Was für Tools? Schreiben Sie das Ergebnis auf Moderationskarten.

Dann rotieren die Minds so, dass sich eine neue Perspektive für die Skills und Tools ergibt. Wie lässt sich das Problem durch ein anderes Mindset noch betrachten? Was, wenn wir annehmen, dass es kein Richtig und Falsch gibt, sondern nur eine Möglichkeit, die mal passender und mal weniger passend ist? Je mehr Personen beteiligt sind, desto vielfältiger wird der Blick.

Wichtig bei dieser Übung ist die Wertfreiheit: Es gibt kein richtiges und falsches Mindset, sondern nur die eine oder andere Einstellung, die Gedanken produziert oder eben nicht produziert. In dem Moment, wo ein neuer Gedanke geboren wird, ist er in der Welt – und kann auch von anderen gesehen und erkannt werden.

Da Mitarbeiter eines Unternehmens immer im eigenen Saft schmoren, kann es sinnvoll sein, Externe hinzuzubitten.

These

Mindset ist entscheidend – nicht Tools oder Skills

DEF.
MIND = GEIST
SET = EINSTELLUNG

BESTIMMT DIE LOGIK

Frage

Denken + Fühlen + Handeln

Wie bestimmt das Mindset mein Handeln?

MINDSHIFT

Mindsetter

NEUE ARBEITSWELT

Mindset Skillset Toolset

ALTE ARBEITSWELT

Praxis

KOMUNIKATION

METHODEN

EXPERTE

KÖNNEN

TOOLS

Wie entwickle ich mein Mindset?

Ich bin viele!

Perspektive wechseln

verschiedene Teilpersönlich-keiten

Symbole

Was sehe ich?

Was nicht?

Tiere

Mini-Minds

visualisieren

erkennen

# 18. **Flexibilisierer:** Bewegen Sie Ihre Gedanken im Dreieck

**Worum es geht:**
Der Mensch ist ein Gewohnheitstier. Wer Neues lernt, kann nicht einfach Altes löschen, sondern muss es überspielen.

**Der Mindshift:**
Dieses Überspielen funktioniert viel besser, wenn Menschen flexibel denken. Flexibilisierung ist also ein wichtiges Entwicklungsziel.

**Das ist für Sie drin:**
Sie legen damit die Basis für ein erfolgreicheres Leben, denn flexible Menschen können sich erfolgreicher in unterschiedlichen Lebens- und Arbeitsbereichen bewegen.

> »Nicht weil es schwer ist, wagen wir es nicht,
> sondern weil wir es nicht wagen, ist es schwer.«
>
> *Seneca*

Wer satt ist, bewegt sich ungern. Obwohl jeder weiß, wie ungesund das ist, bewegt sich in vielen Firmen nach einigen Jahren kaum noch jemand.

Karina führt mit ihren drei Kollegen eine IT-Firma mit Sitz in Schleswig-Holstein. Die meisten Angestellten sind schon lange an Bord und träge geworden. So fährt das Geschäft gegen die Wand, und die Wettbewerber haben leichtes Spiel.

In einem meiner Kurse entwickelt Karina eine Idee. Sie stellt einen »High Performer« ein, einen, der die anderen so richtig aufwecken soll. Dabei achtet sie darauf, dass der neue Mitarbeiter nicht nur neue Ideen einbringt, sondern auch eine Persönlichkeit hat, an der die anderen sich reiben, aber nicht zerreiben. Kurzum: ein netter, aber zugleich reifer Mensch, der die anderen »challengt« und gut mit Konflikten umgehen kann. Auch auf der zwischenmenschlichen Ebene soll es eben jemand sein, der kein Mittelmaß ist.

Der Plan geht auf. Zwar kommen zuerst Proteste und kleinere Konflikte auf, doch nach einiger Zeit springt der zündende Funke des Neuen über. Der High Performer, wie sie ihn nennt, bringt immer wieder Ideen ein. Ihm gelingt es, auch andere dafür zu gewinnen. Gleichzeitig bindet er Kollegen ein und fördert so Kooperation. Das lässt die Trägheit einiger Mitarbeiter deutlich schwinden, denn plötzlich dringt Konkurrenz ins Haus. Sie sind nicht mehr unangefochten und müssen sich neu bewähren.

Große Fische müssen die kleinen nicht gleich auffressen, um Dynamik in den Teich zu bringen. Wenn sie es schaffen, sich als neuen Maßstab zu etablieren, tragen Sie dazu bei, dass auch die anderen sich verändern und wachsen. Das setzt voraus, dass sie volle Rückendeckung bekommen. Wer flexiblere Menschen möchte oder selbst flexibler werden will, muss erst mal für einen gewissen Wirbel sorgen, damit es funkt.

*Wie ist das bei Ihnen? Was würde passieren, wenn ein großer Fisch in Ihren Teich steigt? Wie würden Sie selbst darauf reagieren?*

## Das Satte-Löwen-Phänomen

Was wir in Karinas Firma beobachten, nenne ich das »Satte-Löwen-Phänomen«. Satte Löwen jagen nicht. Sie führen ein langweiliges und unnatürliches Leben im Zoo, wo sie sich nur an eines anpassen müssen: die Langeweile.

Auch in Karinas Firma ist es zu leicht, es gibt zu wenig Wettbewerb. Die meisten Angestellten lassen in ihrer Leistung nach, wenn sie meinen, im Job könnte ihnen niemand mehr gefährlich werden. Mit dem Gefühl von Sicherheit nehmen unliebsame Gewohnheiten zu. Wir werden träge und verändern uns noch weniger. Nur so kann es geschehen, dass manche Unternehmen immer noch denken, die Digitalisierung zöge an ihnen vorüber.

*Wie sicher fühlen Sie sich? Was ist gut an diesem Gefühl?*
*Und wo behindert es auch das Neue?*

Bequemlichkeit und Gewohnheit schleichen sich immer dann ein, wenn ein Zustand über einige Jahre mehr oder wenig unverändert bleibt und es gemütlich oder die Ungemütlichkeit zur Gewohnheit wird. Bei einigen geht das schneller als bei anderen, das sind jene, die mehr nach Sicherheit und Ordnung streben. Und die Gefahr von Stagnation ist in dynamischen Branchen weniger groß als in langsamen, konservativen, bewahrenden. Branchen, die einen staatlichen »Auftrag« erfüllen und nicht von Haus aus innovativ sein müssen, sind normalerweise träger als andere.

Einige Menschen suchen besonders gerne Umfelder, in denen es wenige große Fische gibt oder sie selbst von vornherein der größte sind. Sollten Sie die Gelegenheit zur Gestaltung haben, denken Sie an Karina: Setzen Sie einen größeren Fisch aus, der sich gut mit den anderen verträgt. Das machen die meisten Unternehmen falsch, die Veränderung wollen. Sie suchen sich Fische aus, die aufgrund ihres Spezialwissens besonders sind. In Wahrheit kommt es darauf weniger an als auf eine kommunikationsgeschickte Persönlichkeit. Und kommunikations-geschickte Persönlichkeiten sind immer flexibel in ihrem Verhalten, weil sie sich auf alle möglichen Menschen und Situationen einstellen können.

*Bewegung entsteht auch dadurch, dass andere etwas vormachen,*
*das Sie nicht kennen. So genannte Masterminds, Vordenker also, sind*
*deshalb gute Orientierungspunkte. Das sind Menschen, die früher als*
*andere zweifeln, eher etwas neu deuten und beharrlicher rufen. Sie*
*sehen die Wellen voraus, die etwas schlagen wird.*

*Folgen Sie im Internet Masterminds. Sie erkennen Sie daran, dass Sie neue*
*Themen setzen oder Vorhandenes nicht nur ein bisschen, sondern radikal*
*querdenken. Davon zu lernen, bringt auch Bewegung in Ihren Kopf.*
*Falls Sie solche Leute für Spinner halten, rate ich, einmal die*
*Bewertung beiseitezulegen und nur zu beobachten, um zu lernen. Sie*
*bekommen so einen anderen Fokus.*

## Warum wir verharren und erstarren

Es gibt zahlreiche Gewohnheiten, die zum Verharren und manchmal auch zum Erstarren führen. Immer wieder die gleichen Abläufe, ähnliche Zeitschriften lesen, gleiche Internetportale anstreben oder den Freundeskreis nicht verändern. Immer die gleichen Touren laufen oder im Urlaub nur an die gleichen Plätze gehen. Stets das gleiche Restaurant und immer auf die gleiche Art und Weise kuscheln … Vertraut ist gut, aber wird dann eben oft auch monoton.

*Jeden Tag etwas machen, was man noch nie getan hat, bringt Abwechslung. Ich bin beispielsweise immer die gleiche Strecke gejoggt, bis eine Straße gesperrt wurde. Danach war ich gezwungen, die Landschaft neu zu erkunden. Ich habe mich sehr geärgert, das nicht vorher getan zu haben, denn mir war einiges an wunderbarer Natur entgangen.*

Jede Veränderung von Gewohnheiten ist auch ein Umlernen; das Alte wird durch Neues überspielt.

Der Kampf gegen die Gewohnheiten ist ein alter. Verschiedene Religionen, aber auch die Wissenschaft haben immer wieder versucht, die ultimativen Stellschrauben zu finden. Die wichtigste sitzt im Kopf: Sie müssen die Schraube lockern, die an feste Zustände im Leben glaubt.

Eine Möglichkeit dazu liegt in der Einsicht in die unterschiedlichen Kräfte, die immer und jederzeit in uns allen wirken. Die Idee von »Balance« gibt es in sehr vielen Kulturen. Sie lag in unserer westlichen Kultur Jahrhunderte lang verschüttet. Wir haben nicht nach Ausgleich gesucht, sondern nach extremen Polen.

Triadische Konzepte bieten Denk- und Fühlrahmen, die den eigenen Standort oder den Standort einer Gruppe von Menschen bewusstmachen. Das kann zur Entscheidung führen, nach einem großen Fisch zu suchen. Oder aber erstmal einfach der Selbstreflexion dienen.

## Triadisches Denken hält in Bewegung

Eine triadische Denkmöglichkeit habe ich im Zusammenhang mit der Hegelschen Dialektik – These, Antithese, Synthese – bereits vorgestellt (siehe 2. Kapitel »Weiterdenker«). Es gibt weitere. Die Glaubenspolaritäten-Triade verdeutlicht das Zusammenspiel von Bindung (dazu gehören auch Liebe und Vertrauen), Ordnung (einschließlich Struktur und Plan) und Wissen (mit Erkenntnis und theoretischer und praktischer Erfahrung). Verstehen Sie Bindung, Ordnung und Wissen als Wortfelder, in denen sich ähnliche Begriffe miteinander verbinden. Jede Kultur, jede Organisation, jeder Mensch und auch jede Situation wird von einem der drei Aspekte geprägt. Die Wahrheit ist Weisheit, und sie liegt stets in einer Betrachtung, die den Blick auf alle Aspekte ermöglicht. Diese Sicht ist dreidimensional, ein Prisma, das alle Seiten in der Höhe zusammenführt.

Flexibilisierung geschieht über ein Denken, das alle Seiten berücksichtigt. Wenn Sie eine beliebige Frage nehmen, die Sie stellen, so werden Sie deren Position in der Triade einfach finden können.

Nehmen wir beispielsweise: »Welche Weiterbildung ist sinnvoll, wenn ich fit für die Zukunft der Arbeit sein will?« Diese Frage ist aus der Warte des Wissens und der Ordnung formuliert. Die Antworten auf diese Frage ließen sich triadisch analysieren:

- Eine Empfehlung mag sich mehr auf den Wert eines Zertifikats beziehen (Ordnung), wobei als Vergleichsgröße die Vergangenheit (ebenfalls Ordnung) oder die Zukunft (Wissen, Erkenntnis) genutzt werden kann.
- Eine andere Empfehlung mag mehr auf den Inhalt (Erkenntnis) gerichtet sein, auf das, was man lernt.
- Ein dritte könnte die guten Beziehungen berücksichtigen, die durch ein bestimmtes Studium entstehen (Bindung).

Eine weise Antwort erkennt alle diese Aspekte.

Üben Sie triadisches Denken. Und wenn Sie Rat suchen, dann suchen Sie ihn bei Menschen, die weise Antworten denken und geben können.

**Noch eine Triade: Die Trimurti**

Die hinduistischen »Trimurti« beschreiben drei Aspekte des Göttlichen, die mit den fundamentalen Prinzipien des Kosmos in Verbindung stehen: Der Gott Vishnu sorgt für Erhaltung und entsteht aus der Balance. Sein Element ist das Wasser. Shiva ist die Kraft der Zerstörung, die durch Dominanz entsteht. Sein Element ist das Feuer. Brahma ist die Schöpfung, die durch Aktivität und Stimulanz zum Neubeginn führt. Sein Element ist die Erde.

Die drei Götter tragen Waffen, um negative, etwa egoistische und unethische Vasanas – unbewusste Verhaltensmuster, also Gewohnheiten und Verlangen – in einem zu vernichten.

Das Bild der Trimurti fügt unserem Denken einen weiteren triadischen Aspekt dazu. Während die Glaubenspolaritäten die strukturelle Ordnung beschreiben, geht es hier um die Ordnung, die aus der Bewegung entsteht. Das führt zu ähnlichen Gedanken, wobei die Bewegung (»alles fließt«) eher die fernöstliche Denkweise spiegelt und die Struktur der Glaubenspolaritäten aus Bindung, Ordnung, Wissen (»es ist stabil«) eher die westliche.

Wenn Sie das kombinieren, erhalten Sie ein neues Bild: Vishnu ist ein Ergebnis der Balance, die aus einem Abwägen von Bindung, Struktur und Erkenntnis entsteht. Shiva reift durch Struktur (Autorität) und Bindung (an eine dominierende Person), Brahma wächst aus dem Raum für Erkenntnis. Übereinandergelegt schärfen diese beiden Sichtweisen den Blick auf wesentliche Aspekte des Lebens.

Die Yogis bekommen ihre negativen Vasanas, also Gewohnheiten, durch Körperbeherrschung und Meditation in den Griff. Der Effekt ist physiologisch leicht nachvollziehbar.

Reize, die positive Gefühle auslösen, suchen wir zu erhalten. Reize, die negative Gefühle erzeugen, vermeiden oder eliminieren wir.

Der Neokortex koppelt unsere gemachten Erfahrungen mit so genannten limbischen Markern, die sich aus Neurotransmittern zusammensetzen. So verbinden sich Information und Gefühl. Bleiben wir bei den Trimurti, heißt das in der praktischen Übersetzung:

- Aha, so fühlt sich Balance an!
- Aha, das ist also Schöpfung!
- Oh, so geht Dominanz.

Diese Beispiele lassen vielleicht schon erahnen, was passiert, wenn bestimmtes Verhalten mit Gefühlen negativ besetzt ist: Dominanz wird vermieden, Balance fühlt sich ungewohnt (und deshalb nicht gut) an, Schöpfung wird zum Stress- und Suchtfaktor.

Beim erneuten Abrufen erzeugen diese Marker abgeschwächt das gleiche Gefühl wie bei der Speicherung. Unser Nervensystem wiederholt und festigt, was zu unserem Glaubenssystem geworden ist. So entstehen die Einbahnstraßen, die Senecas Zitat beschreibt. Alles wäre möglich, wenn man nur daran glauben würde.

Was also tun, um eigene Gewohnheiten loszuwerden?

## Was flexible Menschen anders machen

Viele Experimente aus der Verhaltensforschung zeigen, dass es immer darum geht, gewohntes Verhalten umzulernen. Dazu muss das bisherige überspielt werden.

Das ist bei einigen schwerer und bei anderen leichter. Im Wege steht uns ausgerechnet unser Wunsch, »authentisch« zu sein. Authentisch kann man in dieser Lesart mit einseitig, starr oder auch unflexibel übersetzen.

Der Psychologe Mark Snyder unterschied Menschen, die fähig und bereit sind, sich an eine neue Situation anzupassen, und solche, die sich treu bleiben wollen. Lassen Sie sie uns die Anpasser »Flexible« nennen. Flexible besitzen eine Kernpersönlichkeit; aber sie können sich wie Chamäleons bei der Verfolgung ihrer Ziele immer wieder neu erfinden. Menschen, denen es wichtig ist, sich selbst treu zu bleiben, haben diese Fähigkeit nicht. Diese Authentischen wollen wir »Unflexible« nennen. Unflexible sind wie Steinböcke, sie verlassen ihr Gebiet nicht. Sie empfinden Situationen, in denen sie gezwungen sind, von ihrem natürlichen Verhalten abzuweichen, als Bedrohung.

Snyder fand schon in den 1970er Jahren heraus: Je authentischer, also unflexibler die Teilnehmer, desto niedriger die Arbeitsleistung und desto schlechter die Beförderungschancen. Das bestätigte Amir Goldberg von der Universität Stanford 2016. Das Team untersuchte mithilfe eines Algorithmus die Sprache, die 600 Mitarbeiter einer Tech-Firma im Verlauf von fünf Jahren in mehr als zehn Millionen internen Mails verwendet hatten: Beruflich besonders erfolgreich waren die Flexiblen, die ihre Sprache und ihren Kommunikationsstil an die Unternehmenskultur anpassten.

Es liegt nahe anzunehmen, dass Flexible auch in einer digitalisierten, sich schnell drehenden Welt erfolgreicher sein werden. Sie sind mehr in Balance und bewegen sich sowohl in einer Triade zwischen Ordnung, Bindung und Erkenntnis (Glaubenspolaritäten) als auch zwischen Balance, Dominanz und Neubeginn (Trimurti).

*Sind Sie ein Flexibler, ein Unflexibler oder eine Mischform? Wie sehen Sie sich selbst, wie sehen andere Sie? Und was hat das mit Ihrer derzeitigen Situation zu tun, auch wenn Sie sich hinsichtlich der Triaden betrachten?*

## Wie wir uns durch Lernen flexibilisieren

Was Flexible meist von sich aus tun, müssen Unflexible bewusst betreiben: Umlernen und sich den bisher nicht oder unflexibel genutzten Polen nähern.

Umlernen verlangt Imitation oder Extinktion. Kleine Kinder lernen ausschließlich durch Imitation, verlernen das dann aber wieder. Was uns als Kinder befähigt hat, ist aber auch im Erwachsenenalter reaktivierbar: die Fähigkeit zur Beobachtung. Wir schauen uns ab, was andere machen. Kinder sind mit ihren Imitationen auch deshalb so erfolgreich, weil sie nicht perfektionistisch herangehen. Sie probieren einfach aus, über Fehler machen sie sich gar keine Gedanken.

Wir Erwachsene haben mehrere Phasen der Sozialisierung, also gesellschaftlicher Anpassung, durchlaufen. Ein wesentlicher Schritt dabei war, uns die Spielfreude und Fehlertoleranz des Kindes abzutrainieren. Die Lockerheit der Imitation ist damit ebenso verloren gegangen wie die Freiheit der Beobachtung: Statt mit anderen sind wir nun mit uns selbst beschäftigt und überlegen dauernd, wie wir uns richtig verhalten.

Es ist ein Teufelskreis, aus dem Sie nur ausbrechen können, wenn Sie sich geschützte Räume zum Experimentieren suchen. Tun Sie das so oft wie möglich.

Das Extinktionslernen wird vor allem in der Verhaltenstherapie angewendet, aus der Sie viel für die Entwicklung ableiten können. Alles hat am Ende mit der Aufmerksamkeit zu tun, die wir auf das eine oder andere richten. Durch Verschiebung der Aufmerksamkeit erreichen Sie das meiste. Negative Gedanken unterbrechen Sie beispielsweise, indem Sie sich ein bestimmtes Bild aufrufen oder laut »Lass das!« zu sich selbst rufen. Es gibt auch die Variante, bei der man in einen Apfel oder – noch nachhaltiger – eine Peperoni beißt, um sich abzulenken.

Extinktionslernen beruht auf einem Erneuerungseffekt, bei dem die alte Gedächtnisspur abgerufen und dann neu mit einem »renewal« bespielt wird. Dabei werden vor allem NMDA-Rezeptoren im Gehirn aktiviert, die für die Bildung neuer Verbindungen zuständig sind. Das Gehirn muss zunächst lernen, die bisherige Reaktion zu unterdrücken. Schalten Sie bei Kritik sofort auf Verteidigung, so konzentrieren Sie sich auf den anderen anstatt auf sich.

Um Ihre Aufmerksamkeit umzulenken, können Sie beispielsweise Folgendes tun:

- Wenn Sie sofort zum Telefonhörer greifen, wenn Sie sauer sind, um loszuschimpfen, dann schnappen Sie sich erst mal eine Zitrone.
- Wenn Sie immer losbrüllen, wenn etwas nicht nach Ihrem Geschmack läuft, beißen Sie beim nächsten Mal in einen Apfel.
- Wenn Sie nervös werden, wenn Sie eine neue Funktion oder Software sehen, dann klatschen Sie in die Hände.

Es gibt unendlich viele Möglichkeiten, die Aufmerksamkeit vom unliebsamen Verhalten abzulenken und auf etwas anderes zu ziehen. Es muss nur wiederholt werden, wieder und wieder. Wenn Sie an die Fisch-Metapher vom Anfang denken, ist dies nichts anderes: Der große neue Fisch lenkt vom Alten ab und sorgt für neue Aufmerksamkeit.

## Was Sie innerhalb von fünf Minuten tun können

Flexibilisieren ist Umlernen. Wir haben die zwei Arten umzulernen kennen gelernt: Imitation und Extinktion. Imitation macht Freude und ist einfach. Fünf Minuten Imitationstraining pro Tag kann Sie erheblich weiterbringen, vor allem wenn Sie dieses an ein Thema knüpfen, das Ihrer Entwicklung dient. Wenn Sie Vorträge halten und Ihren Auftritt verbessern wollen, könnten Sie sich YouTube-Videos von Vortragenden ansehen, die Sie bewundern und sich auf je eine Verhaltensweise fokussieren: die Art, auf die Bühne zu gehen, die Zuschauer zu begrüßen, auf Fragen zu antworten, sich zu verabschieden oder zu lachen. Diese Art zu lernen, ist nicht nur sinnvoll für eine Bühnenkarriere, sie kann auch generell im Beruf helfen. Manchmal ist es nur die Betonung eines Wortes oder ein bestimmter, wirkungsvoller Satz, was den Unterschied macht.

Alternativ beobachten Sie Kollegen oder Menschen auf der Straße – oder Ihre Kinder. Die spielen Kaufmann oder Familie, Verstecken oder Pippi Langstrumpf. Machen Sie einfach mal mit.

## Was Sie innerhalb von sechs Wochen tun können

Stellen Sie sich vor, in Ihrem Kopf wäre eine Software mit Gewohnheiten. Welche davon möchten Sie überspielen? Welche dient Ihrer Entwicklung wenig, und welche hemmt sie?

Ordnen Sie Ihre Gewohnheiten mit den Trimurti. Welche Gewohnheiten dienen Vishnu, Shiva und Brahma?

- Vishnu: Welche Gewohnheiten nützen und welche stören Ihre innere und äußere Balance?
- Shiva: Welche Gewohnheiten unterstützen das Durchsetzen und Etablieren von etwas Neuem, welche hindern es?
- Brahma: Welche Gewohnheiten fördern das Neue und die Schaffenskraft und welche stehen ihnen im Weg?

Tabelle 3 hilft Ihnen, das Ganze systematischer zu erfassen. Am besten spielen Sie dafür einen ganzen Tag durch.

Typischerweise werden Sie ziemlich viel Vishnu entdecken und eher weniger Shiva und Brahma. Das kann ein Ansatz für frische Impulse

sein. Vielleicht lässt sich Yoga mit einer kreativen Pause verbinden oder ist das Frühstück mit der Familie auch eine Gelegenheit, um neue Ideen zu kreieren. Nicht immer, aber immer wieder.

Und vergessen Sie nicht: Zu viel Balance führt zu Starrheit, zu viel Dominanz zu Aggression und zu viel Schaffenskraft zum Rotieren.

| Gewohnheit | Vishnu<br>Wasser, Balance | Shiva<br>Feuer, Durchsetzen | Brahma<br>Erde, Schöpfung |
|---|---|---|---|
| Mit der Familie frühstücken | x | | |
| Yoga machen | x | | |
| Kundentermine planen | x | | |
| Nickerchen in der Mittagspause | x | | |
| Brainstorming mit Kollegen | | | x |
| | | | |
| | | | |
| | | | |
| | | | |
| | | | |
| | | | |

Tabelle 3: Gewohnheiten mithilfe der Trimurti ordnen

Möglicherweise ergibt sich aus Ihren Überlegungen ein Thema zum »Umlernen«. Welche Gewohnheiten sind Ihnen lästig? Das kann etwas Einfaches sein, wie »Zeitungen von vorn nach hinten lesen« oder »immer als Erstes auf *Spiegel Online* gehen«. Gewohnheiten können sehr kleinteilig sein. Es kann auch ein Verhalten sein, dass sich so eingebürgert hat, beispielsweise Menschen nach dem ersten Eindruck zu bewerten und einzuordnen.

Hier folgen einige typische Gewohnheiten, die viele haben und die sich für die persönliche Entwicklung oft als hinderlich erweisen:

- **Sofort bewerten:** Wir betrachten eine Situation unter dem Aspekt, was sie uns bringt oder wie gut oder schlecht sie ist, anstatt einfach hinzuschauen und wahrzunehmen. Das könnte man dem Gott Shiva zuordnen, der Dominanz, dem Richtig oder Falsch. Er lohnt sich, sie durch eine neue zu überschreiben: Bevor ich etwas bewerte, beobachte ich genau, was passiert, und achte auf die Situation und den Kontext.
- **Gleich losreden und reagieren:** Auch das ist eher Shiva. Wir handeln oft im Autopiloten, bei Kritik verteidigen wir uns beispielsweise sofort oder sagen ja, ohne es zu meinen. Dabei ist es viel wertvoller, einfach mal zuzuhören und nichts zu sagen und auch nicht immer sofort zu handeln. Das verbündet sich sehr gut mit dem vorherigen Punkt. Innehalten, also »Vishnu«, fehlt oder auch »Shiva«, wenn es an mangelnder Durchsetzungskraft liegt.
- **Sich nie etwas Schönes oder Gutes gönnen:** Die Gewohnheit, »sich etwas zu versagen«, weil es zu teuer ist oder weil man seinen Wert nicht erkennt, deutet auf fehlendes Vishnu.

Die Liste ließe sich endlos erweitern, aber ich will ja nicht für Sie denken. Was fällt Ihnen ein? Wenn Sie neue, gute Gewohnheiten trainieren, verschieben Sie Ihre Aufmerksamkeit auf etwas, das jenseits der Gewohnheit liegt. Je mehr Aufmerksamkeit Sie etwas Anderem schenken, desto weniger bekommt das Alte.

Wenn Sie immer zu allem ja sagen, dann hilft die innere Konzentration auf das Nein, das Sie sich in großen Buchstaben ausmalen und auch immer wieder für sich aussprechen, bevor sie es in großer Runde tun.

Manchmal hilft es, sich selbst auszutricksen. Um mir das Kaffeetrinken abzugewöhnen, habe ich meine Kaffeemaschine in den Keller geräumt und stattdessen attraktive Teesorten angeschafft. Wenn das Neue kein Verzicht ist, sondern ein Ersatz, freundet man sich leichter damit an.

### Wie Sie die Übung ausbauen können

Denken Sie an die verschiedenen Lebenssäulen Beruf, Körper/Gesundheit, Freunde/Soziales, Partner/Familie, Freizeit und Geist/Psyche. Alle wollen gepflegt werden und in allen haben wir schlechte Gewohnheiten entwickelt. Malen Sie sich die Säulen auf. Stellen Sie sich vor, jede kann mit maximal 100 Prozent gefüllt sein. Wie voll sind Sie? Was hat das mit den Trimurti zu tun? Welche Konsequenzen leiten Sie daraus ab, dass eine Säule – oder zwei, drei – kaum gefüllt sind? Wie hilft der Blick auf Gewohnheiten dabei? Welche müssten Sie etablieren?

## Was Sie im Team tun können

Die Aufstellung, also Visualisierung von Triaden auf dem Boden eignet sich gut, um damit im Gruppenkontext zu arbeiten. Wenn sich die Teilnehmer auf eines oder mehrere Felder innerhalb des Dreiecks stellen, zeigt das die Prägung innerhalb der Gruppe auf emotionale Art und Weise. So werden auch Widersprüche deutlich; wenn etwa das eine Teammitglied seinen Fokus auf den Aspekt der Ordnung und das andere auf die Erkenntnis legt, Bindung aber zu kurz kommt – was sich daran zeigt, dass sich keiner darauf stellt.

Sowohl die Glaubenspolaritäten als auch die Trimurti eignen sich für solche Aufstellungen, auch von großen Gruppen. Je größer die Gruppe, desto größer sollte allerdings auch die Erfahrung desjenigen sein, der diese anleitet.

In einer kleinen Gruppe von Arbeitskollegen können Sie alle drei Aspekte im Raum mit Moderationskarten kennzeichnen. Dabei vertritt eine Ecke die Erkenntnis, eine andere die Ordnung und in der Mitte zwischen den beiden anderen Ecken liegt die Bindung. Wie verhalten Sie sich innerhalb oder zwischen diesen Polen, wenn Sie typische Aufgaben lösen? Wie treffen Sie Entscheidungen? Differenzieren Sie diese nach Arten, beispielsweise Einstellungs- und Budgetentscheidungen. Die Teammitglieder stellen sich dafür auf den Pol, der ihrer Meinung nach dominiert. Sie können diesen Standort zu Fragestellungen auch für verschiedene Themen separat durchgehen, wodurch sich unterschiedliche Konstellationen ergeben können.

Eine Position zwischen den Karten oder aber in der Mitte ist erlaubt. Im Zentrum sollte die Karte der Weisheit offen oder verdeckt liegen. Offen, wenn Sie als Moderator das System sofort transparent machen möchten, oder verdeckt, wenn Sie am Ende eines Workshops dramaturgisch platzieren möchten, dass die Wahrheit in der Mitte liegt.

Wenn die Teilnehmer verteilt im Raum oder an einer Stelle stehen, sollten Sie darüber reflektieren, warum sie dort stehen und was für eine andere Position sprechen würde. Schließlich entwickeln Sie daraus Maßnahmen.

Sie können das System auch nutzen, um Antworten auf Herausforderungen, vor denen Sie stehen, auf Ihre Balance hin zu prüfen. Denken Sie aus der Mitte, sehen Sie also alle Aspekte, oder dominiert ein Aspekt? Dass ein Aspekt dominiert, kann sinnvoll und dem Thema angemessen sein. Fragen Sie sich jedoch, wie dieses Thema aus dem Blickwinkel der anderen Aspekte aussähe.

Eine Beispiel-Herausforderung (Thema) wäre: »Wir müssen schneller werden.« Wie könnte diese Herausforderung in der Triade betrachtet werden?

- Aus der Ordnung würden Sie nach einer Methode und Struktur suchen oder eine Prozessoptimierung anstreben.
- Aus der Bindungsperspektive würden Sie nach Gemeinsamkeit und Synergie suchen.
- Aus der Erkenntnisperspektive stünde der Aspekt des Erschaffens von Neuem im Vordergrund.

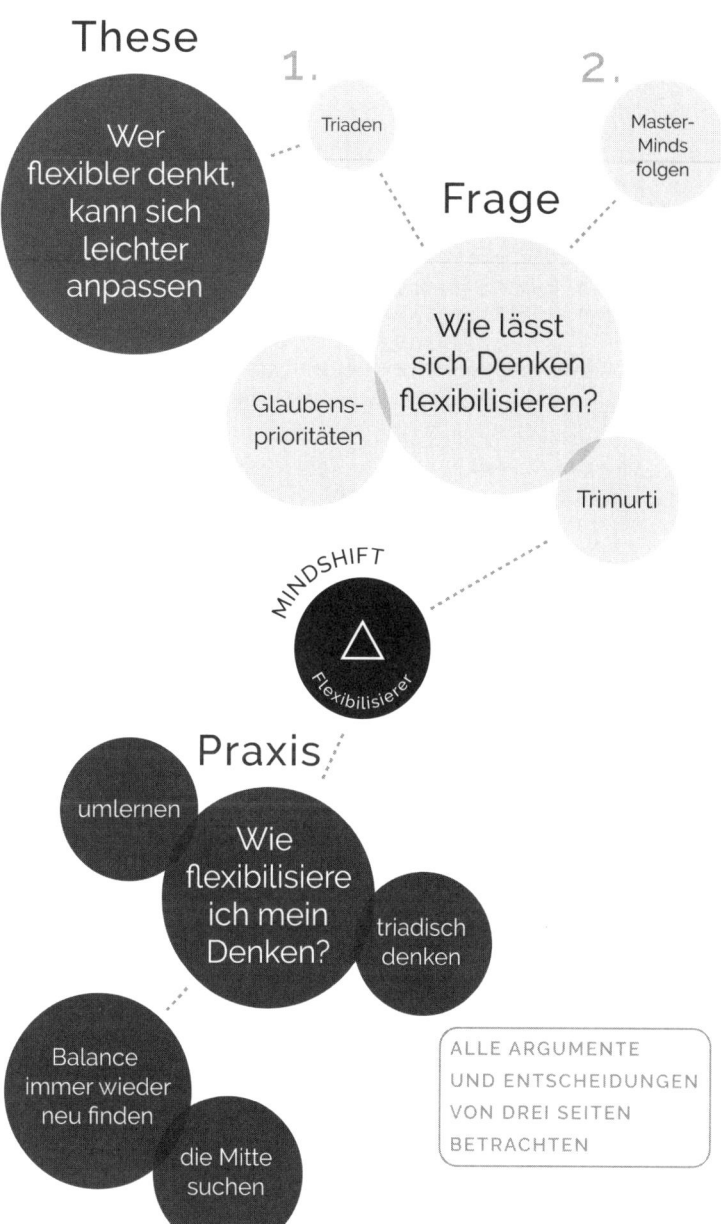

These

Wer flexibler denkt, kann sich leichter anpassen

1. Triaden

2. Master-Minds folgen

Frage

Wie lässt sich Denken flexibilisieren?

Glaubens-prioritäten

Trimurti

MINDSHIFT

△

Flexibilisierer

Praxis

umlernen

Wie flexibilisiere ich mein Denken?

triadisch denken

Balance immer wieder neu finden

die Mitte suchen

ALLE ARGUMENTE UND ENTSCHEIDUNGEN VON DREI SEITEN BETRACHTEN

# 19. **Moralentwickler:** Das höhere Prinzip finden

**Worum es geht:**
Wir stehen oft vor widersprüchlichen Anforderungen. Diese Anforderungen sind dadurch gekennzeichnet, dass das eine genauso richtig erscheint wie das andere. Bleibt nur die Wahl zwischen Teufel und Belzebub?

**Der Mindshift:**
Verstehen Sie, was hinter Ihren Entscheidungen steht, und machen Sie diese transparent.

**Das ist für Sie drin:**
Sie entwickeln nach und nach mehr Haltung nach innen und außen. So können Sie sich auch leichter eine Meinung zu Themen bilden.

> »Manchmal trifft man richtige Entscheidungen,
> und manchmal macht man Entscheidungen richtig.«
>
> *Phil McGraw*

Eine Straßenbahn droht, fünf Personen zu überrollen. Durch Umstellen einer Weiche kann die Straßenbahn auf ein anderes Gleis umgeleitet werden. Unglücklicherweise befindet sich dort eine weitere Person. Darf durch Umlegen der Weiche der Tod einer Person in Kauf genommen werden, um das Leben von fünf Personen zu retten?

Wie würden Sie entscheiden? Die meisten Menschen würden die Weiche umstellen. Sie entscheiden automatisch nach dem Gesetz der größeren Zahl. Es sei denn, sie kennen die Person auf dem anderen Gleis.

Wir erleben immer wieder Situationen, die unlösbar scheinen, weil sie uns keine Optionen lassen. Tun wir das eine, vernachlässigen wir das andere. Viele Entscheidungen müssen getroffen werden, ohne dass etwas eindeutig als richtig oder falsch bewertet werden kann.

Einige Aspekte verschärfen solche Dilemmata:

- **Komplexität vergrößert die Zone der Unsicherheit.** Wir kennen die Auswirkungen unserer Entscheidungen nicht. Immer mehr Entscheidungen sind heute komplex in dem Sinn, dass sich die Folgen weder planen noch vorhersehen lassen. Das fordert Entscheidungen, die nach bestem Wissen und Gewissen, aber ohne »Ergebnisgarantie« getroffen werden.
- **Die große Richtung, in die sich etwas entwickeln wird, ist durch viele kleine Bewegungen bestimmt.** Ein Beispiel dafür ist die Zukunft der Arbeit. Wird es wirklich eine Befreiung von Arbeit, oder ist es der Beginn einer neuen Digital-Sklaverei? Das liegt auch an jedem Einzelnen. Es fordert konstruktivistisches Bewusstsein: Jeder gestaltet Wirklichkeit und damit auch die eigene Zukunft.
- **Wahrheit ist auch durch das Internet und seine Fake News immer schwerer als solche zu erkennen.** Wie leicht Menschen auf falsche Nachrichten hereinfallen, dafür gibt es viele Beispiele. Teilweise werden diese absichtlich gestreut, teilweise aufgrund mangelnder Kenntnisse, etwa in Statistik, fehlinterpretiert. Fake News betreffen aktuelle Geschehnisse, aber zunehmend auch wissenschaftliche Nachrichten. So gibt es immer mehr Pseudowissenschaftsverlage, die über Studien berichten, die wissenschaftlichen Gütekriterien nicht standhalten. Das fordert Urteilsfähigkeit.
- **Es gibt immer mehr Meinungen und Möglichkeiten.** Die Informationsflut macht es immer schwieriger, etwas zu bewerten. Es sind nicht mehr wenige, die eine Richtung vorschlagen, sondern viele. Das verlangt eine innere Orientierung.

*Wenn Sie das lesen, was geht Ihnen im Kopf herum? Wie fühlt sich das für Sie ganz persönlich an? Bitte schauen Sie danach einmal ganz explizit auf die positiven Seiten dieser Entwicklung.*

Bei all dem steigt der Anspruch an moralisches Verhalten. War es früher keine Frage, dass gemacht wurde, was der Vorgesetzte angeordnet hatte, ist das heute nicht mehr selbstverständlich. Den ruppigen und oft respektlosen Ton in mancher Restaurantküche nehmen viele nicht mehr hin, die Zahl der Ausbildungsabbrüche ist ein Indiz dafür. Die Schweizer Meldestellen verzeichnen immer mehr Whistleblower, also Menschen, die ein unethisches Vorgehen, beispielsweise Korruption, melden. Nimmt die Aufmerksamkeit der Mitarbeiter zu oder das unethische Verhalten? Experten meinen, es sei die Aufmerksamkeit.

Aber auch im normalen Alltagsleben stehen mehr Entscheidungen an. Früher war es klar, dass der brave Angestellte den Anweisungen folgt, selbst wenn diese unethisch sind. Heute hat anweisungsorientierte Führung einen schlechten Ruf. Der Mitarbeiter soll in einem Rahmen handeln, dessen Grenzen oft nicht klar sind. »Vorgesetzt« ist ein in vielen Kreisen kaum noch verwendeter Begriff. Hierarchien wurden und werden fast überall abgebaut.

## Wie Moral gegen Fake News hilft

Anpassung und Unterordnung sind keine Werte mehr. Fallen sie weg, vergrößert sich die Zahl möglicher Verhaltensweisen.

*Wie würden Sie handeln, wenn Sie für einen Konzern arbeiten, der sich ökologisch und humanistisch unverantwortlich zeigt? Kündigen Sie, oder nutzen Sie den eigenen (kleinen) Einfluss, damit eine Wende zum Besseren möglich wird? Woran richten Sie Ihre Entscheidung aus?*

Vor dem Internet gab es Radio, Fernsehen und die Printmedien. Deren Nachrichten waren im Sinne der Informationspflicht sortiert. Bücher wurde von Verlagen herausgebracht. Schlecht oder gar nicht recherchierte Inhalte hatten es schwer, ein Publikum zu bekommen.

Durch das Internet überfluten uns Informationen, die schwer einzuordnen sind. Auf eine Seite mit seriösen, also ausgewählten und recherchierten Inhalten kommen Hunderte mit Fake News. Jeder darf Inhalte produzieren. Die sich daraus ergebende Chance für jeden erhöht auf der anderen Seite den Anspruch an Verantwortungsübernahme.

Es gilt, Produzenten, denen es nicht um Information, sondern um Manipulation – also eigennützige Beeinflussung – geht, herauszufiltern. Äußere Kennzeichen für ein »du kannst mir vertrauen« gibt es kaum noch. Selbstpublizierte Bücher sind für den Laien nur schwer von Verlagsprodukten abzugrenzen. Dass etwas beliebt und viel gelikt ist, muss keine Folge von Qualität sein. Likes im Internet können gekauft werden. Oder sie spiegeln gruppendynamisches Verhalten: Beiträge mit vielen Likes sammeln schneller weitere Zustimmung ein.

Onlinemarketing-Experten sind heute auch psychologisch gewieft. Sie wissen genau, wie sie einen Verkaufsprozess gehirngerecht aufsetzen müssen: Sie bauen Websites so, dass sie Kunden in so genannte »Funnel« locken. Da wird erst etwas kostenlos angeboten, dann zu einem niedrigschwelligen Einstiegspreis. Wenn die »Maus«, der Kunde also, dann in der Falle ist und vom Käse abhängig, wird sie schließlich auch mehr zu zahlen bereit sein … Die inhaltliche Korrektheit, Stichhaltigkeit, wissenschaftliche Relevanz und auch die Qualität lässt sich immer weniger von außen erkennen.

Das erklärt, warum so genannten »Influencern« auf YouTube und Instagram eine so eine bedeutende Stellung zukommt. Nicht wenige von ihnen vermitteln den Digital-Generationen (ihre) Werte. Sie übernehmen somit eine wichtige Moralerziehungsfunktion.

*Mit Suchmaschinen und Analyse-Tools für Influencer lässt sich deren (Stellen-)Wert genau ermitteln. Falls Sie sich in der Influencer-Szene nicht auskennen, hören Sie sich mal um. Wem würden Sie folgen?*

Wenn Sie sich nicht einfach mitreißen lassen, sondern selbst entscheiden wollen, empfehle ich Ihnen, folgende Fragen zu stellen, um Informationen zu bewerten:

- Ist das wahr, also eine Tatsache?
- Ist das seriös, also wirklich recherchiert oder aufgrund einer wirklichen Erfahrung niedergeschrieben?
- Ist das eine wertvolle Information, die mich in meinem Denken und Handeln verantwortlicher macht?
- Ist das eine Information, der andere widersprechen?

Letztendlich sollte jeder von uns eigene Maßstäbe für den Umgang mit Informationen und deren Bewertung entwickeln.

*Wenn Sie sich mit einem Thema oder einer Person beschäftigen, googeln Sie gleich auch die »Kritik an ...« oder Begriffe wie »umstritten« oder »Beweise« mit.*

## Wie Sie sich moralische Fragen selbst beantworten

Was ich in meinen Kopf aufnehme und was nicht, ist eine moralische Frage. Moral heißt nicht nur, Normen und Regeln zu folgen, sondern auch, diese zu überprüfen und zu gestalten.

Moralische Fragen waren früher durch die Kirche weitestgehend zentralisiert. Heute kristallisieren sich immer andere Orientierungspunkte heraus. Moralische Instanz kann alles Mögliche sein.

Aber wer Demokratie möchte, kommt nicht umhin, sich darum zu bemühen. Schließlich basiert ein demokratisches System darauf, dass Bürger wählen und damit Entscheidungen treffen können. Mitbestimmung fordert die Fähigkeit, auch mitzudenken und zu gestalten.

Was gilt nun? Das Gesetz der großen Zahl wie im eingangs erwähnten Straßenbahn-Dilemma? Oder etwas anderes? Fühlen Sie sich gewappnet, solche Fragen zu beantworten?

Mir wäre es lieb, wenn Sie diese Frage mit nein beantworten. Wir müssen den Umgang mit moralischen Entscheidungen nämlich lernen. Sie stellen sich zunehmend auch im Berufsleben. Denn dort, wo sich viele früher einfach angepasst hätten, ist heute eine eigene Haltung gefragt.

## Das Alfred-Dilemma

Alfred arbeitet in einem multinationalen Konzern. Der Informatiker hat sich Kenntnisse im Coaching erworben und sich über Jahre hinweg immer weitergebildet. Deshalb hat ihn der Konzern zum »agilen Coach« befördert. In dieser Funktion soll er dafür sorgen, dass die crossfunktionalen Teams effektiver, effizienter und selbstorganisierter zusammenarbeiten. Doch die Teammitglieder der meisten Teams folgen Eigeninteressen, einige sind zerstritten. Keiner weiß so recht, was eigentlich die Ziele sind.

Die Bereichsleitung überfordert die Teams, weil sie jede Aufgabe als »Priorität 1« definiert. Der Stress ist groß. Alfred soll die Teams nun wieder arbeitsfähig machen.

Alfred denkt, dass er kurzfristig durch seine Arbeit etwas bewirken könne, weil die Teammitglieder und ein Bereichsleiter sich von ihm beeinflussen lassen. Mittel- und langfristig wäre das aber nicht mehr als ein Pflaster auf einer Wunde, die so nicht heilen wird. Die Teams sind nach Alfreds Einschätzung ein Spiegel des Machtkampfes innerhalb der Bereichsleitung. Die Bereichsleitung wiederum spiegelt den Druck von oben.

Alfred weiß: Über kurz oder lang wird die bisherige Arbeitsweise zum Burnout führen. Vor allem die leistungsfähigen Mitarbeiter werden das Unternehmen verlassen. Ihm ist klar: Um wirklich etwas zu bewirken, müsste das Topmanagement die strukturellen Probleme verstehen und lösen. Alfred hat in seiner Ausbildung gelernt, dass es wichtig ist, als Coach eine Haltung zu haben, die den Menschen und seine Ressourcen in den Mittelpunkt stellt. Er hat oft erfahren, wie Gruppendynamiken wirken. Er weiß gut, dass die wichtigste Voraussetzung für gute Zusammenarbeit Vertrauen ist.

Die Strukturen und die Art der Führung beeinflussen die Art und Weise der Zusammenarbeit entscheidender und nachhaltiger als jede kurzfristige Intervention.

Alfred sieht nun zwei Optionen.

- **Option eins:** Er wird daran gemessen, ob ihm eine Performance-Steigerung gelingt. Daran hängt eine Gehaltserhöhung von 25 Prozent. Diese würde ihm ermöglichen, Geld für den Start in die Selbstständigkeit zurückzulegen, die er anstrebt. Als selbstständiger »agiler Coach« könnte er mehr bewirken als innerhalb des Systems eines Unternehmens, davon ist er überzeugt.
- **Option zwei:** Er lässt sich einen Termin beim Vorstand geben und adressiert die grundsätzlichen Themen. Dieser Vorschlag würde ihn mit hoher Wahrscheinlichkeit den Job kosten. Der Vorstand hat in der Vergangenheit immer wieder Kritiker abgesägt.

Was soll Alfred Ihrer Meinung nach jetzt tun? Vor allem aber: Wie argumentieren Sie Ihre Meinung? Bei moralischen Dilemmata gibt es keine eindeutig richtige oder falsche Lösung. Während das Straßenbahnbeispiel noch versteckte Hinweise und Appelle gibt, fehlen diese hier ganz. Man erkennt das daran, dass Menschen sich zur Hälfte für die eine und zur anderen Hälfte für die andere Alternative entscheiden würden.

Es ist bei solchen Dilemmata wichtiger, wie Sie argumentieren – und woran sich Ihre Argumentation ausrichtet. So könnten Sie meinen, Alfred solle das Geld auf jeden Fall mitnehmen, weil es immer gut ist, Geld zu haben. Das wäre eine funktionale Perspektive. Der Eigennutz steht im Vordergrund.

Etwas moralischer würde es werden, wenn Sie argumentierten, dass Alfred als Selbstständiger mehr für Unternehmen bewirken könne. Er könnte dann nicht nur einem, sondern mehreren Unternehmen helfen, Herausforderungen zu bewältigen. Es könnte sein, dass Topmanager einem Externen eher zuhören, also wäre die Kündigung vielleicht ein Vorteil.

Das wäre eine pragmatische Perspektive, bei der Sie den Kontext einbeziehen. Es könnte auch sein, dass Sie der Meinung sind, dass sich Alfred auf seine Stärken besinnen und diese nicht nur zum Nutzen des einen Unternehmens einsetzen sollte. Würde er sich mit Gleichgesinnten verbinden, könnte er mehr Bewusstheit in der Arbeitswelt zum Nutzen vieler etablieren. Das wäre eine moralische Perspektive.

**Der Einfluss des Bildungssystems auf unser Denken**
Die derzeitige gymnasiale Bildung ist auf eine Stufe 4 ausgerichtet – diese ist aber nicht Voraussetzung, um Abitur oder Matura zu erlangen. Wenige Universitäten, vor allem jene mit einer ausgeprägten Kultur, gesellschaftliche Verantwortung zu etablieren, fördern eine höhere Moralentwicklung. Entwicklungspsychologen wie Lawrence Kohlberg, von dem das hier zitierte Modell (Kognitive Entwicklungstheorie des moralischen Urteils) stammt, nennen das postkonventionelles Denken. Es kann über die Konventionen einer Gesellschaft hinausgehen und diese neu gestalten.

Die neue Arbeitswelt ist auf postkonventionelle Denker angewiesen, die sie gestalten können. Bei der selbstverantwortlichen Lebensgestaltung ist eine Stufe 5 sehr hilfreich.

Aus meiner Sicht müsste sich unser Bildungssystem viel mehr daran ausrichten, diese Entwicklungen zu fördern.

Was haben Sie beim Lesen des Alfred-Dilemmas zuerst gedacht? Schauen Sie sich Ihr spontanes Argument einmal an:

1. Spiegelt sich darin das Sprichwort »Jeder ist sich selbst der Nächste«?
   Das zeugt von einer eher geringen moralischen Reife (Stufe 1). Sie selbst sind die einzige moralische Instanz. Ich bin jedoch relativ sicher, dass Sie dieses Buch nicht lesen würden, wäre das durchgängig der Fall bei Ihnen.
2. Zeigt es ein »Wie du mir, so ich dir«?
   Das ist eine moralische Reife der Stufe 2, auch das Gegenüber wird berücksichtigt, aber die moralische Instanz bleiben Sie.
3. Stehen die menschlichen Bedürfnisse im Mittelpunkt à la »Wichtig ist, dass es allen gut geht«?
   Das ist eine mittlere moralische Reife, weil Sie sich bereits in den anderen beziehungsweise die anderen hineinversetzen.
4. Überwiegen die übergeordneten Aspekte des Nutzens für die gesamte Organisation?
   In dieser Aussage stecken gleich mehrere Aspekte: Die Person erkennt, dass es nicht rechtens ist, setzt aber gleich eigene Wertmaßstäbe an und verknüpft diese mit dem gesellschaftlichen Nutzen.
5. Ist ein allgemeines Prinzip dahinter sichtbar, das auch für andere Entscheidungen gelten könnte?
6. Ist ein allgemeines Prinzip sichtbar, und gewichtet dieses zusätzlich noch die Aspekte, sagt also, welches Argument Priorität hat?
   Die Punkte 5 und 6 sprechen für eine hohe moralische Reife.
7. »Woher weiß ich, dass ich es weiß?«
   Sollten Sie das auch noch dazu gedacht haben, ist Ihre ausgedrückte Reife am höchsten, sie ist transzendental. Im Mittelpunkt steht bei dieser Perspektive die Frage, welche Bedingungen für Erkennt-

nis gegeben sein müssen. Unter welchen Voraussetzungen kann ich überhaupt eine Erkenntnis gewonnen haben? Aussagen auf dieser Stufe sind sehr ungewöhnlich und originell. Für Menschen, die vor allem auf den ersten Stufen denken und handeln, sind sie nicht erfassbar. Sie können sie also auch nicht einschätzen.

Alle Stufen folgen aufeinander, die eine geht in die andere über. Wenn ein Mensch also weitestgehend aus einer Stufe 2 auf seine moralischen Entscheidungen blickt, wird er sich nicht in eine Stufe 6 denken können. Er kann sich auf eine Stufe 3 bewegen, also ein Denken in sozialen Gegenseitigkeiten entwickeln.

Die Entwicklung moralischen Denkens ist teilweise alters- und bildungsbezogen. Noch mehr aber zeigt sich in ihr die Reflexionserfahrung des Menschen. Reflektierte Menschen stellen sich und ihr Umfeld infrage – das öffnet für gewöhnlich Augen, Ohren und Herz.

Stufe 1:
»Jeder ist sich selbst der Nächste.«

Stufe 2:
»Wie du mir, so ich dir.«

Stufe 3:
»Das hat er ja nicht so gemeint.«

Stufe 4:
»Was du nicht willst, was man dir tut, das füg' auch keinem anderen zu.«

Stufe 5:
»Was ist der Nutzen für uns alle?«

Stufe 6:
»Was ist das allgemeingültige Prinzip dahinter?«

Stufe 7:
»Woher weiß ich, dass ich es weiß?«

Abbildung 19: Stufen des Moralbewusstsein nach Lawrence Kohlberg

## Was Sie innerhalb von fünf Minuten tun können

Wenn Sie noch einmal auf Ihr Argument zum Alfred-Dilemma schauen, wie würde es sich verändern, wenn Sie die Informationen zum Moralbewusstsein dazunehmen? Wie könnten Sie von einer Stufe 4, 5 oder 6 argumentieren – und wie sehr würden Sie zu so einer Aussage stehen können? Spielen Sie das durch.

Mit einem oder mehreren Sparringspartnern macht es noch mehr Spaß. Es wird nicht immer eindeutige Lösungen geben. Das ist aber auch gar kein Problem, denn die Diskussionen darum werden die Gedanken in Gang setzen und einiges klären.

Gehen Sie in den Tagen darauf mit offenen Ohren durch die Welt und beobachten Sie, wie sich Ihr Umgang mit moralischen Dilemmata plötzlich bewusster gestaltet. Das haben mir viele Menschen berichtet, die sich neu mit diesen Themen beschäftigt haben: Allein dadurch, dass ein weiterer Gedanke zur Strukturierung eigenen Denkens dazukommt, bewegt sich etwas.

## Was Sie innerhalb von sechs Monaten tun können

Nach einiger Zeit der stillen oder wachen Beobachtung sind Sie vermutlich auch in der Lage, eigene Dilemmata-Situationen als solche wahrzunehmen und zu beschreiben. Prüfen Sie, ob es sich um ein Dilemma handelt: Jedes Dilemma braucht zwei möglichst gleichwertige Optionen, an der sich die Meinungen scheiden werden.

Schreiben Sie diese Dilemmata auf. Sie können sowohl persönliche als auch allgemeine finden. Persönliche Dilemmeta betreffen Sie direkt. Ein persönliches Dilemma ist beispielsweise, wenn Sie sich zwischen einer Beförderung und einer Weiterbildung entscheiden müssen und beides für Ihre Karriereentwicklung gleich wichtig wäre. Dieses Dilemma spielt sich auf der Ebene funktionaler Werte ab. Wenn Sie sich an die Wertehierarchie aus Kapitel 15 »Kernfinder« (siehe Kasten auf Seite 212) erinnern, liegt diese unterhalb der moralischen Werte.

Allgemeine Dilemma-Situationen haben öfter einen direkten moralischen Bezug. Sie betreffen häufig Themen, die nicht nur mit Ihnen persönlich, sondern mit der gesellschaftlichen Entwicklung verbunden sind. Die Frage etwa, wie ein selbstfahrendes Auto in einer Unfall-situation reagieren soll, gehört dazu. Rettet es den oder die Insassen oder eine größere Zahl Unfallbeteiligter außerhalb des Wagens?

Sammeln Sie die Dilemmata, und denken Sie dann über Lösungen und Ihre Begründung dafür nach. Es mag spontane Begründungen geben sowie solche, denen eine reifliche Überlegung vorausgeht.

Drei Denkfragen für Sie:

- Wie haben Sie Ihre Entscheidungen intuitiv begründet?
- Was würden Sie anders sehen können, wenn Sie bewusst darüber nachdenken?
- Wie könnten Sie Ihre Argumentation noch erweitern und auf die Basis höherer Prinzipien stellen?

**Wie Sie die Übung ausbauen können** Die Triade von Denken, Fühlen und Handeln habe ich in diesem Buch schon oft angesprochen. Wenn Sie diese einbeziehen, was geht dann in Ihnen vor? Es gibt Menschen, die können intellektuell fast alles denken, es aber nicht in Handlung übersetzen. Wo spüren Sie einen inneren Widerstand? Worauf ist er zurückzuführen? Oft wird dies damit zu tun haben, dass Sie nach einer »richtigen« Antwort suchen. Doch die gibt es nicht.

Wer nicht gewohnt ist, über diese Dinge nachzudenken, mag auch das Gefühl von »mein Kopf ist verstopft« haben. Versuchen Sie es immer wieder. Auch Denken will trainiert werden – und am Anfang verursacht es eine Art Muskelkater.

## Was Sie im Team tun können

Die besten Gedanken entfalten sich im Diskurs. Diskurse lassen sich zwischen mehreren Personen auf unterschiedliche Arten führen. Eine davon ist die Diskursethik nach Jürgen Habermas. Sie hat die Normen-entwicklung zum Ziel. Das lässt sich auf den Kontext eines Unter-nehmens oder eines Teams anwenden, etwa auch für eine Teament-scheidung. Danach gibt es zur Normbildung den Zwang des besseren Arguments.

Gründe müssen hierarchisch geordnet sein:

- Pragmatische Gründe stehen unten an.
- Es folgen ethische Gründe.
- Die schwerwiegendsten Gründe sind moralische.

Sie sehen, hier kommt eine weitere Werteebene dazu: Es wird Ethik von Moral abgegrenzt.

Moral beschreibt, wie Menschen handeln sollen, bezieht sich also auf die konkrete Anwendung, auf die Praxis des Handelns. Ethik ist dagegen die Philosophie moralischen Handelns, also abstrakter, die Theorie.

Die ethische Begründung steht über der pragmatischen, also die des praktischen individuellen Nutzens. Die moralische Begründung führt durch den Zwang des besseren Arguments zur Zustimmung.

Suchen Sie sich ein Thema, über das Sie in einer Gruppe Einigkeit erlangen wollen. Zum Beispiel: »Wie gehen wir mit älteren Mitarbeitern um, die die körperliche Belastung im Beruf nicht mehr ertragen können?«

Ein pragmatisches Argument wäre: »Wir zahlen eine Abfindung und sind das Problem los.« Ein ethisches Argument wäre: »Es gilt, eine ausreichende Diversität aufrechtzuerhalten und unterschiedliche körperliche Leistungsfähigkeit zu ermöglichen.« Ein moralisches Argument mit normativer Funktion dagegen könnte lauten: »Alle Mitarbeiter ab 55 Jahren erhalten bei uns die Möglichkeit, ihre Arbeitszeit zu reduzieren und als Berater und Mentoren für die anderen Mitarbeiter tätig zu werden.« Dies muss nicht das letzte Argument sein, ein besseres kann laut Habermas aber nur aus der moralischen Perspektive formuliert sein. Da es nicht pragmatisch sein darf, muss ein erweiternder oder konkretisierender Moralaspekt dazukommen. Ein Ansatz für ein besseres Argument wäre beispielsweise die hier sehr subjektive Altersgrenze. Könnte diese fließender sein, oder wäre es möglich, allen Mitarbeitern die Möglichkeit der Arbeitszeitreduktion zuzubilligen?

Ein strukturierter Diskurs hilft Ihnen dabei, Argumente besser zu ordnen und gezielter weiterzuentwickeln.

## These

Wer Prinzipien hat, kann leichter weiterreichende Entscheidungen treffen

## Frage

Wie gehen wir mit Dilemma-Situationen um?

mit dem Kontext denken

Dilemmata brauchen Prinzipien

MINDSHIFT
Moralentwickler

Ich > Du > das Gesetz > das höhere **Gut**

MORALENTWICKLUNG

## Praxis

Wie entwickle ich meine Moral auf eine höhere Ebene?

Dilemmata erkennen

Woher weiß ich, dass ich es weiß?

Welches ist das höhere Prinzip?

1. INTUITIVE BEGRÜNDUNG
2. DURCHDACHTE BEGRÜNDUNG

## 20. **Fokussierer:** Ihren inneren Dialog entschlüsseln und mehr leisten

**Worum es geht:**
Im Industriezeitalter war unsere internalisierte Erziehungsinstanz damit beauftragt, uns zur Anpassung zu mahnen. In der Digitalisierung geht es mehr und mehr um Gestaltung. Die internalisierte Erziehungsinstanz stört dann. Wir müssen erwachsen werden und auf unsere innere Stimme hören.

**Der Mindshift:**
Dafür müssen Sie den Fokus Ihrer Aufmerksamkeit verschieben und bewusst wahrnehmen, wann sich fremde Stimmen melden.

**Das ist für Sie drin:**
Nur wer innerlich frei ist, kann sich mit anderen verbinden, diese fördern und entwickeln. Nur dann können Sie sich selbst führen.

> Zuerst schließen wir die Augen,
> dann sehen wir weiter.
> *Unbekannt*

Unsere Eltern leben in uns. Sie haben ihre eigenen Vorstellungen fest in uns eingebrannt. So kommt es, dass sie auch dann noch ihr Unwesen treiben, wenn wir längst erwachsen sind.

Birger war als Junge auf die Welt gekommen – und deshalb von Natur aus faul, betonte der Vater gern. Die Töchter seien hingegen immer fleißig gewesen. Mädchen eben! Birgers Abitur war mit einer 2,8 mittelmäßig ausgefallen. Aber das machte nichts. Er war ja ein schlauer Junge.

Er entschied sich, Betriebswirtschaft zu studieren und danach Manager eines Weltkonzerns zu werden. Dieser Wunsch brachte ihm sowohl die Anerkennung seines Vaters als auch seiner Clique. Also verschmolz er mit dem eigenen Vorhaben. (Das meine ich mit internalisierter Erziehungsinstanz. Das eigene Wollen lässt sich irgendwann nicht mehr von der Fremdbestimmung trennen.)

Nach dem Studium startete Birger in einer renommierten Werbeagentur durch, danach wechselte er in einen Konzern. So machte man damals Karriere, das war in den 1990er Jahren. Ein Abstecher in den Vertrieb und der MBA obendrauf rundeten den Lebenslauf perfekt ab. Der letzte Karriereaufschlag sollte das werden, rechtzeitig vor dem 40. Lebensjahr.

Birger hatte die wichtigsten Insignien seiner Zeit erworben: eine Frau, zwei Kinder und ein Reiheneckhaus mit Weber-Grill für 1 500 Euro. Das Leben schien perfekt.

Bis zu dem Tag, als er auf ein Seminar geschickt wurde. Das sollte der Persönlichkeitsbildung dienen. Er und acht Kollegen absolvierten dazu einen Test. Heraus kam: Er war der einzige Introvertierte. »Das ist keine Krankheit«, sagte der Trainer, »sondern eine Qualität«. Die anderen sahen ihn trotzdem fast mitleidig an.

Von da an ging Birger nicht mehr aus dem Kopf, was er all die Jahre irgendwie verdrängt hatte. Es war immer anstrengend für ihn gewesen, auf Menschen zuzugehen. Abends saß er nicht gern mit Kunden an der Bar, sondern las lieber allein in seinem Zimmer. Wenn er ehrlich war, strengten ihn auch Frau und Kinder furchtbar an – diese Geräusche und das ständige Bedürfnis seiner Frau nach Kommunikation.

Was ihm auch bewusst wurde: Eigentlich beschäftigte er sich gern tiefer mit Themen. Was er in seinem Job machte, kam ihm immer öfter oberflächlich vor. Plötzlich spürte er da ein zweites Herz in seiner Brust.

*Wenn Sie Birgers Geschichte lesen, was spricht Sie daran persönlich an? Was kommt Ihnen bekannt vor?*

## Wir haben alle ein angepasstes und ein freies Selbst

In uns stecken zwei verschiedene Selbst. Das eine ist das angepasste Selbst. Es ist das Ergebnis elterlicher Erziehungsmaßnahmen und der Sozialisierung durch Umfeld und Gesellschaft – es ist die internalisierte Erziehungsinstanz, der eingespeiste Erziehungsberechtigte. Es ist das Selbst, das macht, was es machen soll. Das, was sich gehört – sich anpassen, Karriere machen, einen Beruf lernen und all diese Dinge.

Das andere ist das freie Selbst. Es ist das Selbst, das eigene Bedürfnisse hat, diese wahrnehmen und ihnen nachgehen kann. Erinnern Sie sich an den Mindshift »Kernfinder« in Kapitel 15: Das freie Selbst entspricht dem Pfirsichkern. Es will wachsen, aber auch »es selbst« bleiben. Es kann sich von äußeren Einflüssen freimachen und lässt sich nicht manipulieren. Es kann dem angepassten Selbst sagen: »Hey, hau ab, du störst.«

Das angepasste Selbst handelt im Auftrag anderer, natürlich ohne es zu merken. So beschränkt es das andere, freie Selbst. Bevor es den Bezug zu eigenen Bedürfnissen herstellen kann, hat es ihm schon etwas »geflüstert«. Dabei entsteht ein innerer Dialog, bei dem mal das eine und mal das andere Selbst Oberhand gewinnt. Das ist wie ein Spiel zwischen zwei Parteien.

Der ehemalige Tennistrainer Timothy Gallwey hat dieses Spiel als *inner game* bezeichnet. Dieses Spiel behindert die Leistung und stört jene konzentrierte Aufmerksamkeit, die diese erst ermöglicht. In der Arbeit mit Sportlern hatte Gallwey festgestellt, dass gutgemeinte Tipps diese nicht weiterbrachten. Leistung entfaltete sich besser, wenn Sportler selbst sagten, was sie verbessern wollten. Ähnliches fand er bei Musikern heraus. Und später übertrug er sein System auf Unternehmen. Mitarbeiter, die nach eigenen Lösungen suchten, um besser zu werden, waren damit erfolgreicher. Wer sein angepasstes Selbst in die Schranken verwies, entfaltete dadurch mehr mentale Kraft. Es geht also nur um die Steuerung der Aufmerksamkeit, um Fokussierung.

## Das angepasste Selbst dominiert oft

Das freie Selbst rückt manchmal komplett in den Hintergrund, aber irgendwann macht es sich leise bemerkbar. So wie bei Birger. Seine Freude stieg, wenn er etwas recherchierte und analysierte. Er liebte es, wenn Gedanken sich in einem argumentativen Gespräch langsam entfalteten. Wenn er dem Vorstand aber etwas präsentierte, sollte er schnell auf den Punkt kommen. Sein Chef sagte, er sollte die Zahlen am besten so präsentieren, dass sie schnell »abgenickt« werden konnten.

Birger spürte, wie er innerlich dagegen rebellierte. Sein angepasstes Selbst hatte diese Vorgehensweise inhaliert und predigte seinem freien Selbst, dass es so sein müsse. So handelte Birger auf eine Art und Weise, von der er selbst nicht überzeugt war. Die innere Reibung bremste seine Leistung. Es machte ihm auch keine Freude. Der innere Widerspruch kostete Energie.

So geht es meiner Erfahrung nach vielen Menschen:

- Verkäufern, die ihre Kunden nach einem bestimmten System »bearbeiten« sollen;
- Mitarbeitern, die an Best Practice gebunden werden;
- Mitarbeitern, die sich an Key-Performance-Indikatoren ausrichten sollen, die sie als nicht sinnvoll erachten;
- Und überhaupt allen, die sich zu Vorgehensweisen genötigt sehen, die den eigenen Spielraum beschneiden und/oder im Gegensatz zur inneren Überzeugung stehen.

Autonomie ist ein natürliches menschliches Bedürfnis. Das angepasste Selbst beschneidet sie. Als Birger das langsam bewusst wurde, kam er zum Coaching zu mir.

### Ich und Selbst

Vielleicht fragen Sie sich, warum ich »Selbst« schreibe und nicht »Ich«. Ich orientiere mich am Psychologen William James. Das »Ich« ist handelndes Subjekt und kann sich nicht selbst reflektieren. Das »Selbst« dagegen ist Objekt. Wir können es sehen, beobachten, darüber nachdenken. Das angepasste und das freie Selbst sind also zwei reflektierbare Objekte. Das freie Selbst kann aber im Unbewussten verschwunden sein, während das angepasste die Oberhand behält.

Eine gesunde, selbstbewusste Persönlichkeit ist fokussiert und kann auf beide Selbst zugreifen. Sie kann sich deren Anteile an einem Geschehen immer wieder bewusstmachen, so wie sie auch das eigene Handeln aus dem einen oder anderen Selbst heraus steuern kann.

## Nur das freie Selbst kann Sie führen

Birger lebte sein angepasstes Selbst. Dass da noch ein anderes Selbst war, nahm Birger das erste Mal in dem besagten Workshop wahr. Bis dahin war es unterdrückt gewesen. Das ist so wie ein Licht, das immer wieder aufflackert, aber konsequent ausgeknipst wird. Wenn Sie lernen, es anzulassen, sehen Sie sich und Ihre Möglichkeiten viel klarer. Sie können den Schalter bewusst betätigen. Damit übernehmen Sie die Führung über sich selbst.

Das innere Spiel zwischen angepasstem und freiem Selbst bindet Kräfte. Wenn das freie Selbst die Führung übernimmt, kann das die Leistung deshalb erheblich steigern. Der Grund dafür ist, dass jeder Mensch Experte für sich selbst ist und jede Selbstverbesserung dieser Expertise entspringt. Sie wissen am besten, wie Sie funktionieren. Sie kennen die eigenen Knöpfe. Sie sind aber auch Experte für ein Thema, mit dem Sie sich beschäftigt haben. Gute Tipps und Best Practice von anderen helfen Ihnen wenig, weil Sie stets aus der Perspektive eines anderen kommen. Der denkt, fühlt und handelt aber nicht wie Sie. Der einzige Experte für sich sind Sie selbst.

## Warum Sie den inneren Dialog als Spiel betrachten sollten

Wenn Sie das innere Spiel gewinnen wollen, brauchen Sie ein Ziel. Was wollen Sie erreichen? Ihr Ziel sollte ein Wachstumsziel sein, kein statisches Fix-Ziel. Das bedeutet, es kann kein Endzustand erreicht werden, wo es »fertig« ist. Ein Wachstumsziel hat immer Zwischenstufen, es geht immer weiter. Es kann Fix-Ziele beinhalten, die sich messen und überprüfen lassen. Das macht das Wachstum attraktiver.

Eine Karriere in einem Konzern zu machen und dabei eine bestimmte Stufe zu erklimmen, ist ein Fix-Ziel. Es ist früher oder später erreicht oder auch nicht. Die Unzufriedenheit geht damit automatisch Hand in Hand, so wie mit allen Zielen dieser Art, zum Beispiel »reich werden«. Wenn Sie reich sind und das Ziel hat sich nicht verändert, ist das ziemlich langweilig. Sie können jetzt argumentieren, dass man nie reich genug werden kann, aber da möchte ich anmerken, dass sich jeder Reichtum ab einem gewissen Punkt ziemlich fix und fertig anfühlt.

Das Beste seiner selbst zu werden, also Arete, ist dagegen ein Wachstumsziel. Es wird immer ein offenes Ende haben – aber es ermöglicht Menschen, attraktive fixe Zwischenziele zu finden.

*Verfolgen Sie wachstumsorientierte oder fixe Ziele?*
*Wenn es fixe sind, was könnte ein Wachstumsziel für Sie sein?*

Birger wurde bewusst, dass er gar kein eigenes Ziel mehr hatte. Wollte er den Job möglichst gut machen? Suchte er einen anderen? Nein, sein Ziel war, Freude bei der Arbeit zurückzugewinnen. Oder vielmehr, erstmal zu spüren, ob ihm sein Job überhaupt Freude machen könnte. Denn bisher hatte er ihn einfach ausgeübt, um den damit verbundenen gesellschaftlichen Status, die Anerkennung durch Freunde und die Liebe seiner Frau zu gewinnen.

Timothy Gallwey gibt in seinem Buch *Inner Game Coaching* die STOP-Regel aus. Das ist eine sehr einfache, aber wirksame Methode, die Bewusstheit zu erhöhen, das angepasste Selbst zu erkennen und zum freien Selbst zu kommen. Sie versetzt einen in den Status des Beobachters. Dieser unterstützt dabei, aus dem automatischen Handeln heraus- und in ein bewusstes Agieren hineinzukommen:

- S wie *Step back*, tritt zurück,
- T wie *Think*, denk nach,
- O wie *Organize your thoughts*, organisiere deine Gedanken,
- P wie *Proceed*, mach weiter.

Ich stellte Birger die STOP-Regel vor, worauf er mehrmals am Tag »Stop« rief, um über die Arbeit und das, was er tat, nachzudenken. Dabei wurde ihm klar, dass die »wunden Punkte« da lagen, wo er Dinge tat, von denen er nicht überzeugt war. Das Innehalten mit »Stop« half ihm, seine Gedanken so zu ordnen, dass er auch anders kommunizieren konnte.

So änderte er nach und nach sein bisheriges Verhalten. Dem Vorstand etwa sagte er: »Ich möchte Sie nicht einfach für dieses Vorgehen gewinnen, ich möchte Sie überzeugen, auf meine Art und Weise.« Dadurch wurden seine Präsentationen kreativer. Und er wirkte glaubwürdiger.

Dennoch spürte er nach zwei Jahren, dass seine Zeit in dieser Firma abgelaufen war. So wechselte er in ein kleineres Unternehmen der Medizintechnik. Hier kam es nicht nur auf die richtigen Zahlen an, sondern vor allem auch aufs Mitdenken. Psychologische Unterschiedlichkeit war von den Inhabern explizit gewünscht. Das bot ihm endlich mehr Entwicklungsspielraum und Platz für sein freies Selbst.

## Was Sie innerhalb von fünf Minuten tun können

Testen Sie STOP. Sie können die Regel in vielen Situationen anwenden, um sich über etwas klar zu werden. Einige Beispiele:

- Morgens, wenn Sie aufstehen, bevor Sie sich auf die Arbeit stürzen. So werden Sie sich klarer darüber, was Sie machen möchten.
- Wenn Sie etwas tun und im Autopiloten handeln.
- Um die Arbeit zu reflektieren.
- Vor einer Entscheidung, die Sie sonst spontan fällen würden.
- In einem Streitgespräch: Treten Sie heraus und dann wieder ein. Dazwischen können ruhig einige Minuten oder auch ein Tag liegen.

Es hilft, wenn Sie laut »Stop« sagen und die einzelnen Schritte reflektieren.

## Was Sie innerhalb von sechs Monaten tun können

Wo ist zu viel angepasstes Selbst in Ihnen? Wo nutzt Ihnen der Mindshift »Fokussierer« beziehungsweise wo hindert Sie das angepasste Selbst am meisten? Worin möchten Sie sich verbessern? Sie können sich dem Thema also auf zweierlei Weise nähern: über ein Problem, das Sie empfinden, oder über ein Ziel, das Sie erreichen möchten.

Wenn Sie sich endlich von etwas befreien wollen, dann steht das Problem im Zentrum. Möchten Sie etwas erreichen, dann geht es um das Ziel. Das eine ist eher ein Weg-von, das andere mehr ein Hin-zu. Beides ist legitim. Sie können sich entscheiden, gesünder zu leben oder aufzuhören zu rauchen. Hin-zu ist movierender, aber ein Ziel haben zu müssen, kann auch stressen. Die berühmte SMART-Formel (danach sollen Ziele *specific, measurable, active, realistic, time-driven* definiert sein), die Sie möglicherweise von früher gespeichert haben, ist speziell für das angepasste Selbst konzipiert. Wenn Ihr freies Selbst ein Ziel verfolgt, brauchen Sie solche Formeln nicht. Sie machen die Dinge dann von allein.

Schreiben Sie jetzt auf, was Sie möchten – ein Weg-von- oder ein Hin-zu-Thema.

Wenn Sie Ihr Thema nun betrachten, was fällt Ihnen dazu ein? Wie könnten Sie an dieses Thema herangehen? Wo wirkt das angepasste Selbst hemmend? Wann müssten Sie also »Stop« sagen?

Nehmen Sie sich das Thema vor. Beobachten Sie, wann das angepasste Selbst das freie hinsichtlich Ihres Themas sabotiert (siehe Abbildung 20). Seine Ausdrucksformen sind vielfältig, sie reichen von »Das geht doch nicht« und »Das schaffst du nie« bis hin zu besserwisserischen Vorschriften »Man muss doch …«.

Immer wenn Sie das angepasste Selbst bemerken, rufen Sie »Stop«, ordnen Ihre Gedanken und machen erst dann weiter, wenn sie frei dafür sind.

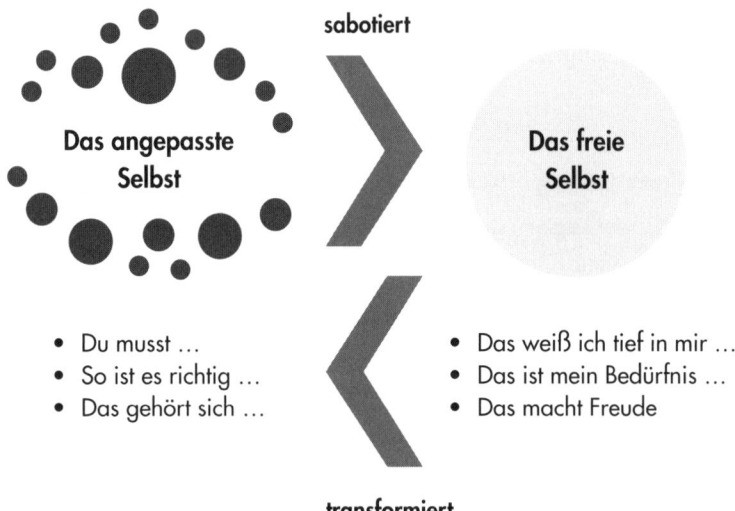

Abbildung 20: Das angepasste und das freie Selbst

### Wie Sie die Übung ausbauen können

Eine Ausbaustufe liegt darin, die inneren Dialoge aufzuschreiben. Wer hat welchen Anteil? Wie treten angepasste und freies Selbst in den Dialog? Wann kann das freie Selbst die Führung übernehmen?

## Was Sie im Team tun können

Verteilen Sie in Ihren Besprechungen Rollen, die sich an den beiden Selbst-Zuständen orientieren. Schreiben Sie auf große Moderationskarten »freies Selbst« und »angepasstes Selbst« und drehen Sie diese um.

Das »angepasste Selbst« können Sie auch »Best Practice-Selbst« und »Freies Organisations-Selbst« nennen. Best Practice ist so etwas wie die organisationale Anpassung. Eine Organisation tut etwas, weil andere damit Erfolg gehabt haben. Das ist genauso wie mit der Persönlichkeit. Nur weil ich mit etwas erfolgreich war, werden Sie es nicht sein. Nur weil etwas bei Unternehmen X funktioniert hat, klappt es nicht auch bei Y.

Wer welche Karte zieht, ist so dem Zufall überlassen. Während des Meetings müssen Sie nicht aufdecken, wer welche Rolle hatte; erst am Ende machen das die beiden Rollenträger durch Umdrehen der Karte transparent. Zuvor gibt die Gruppe noch einen Tipp ab, wer welchen Fokus hatte. Der Vorteil: Die Meetings werden so dynamischer und facettenreicher.

Das kann auch kombiniert werden mit der Aufgabe, die wahrgenommenen Spielräume neu zu deuten. So könnten Sie sich einerseits den Direktiven und Vorgaben unterwerfen und andrerseits innerhalb der Möglichkeiten diese neu deuten.

# These

Wenn Menschen Zukunft gestalten sollen, können sie nicht an-gepasst sein

ZIEL > AUTONOMIE

# Frage

Eltern-prägung sehen und lösen

Wie machen wir uns von fremden Einflüssen frei?

angepasstes und freies Selbst unterscheiden

MINDSHIFT

Fokussierer

angepasstes Selbst vs. freies Selbst

innerer Dialog

# Praxis

METHODEN

z.B.

Was kann ich tun, um innerlich frei und autonom zu werden?

Step back

think

STOP

organize your thoughts

proceed

# 21. **Regelbrecher:** Machen Sie es anders

**Worum es geht:**
Die meisten Menschen denken und handeln nach den immer gleichen Gesetzmäßigkeiten. Regeln verhindern Neues und Innovation. Sie verfestigen die Strukturen im Gehirn, aber auch in Unternehmen und Gesellschaft.

**Der Mindshift:**
Begreifen Sie, welchen Regeln Sie folgen. Brechen Sie Regeln auf, die Sie und Ihr Umfeld in der freien Entscheidung begrenzen.

**Das ist für Sie drin:**
Mehr Freiraum im Denken und Handeln bringt mehr Lebensfreude und macht agiler, produktiver und kreativer.

> Wenn du immer alle Regeln befolgst,
> verpasst du den ganzen Spaß.
>
> *Katharine Hepburn*

»Frau Hofert, nun verraten Sie uns doch mal, ob wir das richtig gemacht haben«, bat der Teilnehmer eines Seminars. Bis dahin hatte er noch gelacht und freudig mitgewirkt. Doch jetzt schaltete sich sein Verstand ein, und offenbar spürte er ein Verwirrtsein. Es meldete sich sein angepasstes Selbst (siehe Kapitel 20 »Fokussierer«). Bis dahin war er »frei« unterwegs gewesen, so wie es beim agilen Arbeiten auch sein sollte. In der absolvierten Übung gibt es kein Richtig und kein Falsch. Sie simuliert einen Innovationsprozess. Innovation entsteht aus Kreativität. Sie ist nicht planbar. Best Practice gibt es nicht. Das Einzige, was nötig ist: eine Struktur.

Deshalb gebe ich bei der Übung ein paar Tipps zur Strukturierung, aber nur eine Regel: dass die Teilnehmer über alles selbst entscheiden können. Das verunsichert regelmäßig einen Teil der Gruppe, deren Teilnehmer meist aus unterschiedlichen Unternehmen kommen. Der andere Teil der Gruppe kann sich besser darauf einlassen. Meist sind es Berater oder Menschen, die es gewohnt sind, ohne große Vorgaben produktiv zu sein.

Natürlich mache ich diese Übung mit voller Absicht genau so, wie ich sie mache. Ich möchte, dass die Teilnehmer erleben, wie es ist, wenn bis auf eine Strukturierung über Zeit und Rollen alles offen ist.

## Wenn Sicherheit Freiheit einschränkt

Warum verlangen die einen nach Regeln und die anderen nicht? Regeln geben subjektive Sicherheit. Manche Persönlichkeiten brauchen diese mehr als andere, oder sie haben die Regelorientierung mehr verinnerlicht. Das liegt am Arbeitgeber und Tätigkeitsbereich, an der Branche und der Herkunft, der familiären wie der kulturellen.

Menschen mit einer bestimmten Persönlichkeit entscheiden sich eher für Jobs, in die sich diese Persönlichkeit leicht einfügt. So sind regelorientierte Menschen typischerweise in größerer Zahl dort zu finden, wo es viele Vorgaben und festgelegte Vorgehensweisen gibt. Das ist tendenziell in größeren Konzernen so und öfter dort, wo der Anteil schöpferischer Arbeit kleiner ist.

Da Menschen nach innerer Kohärenz streben, also in sich stimmig sein wollen, empfinden sie gelernte Vorgehensweisen als zu sich gehörig. Hinzu kommt, dass auch in Trainingskontexten oft viele Regeln vermittelt werden. Wenn diese fehlen, irritiert das. Es verunsichert. Das zeigt sich eben in der Resonanz mancher Teilnehmer auf Übungen.

Aber was entsteht ohne Regeln? Freies Spielen, Ausprobieren, Experimentieren. Und das sind wir einfach nicht mehr gewohnt. Wer immer nach Anleitung sucht und einmal etwas ohne sie machen soll, spürt Angst. Wie schon an anderer Stelle gesagt, beruhen Sicherheitsbedürfnisse auf Ängsten. Das ist emotionaler, als es scheint. Bisweilen schlägt diese Angst sogar in Ärger um. Erinnern Sie sich an die in unserem Körper gespeicherten emotionalen Markierungen? Wenn wir auf etwas reagieren, so ist uns die Art dieser Reaktion immer vertraut. Es sind Gefühle, die sich mit frühen Erfahrungen verbunden haben und sich nun wiederholen. Vielleicht haben die Eltern gesagt »Mach etwas Vernünftiges« oder »Lern erst mal, dies oder jenes richtig zu machen«. Das nimmt die Freude, erzeugt Angst, gibt aber auch eine Richtung. Und im Arbeitsleben spiegeln sich dann solche frühen Erlebnisse in der Suche nach Orientierung.

*Spüren Sie einmal Ihren Gefühlen nach. Brauchen Sie Regeln? Welche Gefühle lösen sie aus? Was würde Sie dazu bringen, in einem Bereich auf Regeln zu verzichten?*

## Wann Regeln sinnvoll sind

Natürlich sind Regeln wichtig. Wir brauchen Sie, um das Zusammenleben zu organisieren und um Gesetze umzusetzen. Hygienevorschriften müssen eingehalten werden, da gibt es kein Wenn und Aber. Doch Innovieren, Entdecken und Lernen sind Gebiete des Freiraums, Regeln stören hier. Ein Rahmen allerdings darf ruhig gegeben werden. So arbeite ich in meinen Übungen mit einem Prozessrahmen. Es gibt eine Besprechung am Anfang, eine Reflexion der Zusammenarbeit nach einer Iteration und einen Wechsel von Einzel- und Zusammenarbeit. Das ordnet das teilweise produktive Chaos.

Wenn wir uns Regeln unterwerfen, die in einer Firma oder der Familie herrschen, bringt uns das auch emotionalen Nutzen. Es schafft Zugehörigkeit und somit Beziehung. Das gilt vor allem für informelle Regeln.

Wenn wir uns informellen Regeln nicht unterwerfen, macht das oft einsam, es sei denn, es gibt genügend Verbündete. Und in nicht wenigen Ländern dieser Welt ist formeller und informeller Regelbruch kaum zu trennen und beides sogar gefährlich.

**Regeln und Prinzipien**
Prinzipien sind ein Regeltyp, der die eigene Interpretation fordert. »Wir handeln wirtschaftlich« ist ein Prinzip. »Wir dürfen nur 2. Klasse fahren« ist dagegen eine Vorschrift. Prinzipien helfen, eine Hal-

tung zu entwickeln. In diesem Kontext haben wir sie im Mindshift »Moralentwickler« (siehe Kapitel 19) bereits kennen gelernt.

Hier möchte ich sie noch einmal gegen Regeln abgrenzen. Regeln ordnen und schreiben vor. Ihre Nicht-Einhaltung kann bestraft werden. Prinzipien lassen sich einhalten oder nicht. Es gibt keine formale Sanktionsmöglichkeit. Prinzipien setzen also innere Entscheidungsfreiheit voraus sowie eine Werteorientierung. Bei Regeln ist der Wert oft die Regel in Form einer Vorschrift oder eines Gesetzes selbst.

Je mehr Regeln, desto mehr Bürokratie. Sie behindern deshalb Innovation als Ergebnis von Kreativität.

Prinzipien dagegen könnten helfen, Kreativität in Bahnen zu lenken. Sie können auch mit einer Regel verknüpft werden. Zum Beispiel: »Wir widmen uns einmal in der Woche für vier Stunden eigenen Projekten.« Die vier Stunden beruhen auf einer Selbstverpflichtung, einem Commitment. Wie sie jedoch gefüllt werden, bleibt frei. Ein solches Regelprinzip gilt bei Google.

Regeln sind auch deshalb »erfunden« worden, weil sie Chaos verhindern können. Experimente zur Gruppendynamik haben immer wieder gezeigt, dass sich Menschen ihre eigenen Regeln machen. In unstrukturierten Gruppen bilden sich sehr schnell Machtstrukturen heraus. Da gestalten dann die starken Persönlichkeiten die Regeln. Das führt zu den bekannten Dynamiken in Gruppen, etwa Diskriminierung und Gruppendenken, sowie zu sozialem Faulenzen. Ein Prozessrahmen hilft, das zu vermeiden. Die agilen Methoden bieten hilfreiche Ansätze mit Scrum oder Kanban. Prozessrahmen können aber auch viel einfacher sein als diese Frameworks. Wichtig ist, dass sie empirische Erkenntnisse berücksichtigen, sie also das Lernen aus praktischen Erfahrungen unmittelbar einbinden. Das geschieht, wenn der Arbeitsprozess immer wieder reflektiert wird.

Prozessrahmen unterstützen auch das menschliche Bedürfnis nach Zielorientierung. Der Mensch braucht Ziele. Er muss sich an etwas ausrichten können. Was soll erreicht werden?

Bei meiner Gruppenübung lasse ich die Gruppe das Ziel konkretisieren. Ich gebe nur die grobe Richtung vor. Auch eine solche Zielfreiheit sind viele nicht gewohnt. Sie fragen mich oft, wie sie etwas machen sollen, zum Beispiel besonders schnell oder eher besonders kreativ. Doch das *Wie* ist ein frei gestaltbarer Bereich. Nur das *Was* ist vorgegeben.

Gruppen profitieren bei solchen Aufgaben von einer Person, die über die inhaltliche Richtung entscheidet. Im Scrum ist das der Product Owner, eine Rolle. Es gibt noch weitere Rollen. In vielen Kontexten helfen Rollen bei der Strukturierung von Aufgaben. Es gibt aufgaben- und verhaltensbezogene Rollen. Eine aufgabenbezogene Rolle könnte der Zeitwächter sein. Verhaltensbezogen wäre der »Kritiker« oder der »Querdenker«. Diese Rollen können sich an persönlichen Präferenzen orientieren oder aber rotieren. Rotierende Rollen helfen bei der persönlichen Entwicklung, denn je mehr Rollen jemand einnehmen kann, desto flexibler ist er.

**Rollen im agilen Kontext**

Durch den Siegeszug des agilen Projektmanagements hat sich das Rollenkonzept immer mehr ausgebreitet. Es ist etwa in Scrum verankert. Scrum ist ein Framework, das der Zeit-, Kommunikations- und Aufgabenstrukturierung dient. Mehr können Sie im Internet unter www.scrum.org nachlesen. Es gibt dort einen Scrum-Guide auf wenigen Seiten auch auf Deutsch.

## Regel-Typen

Lassen Sie uns das einmal strukturieren und zusammenfassen. Es zeigen sich vier verschiedene Typen von Regeln, wobei wir Prinzipien als Regel-Typ definieren:

1. Prinzipien, die moralische Orientierung für Handlungen und Entscheidungen geben (siehe Mindshift »Moralentwickler«, Kapitel 19).
2. Prinzipien, die funktionale oder pragmatische Orientierung für Handlungen geben (etwa »Wir handeln wirtschaftlich«).
3. Informelle Regeln, also nicht wirklich ausgesprochene oder ausgehandelte Regeln, die sich in Systemen als Normen verfestigen, oft

ohne formuliert zu sein. Die Nicht-Einhaltung wird durch ein ausgrenzendes Verhalten der Gruppe sanktioniert.

4. Formelle Regeln, die Vorschriften oder Gesetze sind und deren Nicht-Einhaltung durch Strafen sanktioniert werden kann.

»In unserer (Familie) halten wir zusammen« hat den Charakter einer Norm, die gar nicht ausgesprochen werden muss, um zu gelten. Wehe, jemand schert aus – er oder sie wird dadurch zum schwarzen Schaf, zum *enfant terrible*. Es sind solche informellen Regeln mit Normierungscharakter, die eine besonders große soziale und erzieherische Wirkung haben – Regeln also, die nirgendwo stehen und nur in den Köpfen sind. Informelle Regeln sind mächtige Veränderungsgegner, oft mächtiger als formelle Vorschriften.

Wir schweigen, wenn sich unsere Führungskraft nicht an die Führungsleitlinien hält (obwohl wir das melden sollen). Aber die (offizielle) Regel, im Hof nicht zu rauchen, ignorieren wir, wenn es andere auch machen.

*Wie halten Sie es mit Regeln? Welche brechen Sie gelegentlich oder öfter mal und an welche halten Sie sich?*

## Wie Regeln in Gruppen wirken

Wenige Menschen möchten gern das schwarze Schaf unter lauter weißen sein, es sei denn, das schwarze Schaf bekommt einen besonderen Wert zugesprochen. Es könnte beispielsweise »Glück« bringen.

Menschen neigen zu Gruppenkonformität. Auf einer mittleren Führungsebene in einem mir bekannten Unternehmen tragen beispielsweise alle Männer hellblaue Hemden der Marke Boss, obwohl es dazu nie eine offizielle Ansage gab. Sie verhalten sich so, wie die Kollegen es tun. Der Nachwuchs passt sich an die älteren Führungskräfte an. Ganz automatisch.

Es ist ein wenig so wie beim Experiment mit den fünf Affen. Ein Forscher sperrte fünf Affen in einen Käfig mit einer Leiter, an deren oberster Sprosse eine Banane hing. Als die Affen der Banane habhaft werden wollten, überraschte er sie mit einem Wasserstrahl. Daraufhin trauten sie sich nicht mehr an die Banane. Nun wurde ein Affe ausgetauscht, der daraufhin sofort zur Banane wollte. Doch die anderen hielten ihn ab. Danach wurden alle weiteren Affen ausgetauscht, bis am Ende keiner mehr übrig war, der je von Wasser überrascht wurde – trotzdem tastete niemand die Banane mehr an.

Wahrscheinlich hat es dieses Experiment nie gegeben, die Quellen sind nicht sauber belegt, wie die Website Mikimama.at herausfand. Mal wird es dem einen, mal einem anderen Forscher zugeschrieben, aber mindestens die Leiter mit der Banane scheint der Fantasie entsprungen zu sein.

Dennoch taugt dieses vermutliche Fake-Experiment gut als Anekdote, denn die meisten Menschen verhalten sich wie diese Affen. Wenn der CEO vor 25 Jahren einen Mitarbeiter gefeuert hat, weil dieser seine Meinung offen kundgetan hat, so formt dieser Mythos auch dann noch das Verhalten, wenn der Vorstand das Unternehmen längst verlassen oder mittlerweile einen ganz anderen Kurs eingeschlagen hat. Deshalb ist Unternehmenskultur so irrational. Die informellen Regeln, die sie hervorbringt, beruhen oft auf lang zurückliegenden Ereignissen, manchmal sogar nur auf Gerüchten.

So kommt es zu einer Ansammlung blauer Hemden, auch wenn sie eigentlich keiner wirklich wollte. Es genügt, dass einer erzählt hat, dass er wegen des hellblauen Hemdes Karriere gemacht hab, ob es nun stimmt oder nicht. Es reicht auch, wenn alle das vormachen, ohne darüber zu sprechen.

An informellen Regeln erkennen Sie, was wirklich zählt. Werden Innovatoren mundtot gemacht? Will man den notwendigen Wandel im Zuge der Digitalisierung wirklich? All das wird niemand in offiziellen Statements lesen, aber am Verhalten lässt es sich erkennen.

### Red Teaming

Red Teaming ist eine Methode, die Unternehmen zeigen kann, wo ihre Lücken und Schwächen sind. Red Teaming kann sowohl auf ein Zuviel als auch auf ein Zuwenig an Regeln deuten.

Dabei wird ein unabhängiges Team aufgestellt, das die blinden Flecken der anderen aufdecken soll. Seine Aufgabe ist, sich in die

Position des Kunden oder eines potenziellen Angreifers auf die Sicherheits- und Computersysteme zu versetzen. Es offenbart so starre Strukturen und eingefahrene Verfahrensweisen sowie gefährliches Verhalten.

Die Normen der Gruppe haben eine mächtige Funktion dabei, uns von Veränderungen abzuhalten oder dazu zu bewegen. Sie sorgen dafür, dass abweichendes Verhalten bestraft wird. So erzählte mir eine lernfreudige Kundin, dass in ihrem Konzern die Mitarbeiter 80 Prozent der Arbeitszeit reden oder vielmehr quatschen. Sie werde schief angeschaut und ausgegrenzt, weil sie stattdessen arbeite. Da ihr Chef sie aber deckt, macht sie weiter wie bisher. Das ist dann auch schon ein wichtiger Tipp: Regelbruch ist leichter, wenn sich Verbündete finden. Wenn in einer Herde immer mehr zu schwarzen Schafen werden, so haben irgendwann die weißen ein Problem.

## Geben Sie sich die Erlaubnis für den Regelbruch

Überlegen Sie einmal, wo es Sie voranbringt, wenn Sie Regeln brechen. Ich mache Ihnen mal ein paar Vorschläge. Schauen Sie sich zunächst im Bereich der informellen Regeln und dann bei den formellen um. Sie können dadurch

- verkrustete Strukturen aufbrechen,
- Bürokratie abbauen,
- Spiel- und Experimentierfreude schaffen.

Der Anfang kann simpel sein. Viele Unternehmen haben beispielsweise das »Du« eingeführt, um Hürden zu senken. Per Du kommt man schneller ins Gespräch, sagt leichter Dinge, die sonst schwerfallen.

Wenn Jeans und Turnschuh gegen Sakko und Krawatte getauscht werden, verändert das auch die Atmosphäre.

Regelbruch kann auch wirtschaftlich erfolgreich machen. Die Musikindustrie glaubte solange fest an die Regel, dass ihre Kunden CDs kaufen möchten, bis Apple mit iTunes ein völlig neues Konzept etablierte. Das Label Burberry brach die Regel, dass Männer und Frauen getrennte Modenschauen haben müssen. An Elon Musk zerschellten die Regeln der Autoindustrie. Und an Ryanair die der Luftfahrt.

## Was Sie innerhalb von fünf Minuten tun können

Woran haben Sie sich bisher immer brav gehalten? Was haben Sie immer so und nicht anders gemacht? Schreiben Sie spontan zehn Regeln auf, die Ihr Leben bestimmen. Welche dieser Regeln könnten Sie einmal brechen? Wie möchten Sie dieses Experiment gestalten? Sie können diese Übung auch jeden Tag einmal machen und sich überlegen, welche Regel heute dran ist.

Brechen Sie einfache Regeln, wie den Kantinenbesuch um 12 Uhr (wie wäre es stattdessen mit intermittierendem Fasten?) oder die Regel, immer mit dem Kollegen Huber essen zu gehen (stattdessen Yoga?). Oder auch weitreichendere wie die Regel, abends nicht vor 17 Uhr aus dem Büro zu verschwinden oder einfach mal zu Hause zu arbeiten. Sie wissen am besten, was Sie weiterbringt – und was auch auf Ihr Umfeld ausstrahlen und dieses positiv beeinflussen kann.

## Was Sie innerhalb von sechs Monaten tun können

Sicher haben Sie bereits eine Vorstellung gewonnen, wo ein gezielter Regelbruch nützlich sein könnte. Ich habe zu Ihrer Orientierung eine Landkarte entwickelt, die Ihnen hilft, einzelne Bereiche zu reflektieren, in denen Regelbruch denkbar ist (siehe Abbildung 21). Unterscheiden Sie dabei die vier Regeltypen: moralische Prinzipien, funktionale und pragmatische Prinzipien, informelle und formelle Regeln.

Sie können die Landkarte systematisch durchgehen und sich zu jedem Begriff aufschreiben, welche Regeln Ihnen einfallen. Dabei wird es wahrscheinlich Schwerpunkte geben. Im Bereich Gesundheit herrschen vermutlich eher funktionale Prinzipien, es sei denn, Sie haben ärztliche Verordnungen. Es könnte im Abschnitt Körper die formelle Regel Ihres Arbeitgebers geben, immer im Kostüm zur Arbeit zu kommen oder die informelle, lange Haare zusammenzubinden.

Abbildung 21: Regelbrecher-Landkarte

Einige Begriffe mögen Ihnen abstrakt vorkommen, zum Beispiel Gedanken. Aber auch diese folgen Regeln. Manche Menschen lassen Ihre Gedanken fließen, auch die negativen. Das ist in der asiatischen Kultur verbreitet. Andere unterbrechen sie und versuchen Sie zu beeinflussen. Sie können Gedanken lenken – etwa auf ein bestimmtes Bild – oder aber auch ablenken. Alles kann nützlich sein. Meist ist jedoch das besonders entwicklungsfördernd, was wir nicht gewohnt sind zu tun.

Vergangenheit, Gegenwart, Zukunft haben die meisten von uns ebenso reguliert:

- Was sind Ihre Regeln im Umgang mit der Vergangenheit? Ist es beispielsweise eine Regel, das Vergangene anzunehmen, oder ist es eine Regel, diese auszublenden?
- Das Gleiche gilt für die Zukunft. Ist es eine Regel, diese immer in Vorhaben zu berücksichtigen, oder ist es keine?

Sie müssen und sollten nicht Ihr ganzes Leben infrage stellen. Es reicht, wenn Sie sich wenige Bereiche suchen oder auch nur einen. Hier aber widmen Sie sich dem Regelbruch im nächsten halben Jahr intensiver. Ich empfehle Ihnen ein Regelbrecher-Logbuch zu führen, um die damit verbundenen Erfahrungen und Erlebnisse festzuhalten. Regelbrecher brauchen außerdem Verbündete. Suchen Sie sich welche.

## Was Sie im Team tun können

Die vorgestellte Übung eignet sich abgewandelt auch für Ihr Team. Sie können Sie mit »Unsinnige Regeln ausmisten« umschreiben.

Sie haben nun die Aufgabe, den für Ihre zukünftige Arbeit wichtigsten Hebel zu Weiterentwicklung und Fortschritt durch Regelbruch zu finden. Wie Sie das tun, ist Ihnen überlassen. Allerdings bietet es sich an, den Prozess in die Teile Standort, Analyse und Maßnahmen zu teilen.

Weiterhin hilft es, Rollen zu vergeben, also beispielsweise einen Moderator zu bestimmen. Weitere Rollen können Sie je nach Zielrichtung Ihres Workshops festlegen.

Vielleicht erscheint Ihnen mein Vorschlag sinnvoll, getrennt auf die rechtliche, soziale und wertschöpfende Struktur des Unternehmens zu schauen. Typischerweise hat die rechtliche Ebene ein »Set« an vielen formellen Regeln. Die soziale Ebene beinhaltet oft einen weitaus stärkeren Anteil informeller Regeln, auf der wertschöpfenden Ebene dürfte es gemischt sein.

Geben Sie sich feste Zeitfenster für einzelne Prozessschritte. Wechseln Sie zwischen Einzel- und Teamarbeit. Ideen werden leichter in Einzelarbeit generiert, und zwar am besten durch konzentriertes Aufschreiben möglichst vieler Ansätze im Brainwriting. Die Strukturierung der Ideen funktioniert gut in Tandems, die Weiterentwicklung dagegen ist besser im Team aufgehoben.

These

weniger Regeln – mehr Kreativität

Erziehung Sozialisierung > Anpassung

Gruppen-identität

Frage

Zugehörigkeit

Warum halten wir uns an Regeln?

Ziele

Sicherheit

Angst

täglich etwas **anderes** machen

MINDSHIFT

Regelbrecher

Praxis

Wie brechen wir unser Verhalten auf?

Experimente

SPIELE »HACKS«

Regelcheck mit Landkarte

– QUERDENKER
– KRITIKER
– FORSCHER

Rollen

# 22. **Erforscher:** Erweitern Sie Ihren Horizont

**Worum es geht:**
Wir haben uns die natürliche Neugier abtrainiert. Sie passte nicht gut zur Prozessorientierung und zum Leistungskredo. Gerade große Unternehmen stellten daher vor allem neophobe Mitarbeiter ein. Doch jetzt ist ein ganz anderer Typ gefragt.

**Der Mindshift:**
Neugier ist eng verknüpft mit Emotionen, die durch eine andere in Schach gehalten wird: die Angst. Wer die Haltung eines Forschers einnimmt, trainiert seine Neugier und minimiert seine Angst.

**Das ist für Sie drin:**
Neue Erkenntnisse erweitern den Horizont. Das ist nicht nur ein großartiges Gefühl, es sichert auch Ihre Employability.

> Die Neugier steht immer an erster Stelle eines Problems, das gelöst werden will.
>
> *Galileo Galilei*

Ich hatte Ihnen ja versprochen, dass dies kein Knobelbuch wird. Ein bisschen Denksport will ich aber dennoch bieten, um dieses Kapitel einzuleiten.

Auf dem Tisch liegen vier Karten mit einem Buchstaben auf der einen und einer Zahl auf der anderen Seite. Sie sehen nur eine Seite. Zwei Karten zeigen die Buchstaben E und T, die anderen beiden die Zahlen 4 und 7. Es soll die Regel gelten: Wenn auf der einen Seite einer

Karte ein Vokal steht, muss auf der anderen eine gerade Zahl stehen. Welche Karten muss man umdrehen, um zu überprüfen, ob die Regel eingehalten wird? Diese Frage wurde als »*selection task*« zur meiststudierten Denksportaufgabe in der Psychologie. Und ich werde jetzt keine Antwort geben, sondern Sie mit Ihrem Gefühl allein lassen. Vielleicht ist es Neugier. Vielleicht sind Sie mir böse. Möglicherweise ist diese Offenheit ungewohnt. Wir kennen nur Bücher mit Lösungen zum Nachschlagen am Ende.

Was haben Sie getan? Die Aufgabe übersprungen, das Rätsel durchdacht oder nach einer Lösung gegoogelt? Ja, ich habe das Rätsel zum Test umfunktioniert: Wie neugierig sind Sie? Wenn Sie sich sofort an die Lösung der Aufgabe gemacht haben, spricht das eher für Neugier. Für die epistemische Neugier, um genau zu sein. Das ist jene Form der Neugier, die aus sich heraus danach strebt, etwas zu verstehen. Epistemische Neugier ist deshalb die Neugier, die auf der Forschungsreise zum »Warum?« Unsicherheit und Unklarheit zu einem bestimmten Grad in Kauf nimmt. Das ist etwas anderes als die voyeuristische Neugier, die ein Boulevardblatt provoziert – oder die Neugier, die der Neid auf andere auslöst (»Woher hat er das?«).

## Testen Sie Ihre Neugier

Lassen Sie uns den Grad Ihrer epistemischen Neugier einmal genauer anschauen. Geben Sie sich pro Frage 0 bis zu 4 Punkte, je mehr sie ihr zustimmen:

- Ich stelle mir ständig Fragen zu allem Möglichen und ergründe die Antworten in Büchern, im Internet, durch Gespräche und so weiter.
- Ich hinterfrage Aussagen und Inhalte immer kritisch und prüfe sie nach.
- Ich stelle ständig in Gedanken neue Verbindungen zwischen scheinbar fremden Fachgebieten her.
- Wenn ich etwas nicht weiß, will ich es wissen und finde es heraus.
- Wenn ich etwas nicht kann, bringe ich es mir selbst bei und suche auch Unterstützung von anderen, durch Youtube oder andere Medien.

- Mich reizt Neues sehr, und auch wenn es komplex wird, bleibe ich dran.
- Ich liebe Kunst, Physik, Literatur, Philosophie und alles, was mich ins tiefe Nachdenken bringt.

Es geht nicht darum, hier einen Testsieger zu küren. Höchstwahrscheinlich wird Sie die Tendenz zu Mitte sowieso dazu verleitet haben, zwei oder drei Punkte zu geben, selten vier und selten einen oder null. Überprüfen Sie Ihre Antworten noch mal dahingehend. Dort, wo Sie sich wenig Punkte zuschreiben, haben Sie auch gleich einen ersten Anhaltspunkt und Tipp. Und wenn Sie jetzt sagen: »Was soll der Quatsch mit Kunst und Philosophie?« – Ich habe das nicht aus der Luft gegriffen. Das Interesse daran korreliert stark mit Neugier.

Neugierige Menschen interessieren sich automatisch auch für die scheinbar unpraktischen Dinge des Lebens. Wie entstand das Gemälde »Der Schrei« von Edvard Munch? (Wussten Sie, dass die Farben von einem Lavaausbruch inspiriert waren?) Welche Haltung kann man zu einem Thema aus moralischer Perspektive beziehen?

*Gehen Sie einmal in die Abteilung für moderne Kunst oder lesen Sie ein Philosophiebuch, gerade wenn Sie eine Abneigung dagegen spüren. Wenn wir uns dem stellen, was wir ablehnen, wachsen wir am meisten – erinnern Sie sich an den Mindshift »Anpacker« und die heiße Herdplatte (siehe Kapitel 4).*

## Warum die Neugier verstärken?

Dieser Mindshift bildet den Abschluss des Buches, weil er der wichtigste von allen ist. Er legt das Fundament, auf dem alles andere sicherer stehen kann. Ich möchte Sie damit auch anregen, eine andere Haltung einzunehmen, nämlich die eines Forschers.

Neugierige Menschen sind fast immer auch erfolgreichere Menschen, jedenfalls wenn sie die Neugier produktiv machen können. Sie haben weniger Angst vor Veränderungen als andere. Sie suchen eher Feedback. Und sie gestalten mehr und aktiver – das eigene Leben, ihre Arbeit und ihr Umfeld.

Neugierige Menschen haben ein besonders gut vernetztes Gehirn und eine besonders gut funktionierende Verbindung von Striatum und Hippocampus. Im Striatum sitzt das Belohnungssystem, das Menschen zu zielgerichteten Handlungen anspornt. Der Hippocampus ist für bestimmte Gedächtnisfunktionen zuständig. Erkennt der Hippocampus eine Erfahrung als neu, sendet er Signale an das Striatum. Das setzt Botenstoffe frei, die für positive Gefühle sorgen. Es lohnt sich also, Neugier zu trainieren.

Am besten fangen Sie da an, wo Sie schon einen leichten Kitzel spüren. Vielleicht war das genau da, wo man Ihnen früher sagte: »Sei nicht zu neugierig!« Ein guter Ansatz ist auch da zu suchen, wo sich Gefühle von Angst, aber zugleich auch Spannung bemerkbar machen. Die Reflexion über »Kann ich das?«, der leichte Zweifel, ist auch ein guter Indikator. Schauen Sie sich hier noch mal Ihre Notizen zum Mindshift »Anpacker« (Kapitel 4) an. Dort, wo es heiß und manchmal ungemütlich zu werden scheint, sitzt der Reiz. Aber auch die Reaktion. Und die ist oft von unseren gelernten Verhaltensmustern geprägt.

## Was uns hindert: Anti-Neugier-Erziehung

Neugier ist eine Motivation, etwas zu tun. Sie löst Gefühle aus, wie das Wunder der Entdeckung und den Aha-Effekt der Erkenntnis.

Wenn Sie sich nicht als so neugierig empfinden, so mag das zu einem Teil genetisch bedingt sein. Wissenschaftler halten Neugier zu 10 bis 50 Prozent für angeboren. Aber das macht immer noch einen erheblichen Anteil aus, der eben durch die Umwelt gefördert wird oder eben nicht.

»Sei nicht so neugierig!« Haben Sie das auch oft gehört? Ich wurde mit dem *Sesamstraße*-Song »Wer, wie, was, wieso, weshalb, warum – wer nicht fragt, bleibt dumm« groß. Ich wollte immer alles wissen. Ich liebte es, den Gesprächen von Erwachsenen zu lauschen. Ich liebte es, andere zu beobachten und Zusammenhänge herzustellen. Ich liebte es, zu entdecken, zu verstehen. Ich stellte auch Fragen, die den Erwachsenen unangenehm waren, etwa warum mein Großvater mit meiner Tante und meiner Oma verreiste. »Du musst nicht alles wissen«, war dann die Antwort. Meine Umgebung war träger, bewahrender. Sie schaffte es aber nicht dauerhaft, mir meine Neugier abzutrainieren.

In meiner Generation lag ein Irrtum darin zu glauben, Bildung würde an Bildungsladestationen namens Schule und Universität aufgeladen und hielte dann ein Leben lang an.

In der heutigen Zeit liegt der Denkfehler darin, dass man zwar weiß, dass das nicht (mehr) so ist, aber meint, Bildung sei identisch mit gemessener Leistung. Doch jemand mit einem 1,0-Abitur kann ungebildeter sein als jemand mit 2,8. Die Wahrscheinlichkeit, dass der 1,0-Kandidat durch extrinsische Faktoren oder sogar angstgesteuert lernt (Bloß keine Fehler machen!), ist am Ende größer als beim »faulen Hund«, der keine Lust auf dieses durchschaubare System hat. Denn nur, wer etwas wirklich wissen (und nicht nur lernen) will, kann es auch hinterfragen.

Neugier und Bildung wurden früher ebenso wie Neugier und beruflicher Erfolg nicht in einen Zusammenhang gesetzt. Dabei ist dieser wissenschaftlich längst erwiesen, beispielsweise durch die Studien von Carol Dweck. Sie belegte, dass Menschen mit einem wachstumsorientierten Mindset erfolgreicher und glücklicher sind. Neugier ist hier eingespeist.

*Welchen Zusammenhang von Neugier und Bildung sehen Sie?*
*Welches Neugier-Verständnis wurde Ihnen vermittelt?*
*Wie beeinflusst das Ihr Denken, Fühlen und Handeln?*

## Selbstverständnis von »Alltagsforschung«

Die neugierigsten Menschen sind Forscher, wobei sich das sicher nicht auf alle Disziplinen gleich verteilt. Heute ist jeder auch Forscher in eigener Sache, ein Alltagsforscher. Dabei möchte ich mit einem gängigen Missverständnis aufräumen: Zu forschen bedeutet nicht, nach Bestätigungen zu suchen, sondern die gängigen Theorien zu widerlegen. Das geht also nicht, wenn man in Musterlösungen und Best Practice denkt. Heute gibt es jedoch in Schulen, Hochschulen und Universitäten für alles Mögliche Musterlösungen – selbst für die Bearbeitung einer Deutsch-Aufgabe. Es gibt im schulischen Bewertungssystem des Gymnasiums zwar einen »Anforderungsbereich III«, doch lässt sich dieser auch mechanisch anwenden: »Dieser Anforderungsbereich (III) umfasst das Bearbeiten komplexer Gegebenheiten u. a. mit dem Ziel, zu eigenen Problemformulierungen, Lösungen, Begründungen, Folgerungen, Interpretationen oder Wertungen zu gelangen.«

Wenn unreflektierte Lehrer eine Ausarbeitung bewerten, ist der Spielraum groß. Denn nur der Meister erkennt das Talent, oder anders ausgedrückt: Wer etwas selbst nicht erfassen kann, kann seinen Wert nicht erkennen. Oder noch mal anders ausgedrückt: Der Dumme erkennt den Klugen nicht. Das ist ein Effekt, der von den Wissenschaftlern David Dunning und Justin Kruger nachgewiesen wurde.

Bildung wurde in den letzten Jahren immer weiter kommerzialisiert. Zwar ist gut, dass durch das Internet viele gute Bildungsangebote immer günstiger und leichter zugänglich werden. Doch das Checklisten-Lernen und Musterlösungsprüfen hat zur gleichen Zeit auch zugenommen.

Musterlösungen verhindern Mindshifts. Mindshifts ermöglichen Bildung. Und so kommt es, dass viele Menschen, die unheimlich viel wissen, trotzdem nicht gebildet sind. Ja, ich würde so weit gehen, dass unter den Absolventen akademischer Studiengänge nur ein kleiner Teil wirklich hinterfragen kann. Das Lernen hat sie nicht neugieriger gemacht und die Bildungslust erhöht, also ihren Zweck verfehlt. Echte Bildung macht immer auch süchtig nach Mehr.

Bildung basiert auf Neugier und entfacht sie – und führt deshalb zu noch mehr Bildung. Wir dringen in immer tiefere Schichten ein. So scheint uns mit zunehmender Bildung auch immer weniger Neues abschreckend und kompliziert. Das heißt nicht, dass jeder Praktiker nun Theoretiker werden muss oder umgekehrt. Aber die im Industriezeitalter übliche Trennung ist überholt. Jeder braucht Theorie und Praxis.

## Was Sie innerhalb von fünf Minuten tun können

Legen Sie drei kleine Pappschachteln auf den Tisch. Eine ist gefüllt mit Reißzwecken, eine mit Streichhölzern und die letzte mit drei kleinen Kerzen. Ihre Aufgabe besteht nun darin, die drei Kerzen an einer Wand auf Augenhöhe zu befestigen.

Auch hier gebe ich Ihnen die Lösung nicht vor. Ich will, dass Sie so lange tüfteln bis sie es haben und dann selbst im Internet prüfen, ob Sie richtig liegen. Dieses Experiment nennt sich Duncker-Experiment und es ist eines der klassischen Experimente aus der Psychologie. Es zeigt Problemlösungskompetenz oder auch Kreativität.

## Was Sie innerhalb von sechs Wochen tun können

Dieser Mindshift heißt »Erforscher«, weil es darum geht, sich eine Vorgehensweise anzueignen, mit der Sie Ihre eigene Alltagsforschung betreiben können. Das Thema ist dabei unwichtig. Sie könnten sich zum Beispiel die Forschungsfrage stellen »Warum bin ich nicht neugierig?« Ich kenne jemanden, der sich diese Frage gestellt hat. Am Ende brachte sie ihn zu der Erkenntnis, dass er doch neugierig war. Nur bezog sich das auf Bereiche, in denen er sich etwas zutraute. Dort, wo er nicht neugierig war, fühlte er sich schlicht nicht kompetent. Durch diese Erkenntnis konnte er sich der Frage widmen, wie er auf diesen dummen Gedanken gekommen ist (eine dieser lästigen Grundannahmen). Also ob die selbstwahrgenommene Nicht-Kompetenz wirklich Hand und Fuß hatte. Das hatte sie natürlich nicht. Die Wirklichkeit besteht aus Realität und Möglichkeiten. Sie ist immer gestaltbar; wer sich für etwas Neues entscheidet, bewegt sich in seinen Möglichkeitsraum.

Sie wissen, die wahre Kunst liegt nicht in Antworten, sondern in den richtigen Fragen. Daher ist ist der erste Schritt: Formulieren Sie eine wirklich gute Alltagsforschungsfrage.

Der zweite Schritt: Bauen Sie aus der möglichen Antwort eine Hypothese. Nutzen Sie dazu die eigene Beobachtung, bisherige Studien oder das Erfahrungswissen von anderen.

Ein Beispiel: Eine Kundin stellte sich die Frage, warum sie immer draufloshandelte und nicht erst mal nachdachte. Die Stop-Regel aus dem Mindshift »Fokussierer« (siehe Kapitel 20, Seite 280) war ihr wohlbekannt, aber sie kam nicht zur Anwendung. Sie selbst wäre nicht auf die sich aus der Frage ableitende Hypothese gekommen, dass das an ihrer Angst liegen könnte. Ihr Gehirn war im Autopiloten festgefahren.

Fachliche Fragestellungen gewinnen, wenn Sie in die Hypothesenbildung Experten einbeziehen. Wenn Sie beispielsweise wissen wollen, »welche berufliche Perspektiven Banker haben«, so hilft es, sich bei Bank-Aussteigern umzuhören. Man mag dann erkennen, dass der ge-

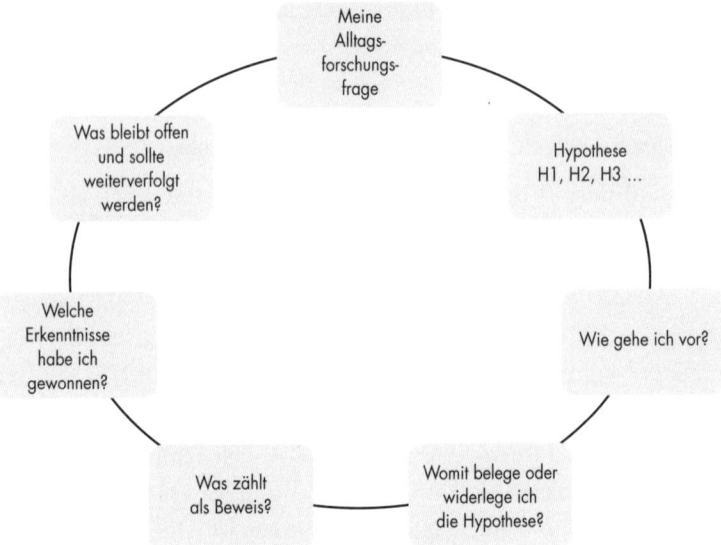

Abbildung 22: Den Alltag systematisch erforschen

zielte Aufbau einer zweiten Kompetenz, ein frühes Hobby oder Netzwerke neue Perspektiven schaffen können.

Forschungsarbeiten haben eine Nullhypothese, die davon ausgeht, dass kein Effekt vorliegt, und eine Alternativ-Hypothese, die diesen annimmt. Die nennt sich H1. Es kann auch weitere Hypothesen geben, die die H1 differenzieren. Sie heißen H2, H3 und so weiter.

Es hilft, sich an diesem Aufbau zu orientieren. Wenn Sie Hypothesen untereinander lesen, erkennen Sie auch, wenn diese unklar sind oder sich überschneiden. Eine Hypothese darf nicht mehr als eine Aussage beinhalten. Hypothesen sind begründete Annahmen. Sie sollten also erklären können, wie Sie darauf kommen, zum Beispiel durch eigene Beobachtungen oder Fachartikel.

Der nächste Schritt ist der Hypothesentest. Hier geht es darum herauszufinden, ob die Hypothesen stimmen. Bitte denken Sie daran, dass es nicht Ziel ist, nur zu belegen, sondern auch zu widerlegen. Es geht also darum, genauso Beweise als auch Gegenbeweise zu sichten. Dazu können Sie Experimente, Fragebögen, Interviews oder Gruppengespräche nutzen. In Gruppengesprächen unterhalten sich Personen über ein Thema, etwa warum sie wenig neugierig sind. Dabei sind Sie nur Beobachter und nehmen selbst nicht teil.

Welche Form Sie wählen, hängt von der Forschungsfrage ab. »Welchen Job könnte ich sonst noch ausüben?« eignet sich sowohl für Fragebögen als auch für Interviews und Gruppengespräche.

Überlegen Sie sich, was geeignet wäre, eine Aussage, die sich aus Ihrer Fragestellung ergibt, zu beweisen oder zu belegen. Umfragen müssen nicht umfangreich sein, mit 10 oder 15 Teilnehmern zeigt sich schon ein Trend. Dabei können Sie kostenlose Umfrageplattformen oder Google nutzen.

Es lohnt sich, das Forschungsprojekt aufzuschreiben. Damit zeigen Sie, dass Sie sich selbst ernst nehmen und wirklich lernen wollen.

»Erforscher« kann ein ständiger Begleiter werden. Immer, wenn neue Fragen auftauchen, nutzen Sie den Rahmen (siehe auch Abbildung 22), um sich Ihre Frage systematisch zu erschließen.

Wenn Sie keine Forschungsfragen finden sollten, rate ich Ihnen, vor dieser Übung einige Tage ihre Alltagswelt in Fragen zu übersetzen und diese dann aufzuschreiben. Je mehr Fragen, desto besser! Wenn Sie es schaffen, pro Tag 50 Fragen zu notieren, Hut ab. Aber dann kann es eigentlich auch nicht sein, dass Sie keine Alltagsforschungsfrage finden.

### Was Sie im Team tun können

Als Team können Sie sich gleichermaßen mit Fragen und Hypothesen beschäftigen, die Sie voranbringen können. »Warum haben wir so wenig neue Ideen?« könnte eine solche Frage sein. Welche Hypothesen, also begründete Annahmen, gibt es dazu?

Laden Sie Kollegen ein, um darüber zu reflektieren. Diese müssen Sie nicht kennen. Sie können einfach fünf Minuten über Ihre Arbeit erzählen und was Sie mit der Frage verbinden.

Die Kollegen haben danach die Möglichkeit, Ihnen fünf Minuten lang Fragen zu stellen.

Anschließend setzen sich die Kollegen in einen Stuhlkreis und diskutieren die Hypothesen, einer schreibt auf ein Flipchart. Sie selbst sitzen in einigem Abstand und ohne Blickkontakt dahinter. Das Ergebnis der Arbeit bewerten dann Sie:

- Was trifft sehr zu?
- Was trifft teilweise zu?
- Was trifft gar nicht zu?

Ändert sich die Fragestellung vielleicht durch die Hypothesen? Anschließend sollen die Kollegen Lösungen ersinnen. Durch die vorherige Sortierung weiß das Reflexionsteam, worauf es sich konzentrieren soll.

Das ist eine Variante der so genannten kollegialen Fallberatung. Die Vorgehensweise hilft, aus den Grenzen der eigenen Wahrnehmung auszutreten und einen frischen Blick und neue Möglichkeiten zu bekommen.

These

Wir müssen neu lernen zu lernen

Gehirn

Umfeld

Frage

Wie kann ich zukunfts- gerechter lernen?

MINDSHIFT

Erforscher

Werte

Auf- merksamkeit auf das Gewohnte

Praxis

Was öffnet unseren Blick und schärft ihn?

andere Menschen, neue Gruppen

INDUKTIVES DENKEN

Logik

Sinne

Training

# Schlusswort: Öffnung der Denk-Grenzen

Und plötzlich waren sie frei. 1989 ließ ein Fehler des SED-Mannes Martin Schabowski die Grenze zwischen den beiden deutschen Staaten fallen. Er hatte eine Pressemitteilung nicht rechtzeitig gelesen, die über eine neue, offenere Reiseregelung informierte. Auf die Fragen von Journalisten konnte er nicht reagieren. Es waren so weniger die Worte, als der Geist dieses Moments des Umbruchs, der die Grenzöffnung möglich gemacht hatte. Eine komplexe Situation war chaotisch geworden. Was für ein Glück. Kein Plan funktionierte.

Schon vorher hatte sich das Denken geöffnet, waren Möglichkeiten in den Köpfen angekommen, aber noch nicht zu Worten geworden. Schabowskis Äußerungen erweckten bei vielen Journalisten auf der ausschlaggebenden Pressekonferenz Hoffnung. Das eine traf auf das andere, und so entstand etwas Neues.

Die Geschichte zeigt an diesem und vielen anderen Beispielen, was entstehen kann, wenn sich Komplexität in Chaos wandelt. Chaos macht Angst, ist aber oft auch ein produktiver Zustand, der zudem nie lange erhalten bleiben kann. Im Chaos gilt es, zurückzukommen zu einem der anderen Zustände – einfach, kompliziert oder komplex.

Warum erzähle ich Ihnen das ausgerechnet am Ende dieses Buches? Ich wünsche mir, damit drei Botschaften noch einmal zu verankern, sodass Sie sie nie vergessen.

Die erste und wichtigste Botschaft: Wer sich verändern will, muss loslassen und sich auf eine Übergangszeit einstellen, in der es auch mal chaotisch zugeht.

Die zweite, sich daraus ableitende Botschaft ist: Lernen Sie das Chaos, das Unperfekte, Planlose, Ziellose, das Emergente schätzen. Emergenz bedeutet, dass etwas aus dem Moment entsteht, aber durch nichts vorhersehbar ist. Vergessen Sie nicht: Die Vergangenheit kann analysiert werden, die Zukunft nicht. Das liegt eben an dem Möglichkeitenraum, dessen Gestaltung in unserer Hand liegt.

Meine dritte Botschaft: Was immer Sie tun, sehen Sie es nie losgelöst von all den großen und kleinen Kontexten Ihres Lebens. Wenn Sie »Mindshifting« betreiben, ist das kein Rätsellösen auf dem Sofa. Es ist etwas, das immer mit dem Leben verzahnt sein wird. Es ist holistisch, ganzheitlich.

Wo immer es geht, wann immer Sie können, achten Sie darauf. Sehen und beobachten Sie Kontexte – und die Wechselwirkung zwischen Ihrem Denken und diesen Umfeldern. Denken Sie an meine Definition von Wirklichkeit als Realitäts- und Möglichkeitenraum.

Einige Mindshifts zielen darauf, Umfelder zu wechseln, Neues kennen zu lernen – das ist einer der wichtigsten Schlüssel zur Erkundung des Möglichkeitenraumes.

Unser Denken ist verzahnt mit unserem Umfeld, unserer Generation, unserer Kultur, unserer Zeit. Es entwickelt sich mal langsamer, mal schneller. Denken bewegt sich in Form von Memen, Bewusstseinseinheiten, durch unsere Welt. Es entwickelt sich weiter, auch wenn es Rückschritte gibt.

Die Zukunft wächst aus kleinen einfachen Schritten, Entscheidungen des Moments, die auf eine Stimmung des Moments treffen.

Schabowskis »Fehler« wäre niemals möglich gewesen, hätte sich nicht auch das Umfeld geändert. Ohne ein Klima, das Neues möglich macht, gibt es nichts Neues. Ohne zeitweises Chaos entsteht keine neue Chance. Wenn Sie das wissen, können Sie anders damit umgehen. Sehen Sie es wie Regentanzen. Es prasselt eben auf Sie ein, und Sie entscheiden, ob Sie sich wegducken oder den Regen genießen. Das Klima in der Arbeitswelt hat sich stark verändert. Es ist eine Wetterlage entstanden, die geeignet ist, um Menschen aus den Ketten ihres Denkens, sinnloser Arbeit und Anpassungszwängen zu befreien. Agilität, Augenhöhe, New Work, es gibt viele Begriffe dafür. Dass ein alter Begriff wie »Mindset« plötzlich so sehr an Fahrt aufnimmt, hat mit dieser anderen Art von Klimawandel zu tun.

Wenn Sie also bisher dem »Braten« nicht trauen, wenn Sie immer noch glauben, dass das alles nichts Neues ist: Hören Sie mal hin. Streifen Sie durch das Internet. Besuchen Sie Barcamps. Suchen Sie nicht nach dem Neuen, sondern nach dem Moment. Ich habe dieses Buch mit einer Frage begonnen: Können Menschen wie Roboter sein und Roboter wie Menschen? Nein, war die Antwort. Können sie nicht.

Wie positionieren wir uns neben künstlicher Intelligenz? Diese Frage stellen sich gerade viele Forscher, denn die Antwort darauf wird unsere Zukunft formen. Sie wird helfen, uns von der künstlichen Intelligenz abzugrenzen und unsere Eigenständigkeit als Spezies »Mensch« wahren helfen. Man könnte das eine Neupositionierung des Menschen nennen, des »obersten« Säugetiers. Sie könnte uns davor retten, dass wir irgendwann wie im Film *Matrix* am Tropf von Robotern hängen, die unsere Geschicke lenken, ohne dass wir es selbst merken. Dafür müssen wir offenbleiben, rege, menschlich. Auch dazu wollte das Buch Sie anregen. Wer einmal die Augen geöffnet und Dinge gesehen hat, die ihm vorher verschlossen waren, wird sie nie wieder schließen. Ein Mindshift ist letztendlich auch eine Portion Bildung – und davon kann man nie genug haben.

Ich hoffe deshalb still, mit diesem Buch auch Menschen zu erreichen, die auf das Bildungssystem einwirken können. Denn dieses ist noch zu sehr vom alten Denken und der Haltung als Bildungsladestation geprägt. Sinnwissenschaften? Persönlichkeitsbildung? Dafür ist in den derzeitigen Schulen mit Ausnahme einiger Privatinitiativen kein Platz.

Statt den Verstand, sollten wir das Verständnis schulen – für Zusammenhänge, das Menschsein und unsere globale Welt, in der alles mit allem zusammenhängt. Würde man mehr auf Empathie und Intuition setzen, sollte das auch zu einer Neubewertung der künstlerischen Fähigkeiten führen. Denn produktive Menschen sind fast immer auch kreative.

In diesem Sinn: Machen Sie etwas aus Ihren Möglichkeiten! Wir lesen uns wieder – gerne auch auf meinem Blog www.svenja-hofert.de.

# Empfohlene Literatur für Weiterleser

Brandes-Visbeck, Christiane/Thielecke, Susanne (2018): *Fit für New Work.* München: Redline

Borgert, Stephanie (2018): *Unkompliziert. Das Arbeitsbuch für komplexes Denken und Handeln in agilen Unternehmen.* Wiesbaden: Gabal

Borsch, Katja/Brandl, Peter (2018): *Der Zukunftscode. Wie Digitalisierung und künstliche Intelligenz unsere Arbeitswelt verändern.* Berlin: Goldegg

Breitenbach, Patrick/Köbel, Nils (2016): *Wie ich wurde, wer ich bin, und was wir einmal sein werden: Streifzüge durch den Garten der Philosophie.* Bonn: Bastei Lübbe

Colby, A., Kohlberg, L. et al., *The Measurement of Moral Judgement*, Vol 2, Cambridge University Press, 1987, übersetzt von Fritz Oser, verteilt anlässlich der Tagung Berliner Seminarleiter im Oktober 1995 (Stangl, 2018), in: Stangl, W. (2018). *Das Heinz-Dilemma.* [werner stangl]s arbeitsblätter.

Dweck, Carol (2017): *Mindset – Updated Edition: Changing The Way You think To Fulfil Your Potential.* London: Robinson

Eagleman, David (2017): *The Brain: Die Geschichte von dir*, München: Pantheon

Gallwey, Timothy (2012): *Inner Game Coaching. Warum Erfahrung der beste Lehrmeister ist. Staufen:* Alles im Fluss Verlag

Grigerenzer, Gerd (2008): *Bauchentscheidungen. Die Intelligenz des Unbewussten und die Macht der Intuition.* München: Goldmann

Hinnen, Andre und Gieri (2016): *Reframe it.* Hamburg: Murmann

Hofert, Svenja (2018): *Das agile Mindset.* Heidelberg: SpringerGabler

Schmale-Riedel, Almut (2016): *Der unbewusste Lebensplan.* Kösel: München

Hofert, Svenja (2018): *Das Agile Mindset.* Heidelberg: SpringerGabler

Hofert, Svenja (2018): *Agiler Führen.* Heidelberg: SpringerGabler

Hofert, Svenja (2017): *Hört auf zu coachen.* München: Kösel

Hofert, Svenja (2017): *Psychologie für Coaches, Berater, Personalentwickler.* Weinheim: Beltz

Kegan, Robert (1994): *Entwicklungsstufen des Selbst*. München: Kindt

Kegan, Robert (2002): *How the way we talk can change die way we work*. New York: Jossey-Bass

Kegan, Robert (2009): *Immunity to change*. *Watertown:* Harvard Business Review Press

Kohlberg, Lawrence (1995): *Die Psychologie der Moralentwicklung*. Frankfurt/M.: Suhrkamp

Korte, Martin (2017): *Wir sind Gedächtnis. Wie unsere Erinnerungen bestimmen, wer wir sind*. München: DVA

Miralles, Francesc (2018): *Ikigai. Gesund und glücklich hundert werden*. Berlin: Allegria

Oakley, Barbara (2018): *Learning how to learn*. New York: Tarcher Periges

Oakley, Barbara (2016): *Mindshift: Break Through Obstacles to Learning and Discover Your Hidden Potential*. New York: Tarcher Periges

## Weitere Informationsquelle

World Oeconomic Forum (2016): *Future of Jobs Report*, online unter https://www.weforum.org/